中国工程院战略咨询中心
Center for Strategic Studies, CAE

U0150553

Clarivate™

全球工程前沿

2021

中国工程院全球工程前沿项目组　著

高等教育出版社·北京

内容提要

自 2017 年以来，中国工程院连续组织开展"全球工程前沿"重大咨询研究项目，旨在按年度分析全球工程研究前沿和工程开发前沿，研判全球工程科技演进变化趋势。2021 年度全球工程前沿研究项目以数据分析为基础，以专家研判为核心，遵从定量分析与定性研究相结合、数据挖掘与专家论证相佐证、工程研究前沿与工程开发前沿并重的原则，凝炼获得 93 个工程研究前沿和 93 个工程开发前沿，并重点解读 28 个工程研究前沿和 28 个工程开发前沿。报告由两部分组成：第一部分对研究采用的方法进行说明；第二部分包括机械与运载工程，信息与电子工程，化工、冶金与材料工程，能源与矿业工程，土木、水利与建筑工程，环境与轻纺工程，农业，医药卫生和工程管理 9 个领域报告，对每个领域的工程研究前沿和工程开发前沿进行描述和分析，并对重点前沿进行详细解读。

本书适合各相关领域的科研人员、工程技术人员、高校师生以及政府相关部门的公务员阅读。

图书在版编目（CIP）数据

全球工程前沿 . 2021 / 中国工程院全球工程前沿项目组著 . -- 北京：高等教育出版社，2021.12
ISBN 978-7-04-057473-9

Ⅰ . ①全 … Ⅱ . ①中 … Ⅲ . ①工程技术 - 研究 Ⅳ . ① TB

中国版本图书馆 CIP 数据核字 (2021) 第 251649 号

全球工程前沿 2021
QUANQIU GONGCHENG QIANYAN 2021

| 策划编辑 张 冉 | 责任编辑 张 冉 | 封面设计 王凌波 | 责任印制 刘思涵 |

出版发行 高等教育出版社	网 址	http://www.hep.edu.cn
社 址 北京市西城区德外大街4号		http://www.hep.com.cn
邮政编码 100120	网上订购	http://www.hepmall.com.cn
印 刷 佳兴达印刷（天津）有限公司		http://www.hepmall.com
开 本 850 mm×1168 mm 1/16		http://www.hepmall.cn
印 张 15.5		
字 数 390 千字	版 次	2021 年 12 月第 1 版
购书热线 010-58581118	印 次	2021 年 12 月第 1 次印刷
咨询电话 400-810-0598	定 价	150.00 元

本书如有缺页、倒页、脱页等质量问题，请到所购图书销售部门联系调换
版权所有 侵权必究
物 料 号 57473-00

目录

引　言

　　工程科技是改变世界的现实的、直接的生产力，工程前沿代表着工程科技未来创新发展的重要方向。当今时代，世界面临百年未有之大变局，新型冠状病毒肺炎疫情全球大流行进一步加剧全球发展的不确定性。新一轮科技革命和产业变革持续深化演进，工程科技创新多源并进、交汇叠加，工程科技前沿持续交叉融合，不断衍生突破。

　　中国工程院作为国家工程科技领域最高荣誉性、咨询性学术机构，肩负着发挥学术引领作用、促进工程科技发展的历史使命。自 2017 年以来，中国工程院连续组织开展"全球工程前沿"重大咨询研究项目，旨在按年度分析全球工程研究前沿和工程开发前沿，研判全球工程科技演进变化趋势。

　　2021 年度全球工程前沿研究项目，继续依托中国工程院 9 个学部及中国工程院《工程》系列期刊开展研究工作。项目研究以数据分析为基础，以专家研判为核心，遵从定量分析与定性研究相结合、数据挖掘与专家论证相佐证、工程研究前沿与工程开发前沿并重的原则，凝练获得 93 个工程研究前沿和 93 个工程开发前沿，并重点解读 28 个工程研究前沿和 28 个工程开发前沿。

　　为提高前沿研判的科学性，在前四年实践经验的基础上，2021 年度的研究工作进一步加大了数据与专家的交互力度，领域专家与图书情报专家深度参与数据准备、数据分析、图表制作、报告撰写等环节，专家智慧与客观数据在多轮迭代中不断融合，提升了研究的专业性和前瞻性。

　　本报告为 2021 年度全球工程前沿项目研究成果，由两部分组成，第一部分为研究概况，主要说明项目研究采用的数据和研究方法；第二部分为领域报告，包括机械与运载工程，信息与电子工程，化工、冶金与材料工程，能源与矿业工程，土木、水利与建筑工程，环境与轻纺工程，农业，医药卫生和工程管理共 9 个领域分报告，分别描述和分析各领域工程研究前沿和工程开发前沿概况，并对重点前沿进行详细解读。

　　工程前沿研判是一项复杂且有挑战性的工作。在研究过程中，项目研究团队聚焦全球工程科技发展的热点和难点，将前沿研究、学术论坛与期刊建设紧密结合，相互促进，逐步探索出一条别具特色的研究路径。工程前沿研究得到了来自我国工程科技界各领域、各机构近千位院士和专家的支持，在此向所有指导工程前沿研究的院士、所有参与工程前沿研究的专家表示感谢！

第一章　研究方法

工程前沿指具有前瞻性、先导性和探索性，对工程科技未来发展有重大影响和引领作用的关键方向，是培育工程科技创新能力的重要指南。根据前沿方向的侧重点是工程科技的理论研究还是应用开发，工程前沿分为工程研究前沿和工程开发前沿。本研究中，工程前沿基于公开数据和专家研判得出，不涉及非公开领域。

2021 年度全球工程前沿研究继续在以专家为核心、数据为支撑的原则下，采用专家与数据多轮交互、迭代遴选研判的方法，实现了专家研判与数据分析的深度融合，共遴选出 93 个工程研究前沿和 93 个工程开发前沿，并重点解读了其中的 28 个工程研究前沿和 28 个工程开发前沿。9 个领域的前沿数量分布如表 1.1 所示。

前沿研究按数据准备、数据分析、专家研判 3 个阶段分步实施。在数据准备阶段，领域专家和图书情报专家对初始论文、专利数据筛选源进行修订，明确数据挖掘的范围；在数据分析阶段，通过共被引聚类方法获得文献聚类主题和专利地图；在专家研判阶段，通过专利地图解读、专家研讨、问卷调查等方法逐步筛选确定前沿，并结合前沿在论文或专利数据上的表现进一步调整 Top 10 前沿列表、完善前沿命名。为弥补因数据挖掘算法局限性或数据滞后所导致的前沿性不足，鼓励领域专家对定量分析结果查漏补缺，提名前沿。研究实施流程如图 1.1 所示，其中绿色部分以数据分析为主，紫色部分以专家研判为主，红色方框为专家与数据多轮深度交互的过程。

1　工程研究前沿的遴选

本报告中，工程研究前沿的基础素材主要来自以下两种途径：一是科睿唯安基于 Web of Science 核心合集的 SCI 期刊论文和会议论文数据，通过共被引聚类方法获得文献聚类主题；二是专家提名备选工程研究前沿。两种途径获得的前沿经过专家论

表 1.1　9 个领域前沿数量分布

领域	工程研究前沿 / 个	工程开发前沿 / 个
机械与运载工程	10	10
信息与电子工程	10	10
化工、冶金与材料工程	11	11
能源与矿业工程	12	12
土木、水利和建筑工程	10	10
环境与轻纺工程	10	10
农业	10	10
医药卫生	10	10
工程管理	10	10
合计	93	93

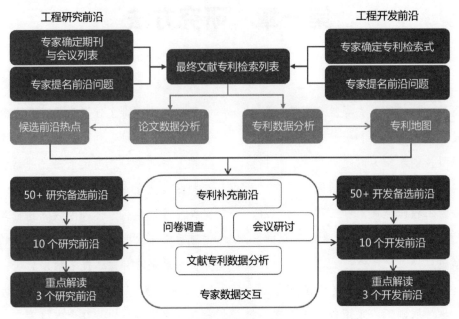

图 1.1　全球工程前沿研究流程

证、提炼得到备选工程研究前沿，再经过问卷调查和多轮专家研讨，遴选得出 9 个领域 93 个工程研究前沿。

1.1　论文数据的获取与预处理

科睿唯安将 Web of Science 学科与中国工程院 9 个学部领域建立映射关系，获得每个领域对应的期刊和会议列表，经领域专家修订与补充，确定 9 个领域数据源共计 12 215 本期刊和 44 153 个会议。此外，对于 Nature 等 72 种综合学科的期刊，采用单篇文章归类的方法，即根据期刊内单篇文章的参考文献主要归属的学科来定义这篇文章的研究领域。在此基础上，检索得到 2015—2020 年上述期刊和会议收录的论文，论文引用时间截至 2021 年 1 月。

对于每个领域，科睿唯安综合考虑期刊和会议的差别、出版年等因素，对上述文献列表进行检索和数据挖掘，筛选出被引频次位于前 10% 的高影响力论文，作为研究前沿分析的原始数据集，如表 1.1.1 所示。

1.2　论文主题挖掘

通过对上述 9 个领域前 10% 的高影响力论文进行共被引聚类分析，得到每个领域的全部文献聚类主题。对于平均出版年在 2019—2020 年的聚类主题，按照核心论文的数量、总被引频次、常被引论文占比依次筛选，获得 25 个不相似的文献聚类主题；对于平均出版年在 2019 年之前的聚类主题，按照核心论文的数量、总被引频次、平均出版年、常被引论文占比依次筛选，获得 35 个不相似的文献聚类主题。其中，如果各领域聚类主题有交叉，则递补不交叉的聚类主题。此外，对于没有聚类主题覆盖的学科按关键词进行定制检索和挖掘。最终筛选得到 9 个领域 775 个备选研究热点，如表 1.2.1 所示。

1.3　研究前沿的确定与解读

在论文数据处理与挖掘的同时，领域专家基于对其他数据如科技新闻、各国战略布局等的综合分析，提出研究前沿问题，并将其融入前沿确定的每

表 1.1.1　各领域数据源概况

序号	领域	期刊 / 本	会议 / 个	高影响力论文 / 篇
1	机械与运载工程	521	2 779	73 481
2	信息与电子工程	987	18 590	204 705
3	化工、冶金与材料工程	1 188	4 068	274 485
4	能源与矿业工程	616	2 338	115 816
5	土木、水利和建筑工程	576	1 154	63 930
6	环境与轻纺工程	1 345	1 288	207 518
7	农业	1 484	1 093	204 873
8	医药卫生	4 685	11 583	476 629
9	工程管理	813	1 260	50 986

表 1.2.1　各领域文献聚类结果

序号	领域	聚类主题 / 个	核心论文 / 篇	备选研究热点 / 个
1	机械与运载工程	8 158	33 822	114
2	信息与电子工程	20 495	88 795	67
3	化工、冶金与材料工程	28 481	117 286	66
4	能源与矿业工程	12 763	54 261	91
5	土木、水利和建筑工程	7 223	31 099	102
6	环境与轻纺工程	22 872	94 186	94
7	农业	22 006	89 460	92
8	医药卫生	49 923	211 212	67
9	工程管理	5 147	21 001	82

个阶段。

在数据准备阶段，图书情报专家将领域专家提出的研究前沿问题转化为检索式，这是初始数据源的重要组成部分。在数据分析阶段，针对没有文献聚类主题覆盖的学科，领域专家提供关键词、代表性论文或代表性期刊，用于支撑科睿唯安进行定制检索和挖掘。在专家研判阶段，领域专家对照科睿唯安提供的文献聚类结果进行查漏补缺，对于未出现在数据挖掘结果中而专家认为重要的前沿进行第二轮提名，图书情报专家提供数据支撑。最终，领域专家对数据挖掘和专家提名的工程研究前沿素材进行归并、修订和提炼，而后经过问卷调查和多轮会议研讨，每个领域遴选出 10 个左右工程研究前沿。

各领域依据发展前景、受关注度选取 3 个重点研究前沿，邀请前沿方向的权威专家从国家和机构布局、合作网络、发展趋势、研发重点等角度详细解读前沿。

2　工程开发前沿的遴选

工程开发前沿的基础素材也来自两种途径：一是科睿唯安基于 Derwent Innovation 专利检索平台，对 9 个领域 53 个学科组中被引频次位于各学科组前 10 000 个的高影响力专利家族进行文本聚类，获得 53 张专利地图，领域专家从专利地图中解读出备选工程开发前沿；二是专家提名备选工程开发前沿。两种方式获得的备选开发前沿通过多轮专家研讨和问卷调查，每个领域获得 10 个左右工程开发前沿。

2.1 专利数据的获取与预处理

在数据准备阶段，科睿唯安基于 Derwent Innovation 专利数据库，采用德温特世界专利索引（DWPI）手工代码、《国际专利分类表》（IPC 分类）、美国专利局分类体系（UC）等专利分类号和特定的技术关键词，初步构建 9 个领域 53 个学科组的专利数据检索范围及检索策略；领域专家对专利检索式删减、增补和完善，并提名备选前沿主题，图书情报专家转化为专利检索式。科睿唯安将以上两部分检索式进行整合，确定 53 个学科组的专利检索式，在"增值专利信息——DWPI 和 DPCI（德温特专利引文索引）专利集合"中检索，获得相应学科的专利文献。专利检索时间范围为 2015—2020 年，专利引用时间截至 2021 年 1 月。

为了进一步聚焦专利文献，对检索得到的百万量级专利文献根据"年均被引频次"和"技术覆盖宽度"指标进行筛选，综合评估得到每个学科前 10 000 个专利家族。

2.2 专利主题挖掘

对 9 个领域 53 个学科组被引频次位于前 10 000 的高影响力专利开展专利文本语义相似度分析，基于 DWPI 标题和 DWPI 摘要字段进行主题聚类，获得 53 张能快速直观呈现工程开发技术分布的 ThemeScape 专利地图，以关键词的形式展现所聚集专利的总体技术信息。

领域专家在图书情报专家的辅助下，从专利地图提炼技术开发前沿、归并相似前沿、确定开发前沿名称，得到每个学科组的备选工程开发前沿。同时，为避免遗漏新兴前沿，领域专家尤其注重专利地图中低频次、关联性较低的技术空白点的解读。

2.3 开发前沿的确定与解读

在专利数据处理与挖掘的同时，领域专家基于对其他数据如科技新闻、各国战略布局等的综合分析，提出开发前沿问题，并将其融入前沿确定的每个阶段。

在数据准备阶段，图书情报专家将领域专家提出的关键前沿问题转化为专利检索式，作为基础数据集的重要组成部分。在数据分析阶段，领域专家开展第二轮前沿提名，补充数据挖掘中淹没的专利量少、影响力尚未显现的新兴技术点。在专家研判阶段，领域专家研读高影响力专利，图书情报专家辅助领域专家从"高峰"和"蓝海"等多角度解读专利地图。最终，领域专家对专利地图解读结果与专家提名前沿进行归并、修订和提炼，得到备选工程开发前沿，而后通过问卷调查或多轮专题研讨，每个领域遴选出 10 个左右工程开发前沿。

各领域依据发展前景、受关注度选取 3 个重点开发前沿，邀请前沿方向的权威专家从国家和机构布局、合作网络、发展趋势、研发重点等角度详细解读前沿。

3 术语解释

文献（论文）：包括 Web of Science 中经过同行评议的公开发布的研究型期刊论文、综述和会议论文。

高影响力论文：指被引频次在同出版年、同学科论文中排名前 10% 的论文。

文献聚类主题：对高影响力论文进行共被引聚类分析获得的一系列主题和关键词的组合。

核心论文：根据研究前沿的获取方式不同，核心论文有两种含义，如果是来自数据挖掘经专家修正的前沿，核心论文指高影响力论文；如果是来自专家提名的前沿，核心论文指按主题检索被引频次排前 10% 的论文。

论文比例：某个国家或机构参与的核心论文数

量占全部国家或机构产出核心论文数量的比例。

施引核心论文：指引用核心论文的文献。

被引频次：指论文被科睿唯安 Web of Science 核心合集收录的论文引用的次数。

平均出版年：指对文献聚类主题中所有文献的出版年取平均数。

引文速度：引文速度是一定时间内衡量累计被引频次增长速度的指标。在本研究中，每一篇文献的引文速度是从发表的月份开始，记录每个月的累计被引频次。

常被引论文：指引文速度排名前 10% 的论文。

高影响力专利：每个学科依据德温特专利引文索引（DPCI）年均被引频次排前大约 10 000 的德温特世界专利索引（DWPI）专利家族。

核心专利：根据开发前沿的获取方式不同，核心专利有两种含义——如果是来自专利地图的前沿，核心专利指高影响力专利；如果是来自专家提名的前沿，核心专利指按主题检索的全部专利。

专利比例：某个国家（作为专利优先权国家）或机构参与的核心专利数量占全部国家或机构产出核心专利数量的比例。

ThemeScape 专利地图：基于 Derwent Innovation 中的 DWPI 增值专利信息，通过分析专利文献中的语义相似度，将相关技术的专利聚集在一起，并以地图形式可视化展现，是形象地反映某一行业或技术领域整体面貌的主题全景图。

技术覆盖宽度：指每个 DWPI 专利家族覆盖的 DWPI 分类的数量。该指标可以体现专利的领域交叉广度。

中国工程院学部专业划分标准体系：包含中国工程科学技术（含农业、医学）的 9 个学部所涵盖的 53 个专业学科，按照《中国工程院院士增选学部专业划分标准（试行）》确定。

第二章 领域报告

一、机械与运载工程

1 工程研究前沿

1.1 Top 10 工程研究前沿发展态势

机械与运载工程领域 Top 10 工程研究热点涉及机械工程、船舶与海洋工程、航空宇航科学技术、兵器科学与技术、动力及电气设备工程与技术、交通运输工程等学科方向（见表 1.1.1）。其中，属于深化传统研究的包括柔性内窥镜微创手术机器人、机器人化增材制造、准零刚度隔振方法、无人载具轨迹精确跟踪控制、混合可再生能源发电；属于新兴前沿的包括水下无人航行器、仿昆虫微型扑翼飞行器、折纸超材料、飞行器数字孪生技术、基于深度学习的城市交通流量智能预测方法。

2015—2020 年，各前沿相关的核心论文发表情况见表 1.1.2。无人载具轨迹精确跟踪控制、飞行器数字孪生技术是论文发表增速最明显的方向。

（1）柔性内窥镜微创手术机器人

柔性内窥镜微创手术是将手术器械沿人体细长狭窄、弯曲多变的解剖路径送至病变位置，进行灵巧探查，并能够实现复杂和精细的操作。柔性内窥镜技术经历了内镜探查、内镜操作平台、机器人辅助内镜微创手术系统三个阶段。相关研究主要分为三个方面：一是微创手术器械设计方法研究，探究连续体手术器械的运动与变形机理，开发具备刚柔并济功能的多类型手术器械；二是多模态传感单元设计与集成，重点研究本体高精度感知单元、感知单元跨模量集成以及视觉引导技术；三是运动协同控制策略，实现人体腔内环境下基于多模态信息融合的系统运动协同控制策略，为柔性手术器械在手术过程中的灵巧运动与稳定操作提供理论依据。柔性内窥镜微创手术机器人以其高灵活性与柔顺适应性等优势，可较好地适应狭窄腔道弯曲复杂的解剖结构约束，代表现代微创外科"无疤痕"的发展趋

表 1.1.1 机械与运载工程领域 Top 10 工程研究前沿

序号	工程研究前沿	核心论文数	被引频次	篇均被引频次	平均出版年
1	柔性内窥镜微创手术机器人	10	631	63.10	2016.1
2	水下无人航行器	5	353	70.60	2020.0
3	仿昆虫微型扑翼飞行器	6	104	17.33	2016.2
4	机器人化增材制造	10	362	36.20	2016.5
5	准零刚度隔振方法	25	828	33.12	2017.7
6	折纸超材料	8	239	29.88	2017.1
7	无人载具轨迹精确跟踪控制	24	760	31.67	2018.8
8	飞行器数字孪生技术	15	1 212	80.80	2018.3
9	混合可再生能源发电	15	839	55.93	2017.5
10	基于深度学习的城市交通流量智能预测方法	11	2 345	213.18	2018.0

表 1.1.2 机械与运载工程领域 Top 10 工程研究前沿逐年核心论文发表数

序号	工程研究前沿	2015 年	2016 年	2017 年	2018 年	2019 年	2020 年
1	柔性内窥镜微创手术机器人	5	2	1	1	1	0
2	水下无人航行器	0	0	0	0	0	5
3	仿昆虫微型扑翼飞行器	1	4	0	1	0	0
4	机器人化增材制造	4	2	1	1	2	0
5	准零刚度隔振方法	5	1	6	2	7	4
6	折纸超材料	2	1	1	2	2	0
7	无人载具轨迹精确跟踪控制	1	1	2	2	10	8
8	飞行器数字孪生技术	0	0	3	5	6	1
9	混合可再生能源发电	0	3	6	2	3	1
10	基于深度学习的城市交通流量智能预测方法	2	0	2	1	4	2

势，在多种类型的人体腔道疾病诊断与早癌诊治一体化中具有广泛的应用前景。

（2）水下无人航行器

水下无人航行器是一种可在水下移动、具有视觉和感知系统、通过遥控或自主操作方式使用机械手包括其他工具代替或辅助人去完成某些水下作业的装置。水下无人航行器研究涉及船舶与海洋工程、计算机、控制、材料和人工智能等多学科交叉融合，是归于高端制造业的一类特种装备。水下无人航行器及其产业链属于海洋强国建设的战略型新兴产业，在海洋科学研究、海洋资源调查和海洋安全防务等方面展示了良好的应用前景。水下无人航行器主要研究方向包括总体设计、结构外形、能源推进、电气控制、导航定位、路径规划、运动控制、应急安全、布放回收、集群编队等。近年来，面向国家发展深远海的重大需求，中国科研人员在理论与应用层面陆续突破了深水航行器总体设计、结构外形优化、机电一体化集成、水声定位导航、自主路径规划以及底层运动控制等关键技术，具备了满足一定工程应用需求的中小型水下无人航行器研制能力（如"潜龙"系列和"海斗"号遥控/自主水下机器人、"海翼"号和"海燕"号水下滑翔机）。但面临复杂多变的海洋环境、精细作业任务、多样

化作业需求，水下无人航行器仍面临较多挑战，包括水下无人航行器的大型化与智能化、路径规划与自抗扰运动控制、集群编队、水下即时定位与建图、水下探测与目标识别、水下能源补给与无线通信、仿真软体水下机器人、作业型水下航行器等。这些方向将是水下无人航行器技术持续关注的前沿热点。大力开展这些方向的基础科学研究，将有望进一步加强中国高端海洋装备领域科技自立自强与技术自主可控。

（3）仿昆虫微型扑翼飞行器

仿昆虫微型扑翼飞行器是一种模仿昆虫飞行的新型无人飞行器。该飞行器通过模拟昆虫身体构造、运动方式和飞行机理，结合仿生学与系统工程的设计思想，实现飞行器高效的飞行、机动能力。相关研究包括四个方面：一是高效率扑翼设计，分析昆虫形态及运动参数对扑翼气动性能的作用规律，揭示仿昆虫飞行的非定常气动机理，建立形态结构与气动耦合作用的微型扑翼参数化建模及优化设计方法；二是高效微型动力/能源系统，开发新型能源电池，设计智能化能源管理策略，实现高效率、轻量化、高稳定性能源系统，研制压电、人工肌肉等各类驱/传动方式的微型机构，实现高效比的驱动传动功能；三是高集成度轻量化航电系统，开发面

向声、光、电、磁、热等多源环境信息的微机电系统（MEMS）基微型智能化任务载荷，设计飞行多源扰动与非线性特征耦合的高性能智能飞行学习策略及控制系统，设计具有远距离、低功耗等特征的高效比机载/地面信息通信系统，研制任务载荷、信息通信系统与飞行控制系统一体化的芯片级柔性制备工艺，实现微型航电系统高密度轻量化集成；四是仿生飞行器整机集成与实验平台，研究多学科交叉融合的系统级仿生集成建模方法，开发适用于仿昆虫微型飞行器的综合实验测试平台与数据采集分析系统。随着仿生学、非定常空气动力学、微机电系统、柔性材料、控制理论与人工智能等技术的发展，仿昆虫扑翼飞行器的微型化、轻量化以及群智化已成为当前研究热点。

（4）机器人化增材制造

随着增材制造对象的多样化与复杂化，传统的三轴直角坐标或龙门式增材制造装备受限于作业空间、自由度以及严格的逐层制造工艺，无法满足制造质量、效率以及成本的需求。机器人化增材制造是增材制造的未来发展趋势。将高度灵活的机器人技术与增材制造技术相结合，为多轴增材制造以及非结构环境中制造复杂的几何形状提供了可能，已成为领域研究热点。机器人化增材制造的主要研究方向包括：多方向增材制造，利用机器人多自由度实现多方向打印；保型沉积，旨在采用机器人顺应实现曲面共形制造；预制件装配，利用机器人灵巧性实现复杂预制件的嵌入；无支撑的增材制造，利用机器人的灵巧性避免费时费料的支撑结构打印；大范围增材制造，利用机器人的大工作空间实现大尺度的增材制造。下一代的机器人化增材制造将在以下方向实现突破：采用机器人灵活的切换制造工具，实现多材料混合制造；利用机器人的可达性兼顾大尺度与小细节，实现具有微细结构的超大尺寸构件原位制造；突破机器人自身的精度极限，实现高精度增材制造；利用多机协同技术提升制造效率，实现高效率增材制造；突破微型机器人技术，以此

为基础实现极小尺度的构件增材制造。

（5）准零刚度隔振方法

随着超精密制造与测量、空天探测、运载与武器装备等向极端工况或极限性能发展，其环境振动复杂且低频突出，必须实现超低频隔振，这就要求隔振固有频率近零，也即刚度近零，这是传统隔振方法无法做到的。准零刚度隔振方法通过使隔振器兼具大承载力和近零刚度来实现近零振动传递。它的最主要思路是引入负刚度机构来抵消弹性元件的正刚度，主要实现途径包括被动式和主动式两类。被动式如机械负刚度、磁负刚度等。机械负刚度原理简单，但其非线性和接触摩擦突出，工作域小，性能有限。磁负刚度利用特定排布的磁体使产生的非接触作用力表现出负刚度特性，是实现准零刚度隔振的好方法。如何通过磁体的结构和阵列优化来提高磁负刚度的体积密度、线性度和工作域，是研究的重点。主动式负刚度基于位移反馈使振动控制力表现出负刚度特性，但若传感器和作动器的精度足够，则负刚度特性精准可控，理论上可获得最佳的准零刚度效果，是准零刚度隔振的重要研究方向。准零刚度隔振方法的另一种实现思路是，将精密位移伺服机构与超低（或准零）刚度隔振器串联，采用随动伺服控制使系统综合刚度呈量级地缩小，且可大幅拓展工作域，这是一种有潜力的发展方向。

（6）折纸超材料

超材料所具有的自然材料不具备的超常物理性能是由其内部微结构的几何拓扑与基础材料的性质共同决定的。近几年出现了由折纸结构作为基本胞元的各种功能超材料。无论是连续型折纸结构，还是模块化折纸结构，都为超材料提供了丰富的三维几何表面与内部拓扑，使其在电磁、波动、传热、力学性能等方面表现出多样的超常特性。与此同时，折纸结构的折叠、运动、变形能力为超材料性能的大范围变化提供了可能，促使其研究前沿从基于固定拓扑几何结构定性地设计某种特殊物理性能，发展到在使用过程中通过拓扑的主动或被动变化对其

性能进行编程调控。为此，研究核心集中在建立超材料物理性能及其调控需求与结构胞元、整体构型及其形变的本质关联，进而将折纸超材料的研究趋势拓展到以下三个层级：首先，从已知折纸胞元形变模式对超材料性能进行正向分析，转化到从性能需求出发对超材料的折纸胞元进行逆向设计；其次，结合驱动材料、边界载荷、工作物理场等，对超材料的变形进行精准控制，以满足各种工况下物理性能的调控需求；再次，将对应不同物理性能的折纸胞元与基础材料统一分布在同一个超材料拓扑结构中，从而获得同时具有多种可调控超常物理性能的超级超材料。这类由需求出发设计的折纸超材料研究具有理论开创性、多学科融合性和工程实用性，正逐渐成为超材料领域研究热点之一。

（7）无人载具轨迹精确跟踪控制

对期望轨迹的精确跟踪控制是保障无人载具自主行驶安全性、稳定性与舒适性的关键技术。传统方法多基于静态线性模型与大量人工调参，包括 PID 控制、前馈反馈控制、最优控制等，这些方法能够在设计工况下稳定运行，但其对工况与模型参数变化较为敏感，难以主动适应动态变化的环境和运载平台非线性特性。针对高速动态场景，综合考虑不确定性、模型泛化性与工况自适应性的控制算法是目前实现全工况轨迹精确跟踪控制的主要研究方向，例如基于模型学习或参数优化的模型预测控制、智能控制等。由于动力学模型高度非线性且参数较多，基于模型的方法既需要在模型保真度与算法实时性间进行平衡与取舍，也需要根据工况变化对模型参数进行动态调整，对此可以通过结合自适应控制、智能控制与最优控制等多种方法构建混合控制策略从而实现两方面的需求。此外，由于机器学习能够利用离线经验学习与拟合复杂非线性模型，结合机器学习方法进行模型参数识别与参数在线更新对于降低算法调参难度、提升模型自适应能力、提高控制精度有着重要意义。同时，基于直接模型学习的近似最优控制、端对端神经网络控制，

以及可持续策略学习等无模型的智能控制方法由于较强的自更新、自适应、与场景泛化能力也成为近年的重要研究方向之一。

（8）飞行器数字孪生技术

飞行器数字孪生是将数字孪生技术与飞行器的关键特征、关键环节、关键场景紧密结合，基于高保真模型以及历史与实时数据对物理飞行器进行刻画、模拟、监测，并利用云计算、大数据、人工智能等技术对飞行器进行分析、评估、预测、优化，从而提升飞行器设计效率、监控飞行器运行状态、降低飞行器运维成本、延长飞行器使用寿命。相关研究主要分为四方面：一是高保真的飞行器模型构建，充分考虑各学科、各领域间的耦合关系，使结构、气动、控制等多领域模型融合，以精确刻画飞行器的属性特征；二是飞行器数据的全面感知与处理，根据实际对象与实际需求布置传感器，获取结构状态与载荷变化等飞行器本身信息以及温度、湿度、电磁辐射等环境信息，通过对来自物理空间的数据与虚拟空间的数据融合分析处理，从海量异构时变动态数据中挖掘出丰富的价值，为飞行器的故障诊断、寿命预测等方面提供支持；三是虚实交互一致性评估，通过虚实映射、数模联动、交互控制以保证飞行器数字孪生模型与物理飞行器真实运行状态保持一致；四是飞行器数字孪生精准服务构建，飞行器数字孪生在飞行器的高效设计、虚拟测试与验证、状态实时监控、剩余寿命预测、维护策略优化等方面提供更加优质可靠的服务。未来，飞行器数字孪生将向构建真实模型、获取全面数据、建立实时交互、提供便捷服务的方向不断发展与迈进。

（9）混合可再生能源发电

混合可再生能源发电指包括两种或者两种以上的分布式可再生能源（风能、太阳能、潮汐能、地热能等）发电电源、能量储存系统以及各种电力电子控制装置的发电方式。混合可再生发电系统电能输出更加稳定、可靠、持续，其各分布式系统共享电网连接，从而降低成本。为了使多能互补效益最

大化，针对性的容量优化、系统设计与规划是当前混合可再生能源系统的研究热点。尤其是构建综合性的数学抽象模型，研究多能互补性的表达范式，建立全面、通用、规范的互补性描述等，是其发展不可或缺的关键。现阶段重点应当解决不同可再生能源发电电流的融合问题，部署地理位置选择问题，可再生能源发电系统的随机性模拟、设备类型选择、更全面的系统建模和高效的寻优算法问题，为混合可再生能源系统的优化深度提升提供新的着力点。

（10）基于深度学习的城市交通流量智能预测方法

城市交通流量预测作为智能交通系统的关键使能技术，可为智能出行和动态交通规划提供技术支撑，以缓解道路交通拥堵和方便人们出行，形成智能交通系统的创新型服务。当前城市交通流量预测尚未形成完整的技术体系，存在较多难题需要克服，主要体现在：① 道路交通流量数据巨大、信息丰富，具时空复杂性、异质性和稀疏性，难以充分利用；② 目前尚缺乏高效的数据驱动预测模型、方法和技术。当前交通流量的智能预测技术主要包括长期预测（时间序列分析）技术以及短期预测（动态实时交通预测）技术，出现了许多基于深度学习技术开展交通流量预测的研究成果：① 深度学习模型方面成果包括时间图卷积神经网络（T-GCN）、时空融合图深度神经网络、扩散卷积循环神经网络（RNN）、多分枝预测模型等；② 深度学习框架方面成果包括时空多任务学习框架、双向长短期记忆（LSTM）人工神经网络、时间信息增强 LSTM 等；③ 为进一步提高预测能力，还出现了混合深度学习，包括：堆栈式学习者＋全连接网络（FCN）、混合卷积神经网络（CNN）+RNN+注意力机制等。可见，本热点研究得到了研究人员的广泛关注，未来研究将在交通数据时空关系分析、长短期预测技术集成、新型深度学习模型、特定交通场景创新服务等方面展开。

1.2 Top 3 工程研究前沿重点解读

1.2.1 柔性内窥镜微创手术机器人

癌症已成为威胁人类健康的主要杀手，中国癌症发病与死亡数量均居全球第一。其中呼吸道、消化道癌症的发病率与死亡率较高，占全部癌症发病率与死亡率的 50% 以上。因空气环境及饮食习惯的影响，中国消化道、呼吸道癌症患病率尤其高，约占全球 50%。相较于传统刚性内镜尺寸大与在狭窄腔道操作困难的缺陷，柔性内窥镜微创手术机器人以其高灵活性与柔顺适应性等优势，被广泛用于经消化系统（食道、胃和结直肠）、经呼吸道（支气管）与经泌尿生殖系统（阴道、尿道与膀胱）等人体自然腔道疾病诊断与癌症治疗，为多种类型的人体腔道的早癌诊治一体化提供强有力的支撑。特别是近年来不断涌现的多模态（图像、超声、分子影像学等）、跨尺度（从厘米级别到分子级别）新型内镜技术，使人体腔道疾病探查与检测更精准、诊断更及时、治疗更趋微创化，代表现代微创外科"无疤痕"的发展趋势。

国内外研究机构针对面向人体自然腔道癌症治疗的柔性内镜机器人技术展开广泛研究，并经历了内镜探查、内镜操作平台、机器人辅助内镜微创手术机器人系统三个发展阶段。当前相关研究主要有以下三个方面：在微创手术器械设计理论方面，探究连续体手术器械的运动与变形机理，建立柔性手术器械运动学与力学模型，研究变刚度机理与刚柔转化机制，实现材料－结构－变刚度一体化设计，归纳与总结微创手术器械设计方法；在多模态传感单元设计与集成方面，研究局部触感单元设计、本体形状感知传感器设计、高精度感知单元跨模量集成、多类型影像融合与视觉引导技术四个方面，实现宏微结合与视触觉融合；在运动协同控制策略方面，实现人体腔内环境下基于多模态信息融合的系统运动协同控制策略，将动态前馈控制器与反馈有机结合，实现运动与刚度协同控制，为柔性手术器械在手术过程中的灵巧运动与稳定操作提供理论依据。柔性内窥镜微创手术机器人作为手术机器人领域的下一个难点和制高点，是实现多种类型的狭窄腔道早癌诊治一体化的技术支撑，满足微创手术安全接触、柔性可达、刚性操作、精准控制的实际需求，为探索内外科融合一体的新型手术模式提供了必要的实现工具和技术手段。研制可用于狭窄腔道的柔性内窥镜微创手术机器人，可提高中国在柔性内镜机器人领域的自主技术水平，推进狭窄腔道手术的普及应用，使中国在国际高端医疗装备的研发领域占据重要地位。

"柔性内窥镜微创手术机器人"工程研究前沿中，核心论文发表量靠前的国家是新加坡、中国，篇均被引频次靠前的国家是德国、美国(见表1.2.1)。在发文量前六位的国家中，中国与新加坡合作较多

（见图1.2.1）。核心论文发文量方面，香港中文大学、新加坡国立大学、南洋理工大学具有优势，篇均被引频次排在前列的机构是卡内基梅隆大学、汉诺威大学、田纳西大学（见表1.2.2）。在发文量前十位的机构中，新加坡国立大学和香港中文大学合作较多（见图1.2.2）。施引核心论文的主要产出国家是中国、美国（见表1.2.3），施引核心论文的主要产出机构是香港中文大学、新加坡国立大学、哈尔滨工业大学（见表1.2.4）。

1.2.2 水下无人航行器

水下无人航行器是探索海洋的重要手段。为了开发利用海洋资源，国际上早在20世纪50年代便开始了无人水下航行器研制。进入20世纪70年代，无人水下航行器通过遥控方式开始应用于搜寻失事

表1.2.1 "柔性内窥镜微创手术机器人"工程研究前沿中核心论文的主要产出国家

序号	国家	核心论文数	论文比例	被引频次	篇均被引频次	平均出版年
1	新加坡	8	80.00%	261	32.62	2016.4
2	中国	5	50.00%	221	44.20	2015.8
3	德国	1	10.00%	307	307.00	2015.0
4	美国	1	10.00%	307	307.00	2015.0
5	澳大利亚	1	10.00%	56	56.00	2017.0
6	英国	1	10.00%	43	43.00	2015.0

表1.2.2 "柔性内窥镜微创手术机器人"工程研究前沿中核心论文的主要产出机构

序号	机构	核心论文数	论文比例	被引频次	篇均被引频次	平均出版年
1	香港中文大学	4	40.00%	158	39.50	2016.0
2	新加坡国立大学	4	40.00%	158	39.50	2016.0
3	南洋理工大学	4	40.00%	103	25.75	2016.8
4	卡内基梅隆大学	1	10.00%	307	307.00	2015.0
5	汉诺威大学	1	10.00%	307	307.00	2015.0
6	田纳西大学	1	10.00%	307	307.00	2015.0
7	上海交通大学	1	10.00%	63	63.00	2015.0
8	昆士兰科技大学	1	10.00%	56	56.00	2017.0
9	纽卡斯尔大学	1	10.00%	43	43.00	2015.0
10	纽卡斯尔大学新加坡分校	1	10.00%	37	37.00	2015.0

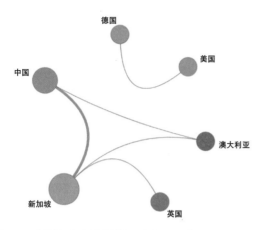

图 1.2.1 "柔性内窥镜微创手术机器人"工程研究前沿主要国家间的合作网络

潜艇、反水雷等军事任务。21世纪以来,随着计算机、组合导航、声学通信等技术发展,无人水下航行器的自主能力提高,工业应用逐步成熟,逐渐在民用和军用领域发挥更重要的作用。例如,美国国防部自 2000 年以来先后发布了 6 份无人航行器发展路线图,充分肯定了水下无人航行器的重要军事价值,并提出要加强对大型无人水下航行器、特种作战航行器、水下分布式网络等关键技术的攻关。欧洲防务局也发布了《海上无人系统方法与协调路线图》,提出协调欧洲各国力量,共同促进无人水下航行器技术发展。

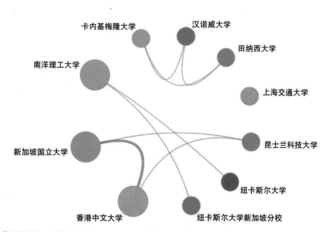

图 1.2.2 "柔性内窥镜微创手术机器人"工程研究前沿主要机构间的合作网络

表 1.2.3 "柔性内窥镜微创手术机器人"工程研究前沿中施引核心论文的主要产出国家

序号	国家	施引核心论文数	施引核心论文比例	平均施引年
1	中国	191	32.93%	2018.5
2	美国	101	17.41%	2018.3
3	英国	64	11.03%	2018.5
4	新加坡	60	10.34%	2017.5
5	德国	41	7.07%	2018.3
6	韩国	27	4.66%	2019.2
7	日本	24	4.14%	2018.4
8	法国	21	3.62%	2018.3
9	意大利	20	3.45%	2018.3
10	澳大利亚	18	3.10%	2018.2

表 1.2.4 "柔性内窥镜微创手术机器人"工程研究前沿中施引核心论文的主要产出机构

序号	机构	施引核心论文数	施引核心论文比例	平均施引年
1	香港中文大学	38	13.87%	2018.2
2	新加坡国立大学	35	12.77%	2017.7
3	哈尔滨工业大学	33	12.04%	2018.4
4	上海交通大学	29	10.58%	2018.4
5	南洋理工大学	27	9.85%	2017.3
6	克莱姆森大学	21	7.66%	2018.4
7	伦敦帝国理工学院	20	7.30%	2018.5
8	范德堡大学	19	6.93%	2018.2
9	伦敦国王学院	18	6.57%	2018.3
10	汉诺威大学	18	6.57%	2017.7

无人水下航行器是一种高效率、低成本、强隐身的水下运载平台。因此，近年来，无人水下航行器已在海洋资源勘探、海底地形地貌考察、海洋情报监视侦察、水中反潜与反水雷等领域取得一定应用成效。但是面向复杂海洋环境与多样化作业任务，无人水下航行器仍有待突破一批关键技术。当前国内外学者的主要研究方向可以划分为如下六个方面：

1) 规划与控制：单个无人水下航行器的不确定和扰动补偿控制，以及多个无人水下航行器的协同路径规划与集群编队控制。

2) 作业工具控制：无人水下航行器与机械臂的协同控制策略，包括神经网络控制、模糊自适应控制、模型预测控制等。

3) 手艇耦合：无人水下航行器与机械臂耦合动力学建模、冗余自由度运动规划、软体机械臂／爪设计与鲁棒控制等。

4) 感知与识别：无人水下航行器的环境态势感知，包括水下即时定位与建图、水下目标探测与识别等。

5) 能源与通信：高能量密度锂电池，氢能，水下对接充电；网络和导航技术，水下光学无线通信等。

6) 新概念水下航行器设计与建模：仿生机器人，软体机器人。

"水下无人航行器"工程研究前沿中，核心论文发表量排在前列的国家是中国，篇均被引频次排在前列的国家是日本、新西兰、中国（见表 1.2.5）。在发文量前六位的国家中，中国和日本、新西兰、澳大利亚与沙特阿拉伯合作较多，澳大利亚与沙特阿拉伯合作较多（见图 1.2.3）。核心论文发文量排在前列的机构是南京大学、南京信息工程大学；篇均被引频次最高的机构分别为九州工业大学、西北工业大学、上海交通大学、电子科技大学、杭州电子科技大学、西南林业大学、中南财经政法大学（见表 1.2.6）。在发文机构方面，南京大学、南京信息工程大学合作较多（见图 1.2.4）。施引核心论文发文量排在前三位的国家分别是中国、美国、沙特阿拉伯（见表 1.2.7）。施引核心论文的主要产出机构是南京信息工程大学、曲阜师范大学和安徽大学（见表 1.2.8）。

1.2.3 仿昆虫微型扑翼飞行器

仿昆虫微型扑翼飞行器相比于传统的固定翼和旋翼无人飞行器，具有体积小、重量轻、成本低、隐蔽性强和可操作性好等特点，能够执行如低空侦

表 1.2.5 "水下无人航行器"工程研究前沿中核心论文的主要产出国家

序号	国家	核心论文数	论文比例	被引频次	篇均被引频次	平均出版年
1	中国	4	80.00%	296	74.00	2020.0
2	日本	1	20.00%	80	80.00	2020.0
3	新西兰	1	20.00%	75	75.00	2020.0
4	澳大利亚	1	20.00%	61	61.00	2020.0
5	沙特阿拉伯	1	20.00%	61	61.00	2020.0
6	美国	1	20.00%	57	57.00	2020.0

表 1.2.6 "水下无人航行器"工程研究前沿中核心论文的主要产出机构

序号	机构	核心论文数	论文比例	被引频次	篇均被引频次	平均出版年
1	南京大学	2	40.00%	155	77.50	2020.0
2	南京信息工程大学	2	40.00%	155	77.50	2020.0
3	九州工业大学	1	20.00%	80	80.00	2020.0
4	西北工业大学	1	20.00%	80	80.00	2020.0
5	上海交通大学	1	20.00%	80	80.00	2020.0
6	电子科技大学	1	20.00%	80	80.00	2020.0
7	杭州电子科技大学	1	20.00%	80	80.00	2020.0
8	西南林业大学	1	20.00%	80	80.00	2020.0
9	中南财经政法大学	1	20.00%	80	80.00	2020.0
10	曲阜师范大学	1	20.00%	75	75.00	2020.0

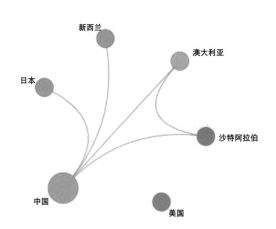

图 1.2.3 "水下无人航行器"工程研究前沿主要国家间的合作网络

察、城市作战、电子干扰、核生化探测、地理勘测、自然灾害监视与支援、环境污染监测以及边境巡逻等任务，在民用和国防领域具有重要而广泛的应用

前景。鉴于微型扑翼飞行器的优势和巨大应用潜力，美国、德国、日本和韩国等各国科学家开展了基于蜻蜓、蝴蝶、蜜蜂、蚊子等不同形态特征的仿生微型扑翼飞行器研究。哈佛大学、卡内基梅隆大学、加利福尼亚大学伯克利分校、西北工业大学、上海交通大学等机构研制了基于压电驱动的仿昆虫扑翼飞行器；荷兰代尔夫特大学、卡内基梅隆大学、普渡大学、韩国建国大学、布鲁塞尔自由大学、西北工业大学、哈尔滨工业大学、北京航空航天大学、北京科技大学、南京航空航天大学等机构研制了基于电机驱动的仿昆虫扑翼飞行器；其他驱动形式（如电磁驱动、化学肌肉驱动、记忆材料驱动等）的仿昆虫扑翼飞行器也得到了国内外多家单位的关注与研究。仿昆虫扑翼飞行器已成为无人微型飞行器领域关注的重点与焦点，其理

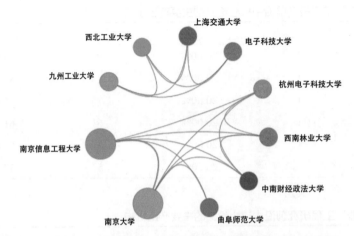

图 1.2.4 "水下无人航行器" 工程研究前沿主要机构间的合作网络

表 1.2.7 "水下无人航行器" 工程研究前沿中施引核心论文的主要产出国家

序号	国家	施引核心论文数	施引核心论文比例	平均施引年
1	中国	161	69.70%	2019.9
2	美国	17	7.36%	2019.9
3	沙特阿拉伯	11	4.76%	2020.0
4	澳大利亚	8	3.46%	2020.0
5	英国	7	3.03%	2020.0
6	加拿大	7	3.03%	2019.9
7	韩国	7	3.03%	2019.9
8	印度	4	1.73%	2020.0
9	巴基斯坦	3	1.30%	2020.0
10	挪威	3	1.30%	2020.0

表 1.2.8 "水下无人航行器" 工程研究前沿中施引核心论文的主要产出机构

序号	机构	施引核心论文数	施引核心论文比例	平均施引年
1	南京信息工程大学	26	22.81%	2019.8
2	曲阜师范大学	18	15.79%	2019.7
3	安徽大学	16	14.04%	2019.8
4	南京理工大学	12	10.53%	2020.0
5	电子科技大学	7	6.14%	2019.9
6	沙特国王大学	7	6.14%	2020.0
7	南京大学	6	5.26%	2019.8
8	中国科学院	6	5.26%	2019.8
9	五邑大学	6	5.26%	2020.0
10	河海大学	5	4.39%	2020.0

论研究和技术攻关的突破，对于推动无人机行业的微型化、智能化以及仿生技术在航空领域的应用具有重要的价值和意义。

当前相关研究主要有高效扑动翼、高效微型动力/能源系统、高集成度轻量化航电系统、整机集成及实验测试系统四个方面。在扑翼设计方面，分析扑动翼气动性能的参数影响规律，揭示仿昆虫飞行的非定常气动机理，研究结构与气动耦合作用的微型扑翼参数化建模与优化设计方法，实现仿生扑翼的高气动效能设计。在微型动力/能源系统方面，开发金属离子、二维材料、光电薄膜、聚合物基等多种新型能源电池，设计智能化能源管理策略，实现高效率、轻量化、高稳定性能源系统；研制压电、人工肌肉、精密齿轮等各类驱/传动方式的微型机构，研究多样式驱动机构材料制备及其成型加工方法等，开发高效比高可靠的微型精密驱动传动系统。在高集成度轻量化航电系统方面，开发面向声、光、电、磁、热等多源环境信息的 MEMS 基微型智能化任务载荷，设计飞行多源扰动与非线性特征耦合的高性能智能飞行学习策略及控制系统，设计具有远距离、低功耗等特征的高效比机载/地面信息通信系统，研制任务载荷、信息通信系统与飞行控制系统一体化的芯片级柔性制备工艺，实现微型航电

系统高密度轻量化集成。在整机集成与实验测试平台方面，研究多学科交叉融合的系统级仿生集成建模方法，开发适用于仿昆虫微型飞行器的综合实验测试平台与数据采集分析系统，推动仿昆虫扑翼飞行器的工程应用和产业化发展。随着仿生学、非定常空气动力学、微机电系统、柔性材料、人工智能等技术的发展，微型化、轻量化以及智能化成为仿昆虫微型扑翼飞行器的研究前沿和发展趋势，随着人工智能、数据融合与先进控制技术的引入，集群与协同控制势必成为未来关注的焦点。

"仿昆虫微型扑翼飞行器"工程研究前沿中，核心论文发表量排在前列的国家是美国、中国，篇均被引频次排在前列的国家是中国、美国（见表1.2.9）。在这两个发文量前两位的国家之间不存在合作关系。在发文量前五位的机构中，核心论文发文量排在前列的机构是哈佛大学。篇均被引频次排在前列的机构是上海交通大学、华盛顿大学、麻省理工学院（见表1.2.10）。哈佛大学和麻省理工学院、哈佛大学和南加利福尼亚大学的合作较多（见图1.2.5）。施引核心论文发文量排在前两位的国家是美国和中国（见表1.2.11）。施引核心论文的主要产出机构是哈佛大学和加利福尼亚大学伯克利分校（见表1.2.12）。

表 1.2.9 "仿昆虫微型扑翼飞行器"工程研究前沿中核心论文的主要产出国家

序号	国家	核心论文数	论文比例	被引频次	篇均被引频次	平均出版年
1	美国	5	83.33%	66	13.20	2016.2
2	中国	1	16.67%	38	38.00	2016.0

表 1.2.10 "仿昆虫微型扑翼飞行器"工程研究前沿中核心论文的主要产出机构

序号	机构	核心论文数	论文比例	被引频次	篇均被引频次	平均出版年
1	哈佛大学	4	66.67%	48	12.00	2015.8
2	上海交通大学	1	16.67%	38	38.00	2016.0
3	华盛顿大学	1	16.67%	18	18.00	2018.0
4	麻省理工学院	1	16.67%	17	17.00	2016.0
5	南加利福尼亚大学	1	16.67%	12	12.00	2015.0

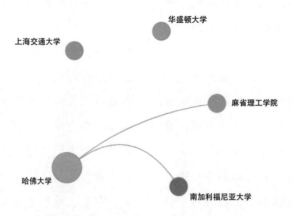

图 1.2.5 "仿昆虫微型扑翼飞行器"工程研究前沿主要机构间的合作网络

表 1.2.11 "仿昆虫微型扑翼飞行器"工程研究前沿中施引核心论文的主要产出国家

序号	国家	施引核心论文数	施引核心论文比例	平均施引年
1	美国	45	50.56%	2018.4
2	中国	20	22.47%	2018.5
3	日本	4	4.49%	2019.2
4	韩国	3	3.37%	2018.3
5	加拿大	3	3.37%	2018.7
6	法国	3	3.37%	2018.7
7	比利时	3	3.37%	2019.3
8	印度	2	2.25%	2017.5
9	智利	2	2.25%	2017.5
10	英国	2	2.25%	2018.0

表 1.2.12 "仿昆虫微型扑翼飞行器"工程研究前沿中施引核心论文的主要产出机构

序号	机构	施引核心论文数	施引核心论文比例	平均施引年
1	哈佛大学	12	20.00%	2018.2
2	加利福尼亚大学伯克利分校	9	15.00%	2017.9
3	上海交通大学	7	11.67%	2018.6
4	南加利福尼亚大学	7	11.67%	2018.0
5	华盛顿大学	7	11.67%	2019.0
6	北京航空航天大学	5	8.33%	2018.0
7	香港城市大学	4	6.67%	2018.0
8	鲁汶大学	3	5.00%	2019.3
9	智利大学	2	3.33%	2017.5
10	东京大学	2	3.33%	2018.5

2 工程开发前沿

2.1 Top 10 工程开发前沿发展态势

机械与运载工程领域的 Top 10 工程开发前沿涉及机械工程、船舶与海洋工程、航空宇航科学技术、兵器科学与技术、动力及电气设备工程与技术、交通运输工程等学科方向（见表 2.1.1）。其中，属于传统研究深化的包括人机共融机器人开发、大数据驱动的分布式智能制造决策优化技术、复杂曲面超精密加工检测一体化技术、航天器轨道威胁感知与自主规避技术、高性能金属构件多功能梯度

复合材料 3D 打印技术、城市智能客车多模态感知与自主决策技术；属于新兴前沿的包括可重复使用天地往返飞行器、水面无人系统集群自组织协同控制技术、全生命周期数字孪生技术、仿生水下航行器推进与控制技术。各个开发前沿涉及的核心专利 2015—2020 年公开情况见表 2.1.2，水面无人系统集群自组织协同控制技术、全生命周期数字孪生技术、高性能金属构件多功能梯度复合材料 3D 打印技术是近年来专利公开量增速最显著的方向。

（1）可重复使用天地往返飞行器

可重复使用天地往返飞行器是一种能够自由穿

表 2.1.1 机械与运载工程领域 Top 10 工程开发前沿

序号	工程开发前沿	公开量	引用量	平均被引数	平均公开年
1	可重复使用天地往返飞行器	95	1 316	13.85	2009.2
2	人机共融机器人开发	380	3 698	9.73	2016.7
3	水面无人系统集群自组织协同控制技术	226	3 430	15.18	2017.5
4	大数据驱动的分布式智能制造决策优化技术	46	774	16.83	2017.7
5	全生命周期数字孪生技术	388	6 974	17.97	2016.4
6	复杂曲面超精密加工检测一体化技术	103	629	6.11	2016.3
7	仿生水下航行器推进与控制技术	193	4 420	22.90	2016.7
8	航天器轨道威胁感知与自主规避技术	229	3 804	16.61	2017.3
9	高性能金属构件多功能梯度复合材料 3D 打印技术	301	1 683	5.59	2017.6
10	城市智能客车多模态感知与自主决策技术	248	28 359	114.35	2015.0

表 2.1.2 机械与运载工程领域 Top 10 工程开发前沿核心专利逐年公开量

序号	工程开发前沿	2015 年	2016 年	2017 年	2018 年	2019 年	2020 年
1	可重复使用天地往返飞行器	5	2	7	8	11	6
2	人机共融机器人开发	51	72	38	84	69	16
3	水面无人系统集群自组织协同控制技术	12	22	36	56	64	18
4	大数据驱动的分布式智能制造决策优化技术	3	4	7	16	5	6
5	全生命周期数字孪生技术	27	36	62	57	109	20
6	复杂曲面超精密加工检测一体化技术	9	11	14	12	18	13
7	仿生水下航行器推进与控制技术	15	19	28	36	40	23
8	航天器轨道威胁感知与自主规避技术	13	23	29	42	53	40
9	高性能金属构件多功能梯度复合材料 3D 打印技术	21	42	52	43	58	64
10	城市智能客车多模态感知与自主决策技术	7	14	19	34	45	38

越大气层执行空间任务的可重复使用航天运载器。随着人类空间活动规模的扩大，如布设低轨卫星星座、建设空间站和执行频繁的深空探测任务等，各国对低成本航天运输系统的需求愈加强烈，而可重复使用是降低航天运输成本最有效的方式。按重复使用的程度，可重复使用天地往返飞行器可分为部分重复使用和完全重复使用两类；按照入轨方式，其可分为单级入轨、两级入轨和多级入轨等；按照起降方式可分为垂直起降、水平起降和"垂直起飞-水平降落"模式；按照动力形式，其可分为火箭动力和组合循环动力等。可重复使用天地往返飞行器可执行的任务包括空间站与地面之间的上下行人员和货物运输、卫星发射与回收和独立的空间实验任务等。美国 SpaceX 公司的垂直起降部分可重复使用火箭已经获得了巨大成功，有效降低了航天发射成本，提升了美国航天发射的能力。然而，由于传统火箭对发射场的要求较高，火箭发动机推进效率的提升空间有限，未来用于执行频繁天地往返运输任务的应为完全可重复使用的、配备组合循环动力、可在民用机场水平起降的空天飞机。

（2）人机共融机器人开发

传统工业机器人因惯量大和刚性高等特点，为了保护人的生命安全，需要工作在与人有物理隔离的环境中。不同于传统工业机器人，人机共融机器人能够融入人的正常生活环境、可以与人合作、具备人的灵巧作业以及智能决策能力，其核心特征是：人机处于同一自然空间、机器人与人自然交互、学习人的技能、与人协调互补、拓展人的运动能力。如何在非结构化环境中，准确理解人的运动意图，并按照人的意图灵活地操作，完成复杂多变的任务，同时确保人的安全，是人机共融机器人开发面临的重大挑战，也是国际机器人学领域研究的重点。需要突破的关键技术包括刚柔耦合机构设计、柔性驱动与控制、人体自然运动的机械复现、机器人对环境的感知与理解、人机自然交互等。美国、欧洲、日本等国家和地区已经开始人机共融机器人系统的研究，并研制出新一代共融机器人的样机雏形，如面向工业应用的柔顺机械臂、面向外科手术的腔镜手术机器人、康复辅助机器人和人机一体化假肢等。

（3）水面无人系统集群自组织协同控制技术

水面无人集群的自组织协同是指以水面无人艇构成的集群系统在感知、决策、规划、控制等方面，通过个体互动形成复杂、宏观、有序的行为，进而协同完成指定目标任务。一方面，由于水域环境复杂且动态变化，单艘无人艇抗干扰、感知等能力较弱，难以执行复杂的海洋任务。另一方面，无人艇形成集群可有效提升任务范围与效率，拓展自主控制、决策规划和协同任务能力等。因此，开展水面无人集群协同将成为管控中国水域资源、维护中国海洋权益的重要使能工具。主要研究方向有：无人艇集群自组织行为的作用机制与可控性；水面无人艇集群多源信息融合，态势感知、环境检测与目标追踪；能协同处理航道约束、国际海事避障规则、风浪流涌干扰等的水面无人艇集群协同优化决策，任务分配与路径规划等；应对水域突发事件的无人艇集群协同调控方法。

（4）大数据驱动的分布式智能制造决策优化技术

分布式制造作为未来制造的发展方向，是一种以快速响应市场需求、提高企业集群竞争力、降低生产成本和风险、提高制造系统响应能力和柔性为目标的先进制造模式，航空、航天产品的制造是典型的分布式制造模式。它更适用于大规模定制、多品种小批量、紧急生产（如当前的新冠病毒疫苗生产）等情形，其决策优化技术对系统运行效率有重要影响。由于分布式制造涉及跨区域多车间多任务协同、多目标优化、制造环境多变等诸多复杂因素，对高效决策优化技术提出重大挑战。大数据技术提供了一种新的思路。大数据驱动的分布式智能制造决策优化技术是当前研究前沿，重点研究分布式制造中跨区域/企业/系统的海量多源异构制造数据感知、基于新一代信息技术的工业互联网架构、决

策模型的智能构建、数据与机理混合驱动的多目标优化、面向不确定性信息的主动调度等理论、方法和技术，实现分布式制造的整体协同优化，提高分布式制造系统的运行效率。

（5）全生命周期数字孪生技术

全生命周期数字孪生技术，是指在包括设计、生产、销售、运行、维修、回收再用的整个生命周期过程中，利用数字孪生技术实现各阶段要素、业务及流程的精准数字化建模，跨阶段数据与模型交互，全生命周期数据集成、融合及共享等，通过数据与模型贯穿连接全生命周期过程，打破不同阶段间的资源壁垒，在此基础上开展数据与模型双驱动的实时监控、虚拟调试、实时仿真、动态预测等，从而实现对全生命周期过程中关键环节、性能及行为等的精准预测与管控。全生命周期数字孪生技术的主要研究方向包括全生命周期数据实时采集、交互、集成共享，多维多尺度虚拟模型构建、组装、融合、校正、验证及管理，多维数据关联与融合处理，数据－模型－服务－实体实时联动，服务系统管理与增值增效等。未来，数据与模型全面融合将是全生命周期数字孪生技术的发展趋势，也是企业提质增效的重要手段，包括设计、生产、销售、运维、回收等全流程模型与数据全面融合，产品、生产系统、供应链等全要素模型与数据全面融合，以及计划、控制、调度、故障预测等全业务模型与数据全面融合，从而全面实现数字化赋能。

（6）复杂曲面超精密加工检测一体化技术

随着航空航天、芯片制造、光电信息等领域的快速发展，各个产业对于核心器件多功能、轻量化等的要求不断提高，因而对超精密复杂曲面元件的需求与日俱增。超精密加工检测一体化融合加工、检测及误差补偿等多项技术，是实现该类元件高效高质加工的有效手段。目前，在复杂曲面超精密加工方面，主要已开展了复杂曲面创成原理、刀具设计与制造方法、加工路径规划算法等方面的研究；

在复杂曲面超精密检测方面，主要已开展了高精度检测技术及仪器、面形误差修正补偿原理、面形精度全制程控制方法等方面的研究。针对零件尺寸极端化、形状复杂化、材料多样化、加工（亚）表面近零损伤和应力等需求，复杂曲面超精密加工检测一体化技术的研究呈现三个发展趋势：一是多能场辅助超精密加工，利用力、热、光、电等多能场耦合作用机制，实现特殊材料的高效率、高精度和低损伤加工；二是新型超精密加工装备的设计开发及加工过程智能控制，解决加工复杂特征结构时所需的刀具路径与工艺条件的不可达问题；三是超精密加工过程在线检测及离线在位检测与误差补偿，基于在位检测数据实现复杂曲面的高精度反馈补偿加工。

（7）仿生水下航行器推进与控制技术

仿生水下航行器主要是指借鉴自然界生物尤其是海洋生物的运动机理、生物构造、群体行为等发展而来的一类水下航行器，与传统水下航行器相比，其具备低噪声、高隐身等优势。鱼类是海洋中最常见的游动生物，其具有的低阻力外形和高效、灵活的游动方式是水下无人装备设计的重要参考。

根据鱼类游动使用的身体部位不同，可以将鱼类的游动推进方式分为身体或尾鳍推进模式（body or caudal fin propulsion，简称 BCF）和中鳍或对鳍推进模式（media or paired fin propulsion，简称 MPF）。其中，基于 BCF 模式的仿生推进加速性能要优于 MPF 模式，但基于 MPF 模式的仿生机动性能要优于 BCF 模式。

目前该领域的技术方向主要包括基于生物观测及解剖学的仿生生物学分析技术、基于新材料或复合多驱动仿生结构设计技术、面向仿生柔体大变形流体仿真技术、多自由度系统运动协调仿生控制技术等。该研究方向具有多学科、多领域交叉的特点，构建多模态运动学分析、结构仿生、神经控制仿生、相似性评价体系、实验验证等多学科交叉融合的系统闭环迭代优化是该领域未来的发展方向。

（8）航天器轨道威胁感知与自主规避技术

近年来，随着太空竞争的加剧以及空间碎片的大量增加，在轨航天器的安全性受到了极大的威胁。为了应对太空打击或空间目标的撞击，需要使航天器具备感知潜在轨道威胁的能力，并在感知信息的基础上，通过自主调整轨道等手段规避空间威胁。航天器轨道威胁感知与自主规避技术采用地基监测和天基监测手段跟踪并监视空间碎片与非合作目标；通过轨道计算确定航天器与较大空间碎片的轨道，并计算航天器与碎片发生碰撞的概率，一旦碰撞概率达到预警值，就让航天器进行规避机动；主要技术方向包括空间目标探测技术、精密轨道计算技术、轨道误差传播技术、预警与规避技术等。主要发展趋势包括：加强顶层设计和战略布局，发展天地监测系统，提升空间目标感知能力；推进天地一体化感知网络建设，重点发展微小卫星组网技术，提高卫星平台的柔性化，增强卫星的防护能力，构建天地一体化抗干扰通信网络系统，形成全天候、全覆盖的态势感知能力体系；加快发展态势感知领域大数据处理和融合技术、空间大数据技术、人工智能技术等，保障"数据主权"，提升航天器轨道威胁感知能力和自主规避能力。

（9）高性能金属构件多功能梯度复合材料3D打印技术

金属多功能梯度复合材料（gradient composite materials, GCM）是指材料的化学成分、微观组织、孔隙结构等要素在空间上连续或准连续变化，从而使其物理、化学等性能按照设计要求呈连续梯度变化，具有特殊多功能的新型复合材料，因此可应用于航空航天、深海舰船、核物理工程等国家重大战略发展领域的极端服役环境中。3D打印（3D printing），属于增材制造（additive manufacuturing,

AM），采用逐层制造并叠加原理，通过CAD模型直接成形复杂零件。通过在不同位置放置不同材料，或设置不同工艺参数，或设计不同结构，3D打印技术可以直接制造精细定制化梯度复合材料。在众多3D打印技术中，可用于制备金属多功能梯度复合材料的工艺有激光近净成形（laser engineering net shaping, LENS）、激光选区成形（selective laser melting, SLM）、电子束选区成形（selective electron beam melting, SEBM）、电弧增材制造（wire arc additive manufacturing, WAAM）等。该研究方向的主要发展趋势包括：梯度复合材料的梯度及功能设计理论；界面冶金原理及成分调控机制；面向梯度复合材料的新型增材工艺理论；面向梯度复合材料的新型热处理工艺方法等。此外，通过特定的设计，增材制造的智能梯度复合材料的形状、性能、功能可随时间、空间、环境进行可控变化，即4D打印新思路，正成为前沿的研究领域。

（10）城市智能客车多模态感知与自主决策技术

随着物联网、大数据、人工智能等新兴技术的快速发展，汽车的智能化水平得到了显著提升，具备高级别自动驾驶功能的汽车正在走向量产应用。自动驾驶的核心关键技术是感知、决策与控制。城市道路的交通环境比高速公路更加复杂，因而需要通过融合多源感知信息，结合机器学习方法实现自主决策。在感知方面，为解决目前单传感器感知技术无法适应复杂城市交通场景的缺陷，需要引入多源感知技术，通过获取车载、路侧与云端数据，有效融合不同传感器对同一目标或场景采集的数据，进而增强感知的可靠性。在决策方面，需要构建自动驾驶大脑，利用机器学习方法开展类人决策，并将控制指令下达给执行机构，实现城市智能客车的自主决策和控制。主要发展趋势包括：充分利用城市交通基础设施，构建面向客车智能驾驶的数字交通环境和数字孪生平台，实现低延时、高精度的交

通信息多元感知；利用云边端一体化技术，研究城市智能驾驶的云决策架构，实现复杂城市交通环境下的多车协同；研究人车路广义交通系统的多尺度场景理解技术，突破自动驾驶在线进化学习技术，实现城市智能客车的自学习。

2.2 Top 3 工程开发前沿重点解读

2.2.1 可重复使用天地往返飞行器

发展可重复使用天地往返飞行器，能够从根本上降低空间进出成本，实现空天运输的"航班化"，极大地促进空间科学发展和空间资源的开发，并可能引发人类新一轮的"工业革命"。

航天飞机是第一代可重复使用的航天器，其由两个固体火箭助推器和一个轨道器组成：助推火箭在与轨道器分离后采用伞降方式回收；轨道器配备液体火箭发动机，搭载人员和空间载荷继续加速入轨执行空间任务，任务结束后采用无动力滑翔方式再入大气层并水平降落至特定机场，实现回收。然而，由于设计的缺陷和当时技术条件的限制，航天飞机的维护成本过高，其可重复使用的特点并没用降低其发射费用，最终于 2011 年退役。但是，随着人类空间活动规模的扩大，对低成本的航天发射技术仍然存在强劲的需求。以 SpaceX 公司为代表

的美国商业航天公司独辟蹊径，发展了垂直回收运载火箭系统，依靠火箭发动机反推，将一级火箭垂直降落于回收平台上，实现对一级火箭的整体回收，显著降低了发射费用，在商业航天发射市场取得了巨大的成功，还直接促进了美国在低轨互联网卫星领域的蓬勃发展。然而，由于火箭发动机比冲的限制，火箭系统的运载效率存在"天花板"，而且火箭对发射场有较高的要求，重复使用运载火箭并不能解决航天发射成本居高不下的问题。可在民用机场水平起降的空天飞行器是未来可重复使用航天运载技术的发展趋势。

发展水平起降空天飞行器，需要解决大尺度－宽速域－机体/推进一体化气动布局设计技术、热防护与热管理技术、组合循环动力技术、复杂航天器控制技术，以及地面和飞行实验技术等。在高超声速空气动力学、超声速燃烧、非线性控制和耐高温材料方面也面临众多的基础理论问题亟待解决。

目前，本方向的核心专利产出数量较多的国家是美国和中国，平均被引数排在前列的国家是俄罗斯、美国和英国（见表 2.2.1）。注重领域合作的国家有美国和英国、美国和加拿大（见图 2.2.1）。核心专利产出数量较多的机构是波音公司、北京宇航系统工程研究所（见表 2.2.2）。产出机构之间不存在合作关系。

表 2.2.1 "可重复使用天地往返飞行器"工程开发前沿中核心专利的主要产出国家

序号	国家	公开量	公开量比例	被引数	被引数比例	平均被引数
1	美国	57	60.00%	1 075	81.69%	18.86
2	中国	23	24.21%	38	2.89%	1.65
3	法国	5	5.26%	53	4.03%	10.60
4	俄罗斯	3	3.16%	61	4.64%	20.33
5	英国	2	2.11%	37	2.81%	18.50
6	日本	2	2.11%	8	0.61%	4.00
7	加拿大	2	2.11%	5	0.38%	2.50
8	以色列	1	1.05%	10	0.76%	10.00
9	意大利	1	1.05%	0	0.00%	0.00

表2.2.2 "可重复使用天地往返飞行器"工程开发前沿中核心专利的主要产出机构

序号	机构	国家	公开量	公开量比例	被引数	被引数比例	平均被引数
1	波音公司	美国	13	13.68%	157	11.93%	12.08
2	北京宇航系统工程研究所	中国	7	7.37%	20	1.52%	2.86
3	美国奇石乐航空航天公司	美国	4	4.21%	151	11.47%	37.75
4	北京蓝箭空间科技有限公司	中国	4	4.21%	0	0.00%	0.00
5	美国艾利安特技术系统公司	美国	3	3.16%	85	6.46%	28.33
6	欧洲航空防御和航天公司	荷兰	3	3.16%	53	4.03%	17.67
7	美国国家航空航天局	美国	3	3.16%	52	3.95%	17.33
8	美国蓝源公司	美国	2	2.11%	40	3.04%	20.00
9	美国联合技术公司	美国	2	2.11%	15	1.14%	7.50
10	美国生物圈航空航天公司	美国	2	2.11%	9	0.68%	4.50

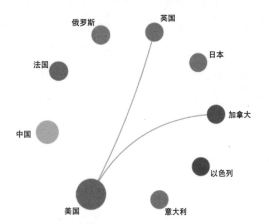

图2.2.1 "可重复使用天地往返飞行器"工程开发前沿主要国家间的合作网络

2.2.2 人机共融机器人开发

发展人机共融机器人,建立本质安全、人机协同认知和行为互助的新一代机器人技术,可为工业、康复和国防领域不断出现的新应用场景和需求提供支撑。通过人机共融机器人,解决绿色制造、柔性制造、个性化制造等新制造模式对自动化、智能化装备的需求;修复/重建运动功能受损/缺失患者的运动能力,缩短神经功能损伤患者的康复训练时间,实现截肢患者对假肢直接、自然的控制;减少单兵行走和负重运动的代谢能消耗,提升单兵战斗力。

人机共融的工业机器人,能够融入"有人的生产线",将机器人的性能与人的能力结合起来,共同完成生产任务。机器人与人结合所组成的工作系统可同时具有高精度、高动力、高耐力和处理不确定任务的能力。人机共融的康复机器人能够替代康复医师,通过人机交互力、人眼视觉信息、电生理信号等来感知患者运动意图,在患者意图主导下,开展日常功能运动训练和操作任务训练,可显著缩短康复治疗时间。人机共融的假肢通过生机接口,可在截肢患者残端神经信号的控制下复现缺失的运动功能。在国防领域,士兵在日常巡逻、执勤和作战中往往需要负重行军,过大的负载会极大地消耗士兵体力,并给士兵的身体造成损伤,人机共融的外骨骼机器人通过穿戴式传感器件来感知士兵的运动意图和步态变化趋势,适时提供辅助力矩,减少士兵自然行走和负重运动的代谢能消耗,提高行走效率。

目前人机共融机器人在安全、结构、感知、控制等方面仍然存在诸多挑战。在机器人对环境和人行为的感知与理解方面,需要开展人体行为解析、非结构化环境的数学描述、多感知信息的融合理解、仿生视觉感知与认知等研究;在机器人行为方式与安全机制方面,需要开展机器人路径实时规划、刚—

柔智能切换控制等研究；在机器人的结构与本体设计方面，需要开展灵活操作机构、新型柔性驱动器、新型穿戴式传感器件等研究；在人机自然交互方面，需要开展人–机器人直接示教技术、语音交互技术、视觉交互技术、生–机–电融合交互技术等研究。

目前，本方向的核心专利产出数量较多的国家是中国、美国，平均被引数排在前列的国家是英国、美国、加拿大（见表2.2.3）；瑞士和美国、瑞士和中国合作较多，中国和美国也存在合作（见图2.2.2）。核心专利产出数量排在前列的机构是华南理工大学、广州市绿松生物科技有限公司、浙江工

业大学（见表2.2.4）。专利主要产出机构之间不存在合作关系。

2.2.3 水面无人系统集群自组织协同控制技术

随着海洋作业任务日趋复杂，国家海洋强国战略对水面无人系统的协作范围和协同效率提出了越来越严苛的要求。开展水面无人集群研究可提高中国无人系统在监测、预警等方面的作业能力、覆盖范围、协同效率，从而有望代替人类执行恶劣、危险的复杂任务。近年来，世界各发达国家和经济体纷纷提出了无人系统技术发展路线图，加紧布局，

表2.2.3 "人机共融机器人开发"工程开发前沿中核心专利的主要产出国家

序号	国家	公开量	公开量比例	被引数	被引数比例	平均被引数
1	中国	322	84.74%	1 576	42.62%	4.89
2	美国	33	8.68%	1 836	49.65%	55.64
3	德国	6	1.58%	86	2.33%	14.33
4	日本	6	1.58%	60	1.62%	10.00
5	韩国	5	1.32%	0	0.00%	0.00
6	瑞士	3	0.79%	12	0.32%	4.00
7	法国	3	0.79%	9	0.24%	3.00
8	沙特阿拉伯	2	0.53%	8	0.22%	4.00
9	英国	1	0.26%	75	2.03%	75.00
10	加拿大	1	0.26%	34	0.92%	34.00

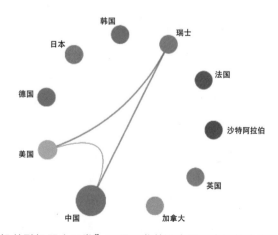

图2.2.2 "人机共融机器人开发"工程开发前沿主要国家间的合作网络

表2.2.4 "人机共融机器人开发"工程开发前沿中核心专利的主要产出机构

序号	机构	国家	公开量	公开量比例	被引数	被引数比例	平均被引数
1	华南理工大学	中国	24	6.32%	185	5.00%	7.71
2	广州市绿松生物科技有限公司	中国	11	2.89%	98	2.65%	8.91
3	浙江工业大学	中国	9	2.37%	75	2.03%	8.33
4	哈尔滨工业大学	中国	8	2.11%	57	1.54%	7.13
5	成都万先自动化科技有限责任公司	中国	8	2.11%	13	0.35%	1.63
6	美国跃动有限公司	美国	6	1.58%	157	4.25%	26.17
7	上海人智信息科技有限公司	中国	5	1.32%	24	0.65%	4.80
8	美国约翰霍普金斯大学	美国	4	1.05%	27	0.73%	6.75
9	河北工业大学	中国	4	1.05%	25	0.68%	6.25
10	东南大学	中国	4	1.05%	9	0.24%	2.25

抢占战略制高点。2018年美国发布《2017—2042财年无人系统综合路线图》，提出了无人系统协同作战计划，欧盟"地平线2020"计划、日本2014年发布的《机器人白皮书》等也相继将无人系统集群技术作为战略重点进行研究。2017年国务院印发的《新一代人工智能发展规划》中，21次提到"群体智能"，11次提到"自主无人系统"。中央军委科学技术委员会发布的《前沿科技创新计划指南》将智能集群协同列入核心科学技术问题。国务院印发的《国家信息化规划》中提到，海洋无人系统……需要与北斗导航、卫星、浮空平台和飞机遥感协作形成全球服务能力。

当下，水面无人集群系统仍然面临着稳定运行、异构跨域，深度协同等重大挑战。海洋环境干扰众多，检测复杂，极大地影响了水面无人集群系统的稳定运行。与此同时，慢速无人艇集群与快速艇载无人机集群的协同易造成冲突失效，导致协同困难。另外，复杂水域突发事件通常具有高机动性，现有单纯水面域的无人艇集群协同难以应对。因此，亟须研制具备跨域感知能力和快速调控能力的海空跨域无人系统集群。开展海空跨域无人系统集群可实现无人艇群和无人机群的优势互补：一方面，无人机集群可将无人艇的监测、感知维度从二维拓展到三维；另一方面，以无人艇集群作为水面移动平台，可有效拓展无人机集群的任务执行、续航能力。相关研究方向包括：研究复杂海域环境下海空跨越无人系统环境感知与目标识别；针对无人艇在波浪起伏的水域中看不清、控不稳的问题，研究强抗干扰下的水面无人集群航迹规划、动态避障、路径跟踪技术；研究海空跨域无人系统集群运行失稳恢复技术；研究海空跨域无人系统协同决策与控制技术；研究海空跨域无人系统集群协同群智激发汇聚机理、群智进化调控策略；研究应对水域突发事件集群协同调控方法；研制与开发海空跨域无人系统集群的部件与装备。

目前，本方向的核心专利产出数量较多的国家是中国、美国，平均被引数排在前列的国家是加拿大、新加坡、美国（见表2.2.5）；注重领域合作的国家有美国和荷兰（见图2.2.3）。核心专利产出数量较多的机构是大疆创新科技有限公司、北京航空航天大学、哈尔滨工程大学（见表2.2.6）。专利主要产出机构之间不存在合作关系。

表 2.2.5 "水面无人系统集群自组织协同控制技术"工程开发前沿中核心专利的主要产出国家

序号	国家	公开量	公开量比例	被引数	被引数比例	平均被引数
1	中国	154	68.14%	1 423	41.49%	9.24
2	美国	54	23.89%	1 662	48.45%	30.78
3	日本	4	1.77%	15	0.44%	3.75
4	韩国	4	1.77%	11	0.32%	2.75
5	荷兰	3	1.33%	16	0.47%	5.33
6	加拿大	2	0.88%	245	7.14%	122.5
7	新加坡	1	0.44%	38	1.11%	38.00
8	以色列	1	0.44%	8	0.23%	8.00
9	英国	1	0.44%	7	0.20%	7.00
10	德国	1	0.44%	2	0.06%	2.00

表 2.2.6 "水面无人系统集群自组织协同控制技术"工程开发前沿中核心专利的主要产出机构

序号	机构	国家	公开量	公开量比例	被引数	被引数比例	平均被引数
1	大疆创新科技有限公司	中国	23	10.18%	793	23.12%	34.48
2	北京航空航天大学	中国	10	4.42%	92	2.68%	9.20
3	哈尔滨工程大学	中国	9	3.98%	20	0.58%	2.22
4	美国 Elwha 公司	美国	7	3.10%	377	10.99%	53.86
5	南京航空航天大学	中国	6	2.65%	50	1.46%	8.33
6	西北工业大学	中国	6	2.65%	19	0.55%	3.17
7	中国人民解放军国防科技大学	中国	6	2.65%	3	0.09%	0.50
8	西安电子科技大学	中国	5	2.21%	29	0.85%	5.80
9	波音公司	美国	4	1.77%	165	4.81%	41.25
10	天津大学	中国	4	1.77%	39	1.14%	9.75

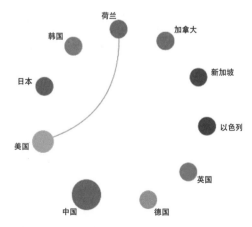

图 2.2.3 "水面无人系统集群自组织协同控制技术"工程开发前沿主要国家间的合作网络

领域课题组人员

课题组组长：李培根　郭东明

院士专家组：

周　济　卢秉恒　严新平　徐　青　李魁武
孙逢春　朱广生　林忠钦　吴有生

其他专家组：

路庆昌　詹　梅　杨树明　李秦川　孙津济
宋　波　李永兵　刘海涛　袁　伟　刘辛军
袁成清　王树新　向先波　苑伟政　陶　波
王新云　曹华军　贺　永　陈本永　陈学东
陈　焱　龚建伟　陶　飞　陈汉平　訾　斌
阮新波　沈卫明　熊蔡华　张海涛　高　亮

黄明辉　魏仁干　闫永达　朱利民　李宝仁
闫春泽　张　晖　韩　江　曲宁松　焦斌斌
鲁中良　谭永华　肖　扬　李公法　钱林茂
刘桂雄　黄治军　蒋文春　史铁林　夏　奇
姬　学

执笔组成员：

王树新　史超阳　向先波　苑伟政　陶　波
陈学东　陈　焱　龚建伟　陶　飞　陈汉平
曾　阔　沈卫明　史彦军　熊蔡华　陈文斌
张海涛　高　亮　朱利民　李宝仁　张建星
闫春泽　杨　磊　严新平　张　晖　史铁林
夏　奇　陈惜曦

二、信息与电子工程

1 工程研究前沿

1.1 Top 10 工程研究前沿发展态势

信息与电子工程领域 Top 10 工程研究前沿见表 1.1.1，涉及电子科学与技术、光学工程与技术、仪器科学与技术、信息与通信工程、计算机科学与技术、控制科学与技术等学科方向。其中，"智能超表面无线通信"领域基于科睿唯安数据挖掘，经专家研判获得；其他 9 项基于专家推荐，经数据与专家交互获得。各前沿涉及的核心论文 2015—2020 年发表情况见表 1.1.2，其中，"智能超表面无线通信"领域近年来核心论文发表数量增速最为显著，其次为"面向智能计算的存算一体技术"领域。

（1）面向智能计算的存算一体技术

存算一体，顾名思义是将存储和计算融为一体的计算范式，旨在把传统以计算为中心的架构转变为以数据为中心的架构，直接利用存储器进行数据处理。智能计算是实现计算智能系统的计算方法，对计算单元与存储单元之间信息交互能力提出极高要求；基于传统冯·诺依曼架构的计算智能系

统，由于计算单元与存储单元分离，存在有效计算时间少和能效比低的问题。存算一体技术有效减少了计算过程中的数据交互，具备解决数据驱动的高效能智能计算需求的最佳方案的潜力，在具体实现上要借助具有存算一体功能的高性能专用芯片。根据存储器介质的不同，目前存算一体芯片的主流研发集中在传统易失性存储器如静态随机存取存储器（SRAM）、动态随机存取存储器（DRAM），以及非易失性存储器如 NOR Flash 等。近年来非易失性存储器技术，如阻变式存储器（RRAM）、相变存储器（PCM）与自旋磁存储器（MRAM）等，为存算一体芯片的高效实施带来新的曙光。存算一体是一项很有潜力的颠覆性技术，中国、美国、欧洲、日本、韩国等国家和地区的科研团队从材料与工艺、芯片电路、计算架构、系统集成、支撑软件等各个层次开展探索性研究；行业主要研究方向包括通用近存计算架构、SRAM 存算一体、DRAM 存算一体、RRAM/PCM/Flash 多值存算一体等。面向智能计算的存算一体技术在智能万物互联（AIoT）领域有广泛应用前景。

表 1.1.1 信息与电子工程领域 Top 10 工程研究前沿

序号	工程研究前沿	核心论文数	被引频次	篇均被引频次	平均出版年
1	面向智能计算的存算一体技术	41	766	18.68	2019.1
2	光路与电路混合集成芯片	92	6 831	74.25	2017.6
3	集成微波光子学	169	13 118	77.62	2017.7
4	通用型类脑计算系统	64	5 815	90.86	2017.8
5	自主无人系统智能感知与安全控制	43	2 049	47.65	2018.0
6	人工智能赋能的系统工程	100	3 804	38.04	2018.4
7	量子智能算法	11	1 393	126.64	2018.3
8	超快亚微米分辨显微成像	28	341	12.18	2017.5
9	多模态自动机器学习	137	11 294	82.44	2018.5
10	智能超表面无线通信	83	6930	83.49	2018.8

表 1.1.2 信息与电子工程领域 Top 10 工程研究前沿核心论文逐年发表数

序号	工程研究前沿	2015 年	2016 年	2017 年	2018 年	2019 年	2020 年
1	面向智能计算的存算一体技术	0	0	2	7	15	17
2	光路与电路混合集成芯片	15	16	17	12	10	22
3	集成微波光子学	17	28	28	36	33	27
4	通用型类脑计算系统	7	9	11	11	14	12
5	自主无人系统智能感知与安全控制	4	5	6	8	10	10
6	人工智能赋能的系统工程	5	10	10	18	27	30
7	量子智能算法	1	1	1	2	3	3
8	超快亚微米分辨显微成像	7	3	2	5	6	5
9	多模态自动机器学习	10	8	14	24	36	45
10	智能超表面无线通信	4	6	7	10	16	40

（2）光路与电路混合集成芯片

移动互联网、云端计算、自动驾驶等技术的发展，对于数据互联、高性能计算与多模态传感的需求呈指数型上升；而随着摩尔定律临近失效，依赖集成电路工艺演进带来的性能提升趋向饱和，借助于集成光子功能实现微电子芯片的提速、降耗和能力扩展成为后摩尔时代的主要技术路径之一。光路与电路混合集成芯片（后简称光电集成芯片）是指通过封装、键合或单芯片制备的形式，实现光子器件、光子回路或光子片上系统与大规模电路一体化集成的光电混合芯片，其特征在于该类型芯片内部集成有光－电/电－光转换、信息传输、光电混合信号处理等多种功能，在光通信、移动通信、高性能计算、数据中心、量子信息、传感测量、生物医疗等应用上展现出广阔的应用前景。光电集成芯片的主要研究方向包括光电集成材料、光电集成器件、光电集成工艺、光电集成芯片控制方法、光电集成芯片架构、光电协同设计仿真和光电集成芯片的应用研究等。光电集成芯片，特别是基于硅基光电子平台的光电集成芯片，其制造工艺可利用集成电路的产业基础，并借鉴集成电路的生态系统发展经验，在近 20 年间高速发展。目前，硅基光电集成芯片已建立起商用化设计仿真软件、晶圆厂、封装厂和

系统集成的产业基础，并在光传输、光互联、光计算和光传感等领域取得重要应用。光电集成芯片正向光电融合片上系统快速演进，预期光电子和微电子最终会在芯片内部融为一体，形成新的芯片发展方向。然而实现这一愿景还存在许多新兴挑战，借鉴集成电路的发展经验将帮助我们加速这一进程。

（3）集成微波光子学

微波光子学是利用光学结构和技术来产生、操纵、传输和测量高速微波射频信号的学科。随着感知探测、互联通信等信息系统向一体化和智能化方向快速发展，传统微波技术和电子技术遇到"带宽"瓶颈。微波光子技术将光子的高带宽、高复用、低损耗与微波的高精细、灵活性、易调控等优势相融合，能够实现仅在微波领域无法实现的各种功能。近年来，光子集成技术的发展将微波光子学推向新高度，通过多种半导体、光学晶体等材料的混合制备工艺，人们得以实现对更强的光与物质相互作用过程的操控，制备出超小型高带宽电光调制器、低噪声频率合成器、分辨率高出传统几个量级的芯片信号处理器等集成微波光子器件，大大减小了微波光子链路尺寸、重量、成本和功耗。另外，成熟的大规模半导体工艺最终可以将光源、放大器、调制器、隔离器和探测器等经典微波光子链路中的关键

器件完全集中在单个集成光子处理芯片中，并且在处理复杂信号过程中还可具备与电子芯片相当的多功能与可重构性。集成微波光子技术将统一目前微波光子系统中单元器件的分立形态，通过集成化、芯片化的方式实现最大化的资源优化，支撑未来系统装备形态的多功能一体化，因此被认为是新一代信息系统的颠覆性技术。

集成微波光子学的主要研究方向可分为两类：一是将光学技术应用于雷达、电子对抗等微波系统中，利用光学系统特有的低损耗、大带宽的巨大优势进行微波信号的传输和处理；二是把各种微波技术应用于光学系统中，促进光通信网络和系统的发展。智能化是信息社会发展的主要趋势，模拟信号与数字信号一样，是未来智能信息系统的重要方式。集成微波光子学的进一步发展将会围绕解决未来雷达和信息系统面临的跨波段、跨尺度、跨材料集成的科学难题展开，当下的前沿研究主要集中在数理模型构建、系统架构创新、功能芯片创新、材料体系与关键工艺突破以及综合能效评估等方面，以充分发挥集成微波光子的大带宽、多功能、高能效的优势特征。整体上看，集成微波光子技术将会是电磁空间一体化和未来第六代移动通信（6G）中的核心技术，同时也是军用领域支撑雷达、通信、电磁战信息系统跨代变革的颠覆性技术。

（4）通用型类脑计算系统

类脑计算是借鉴生物神经系统信息处理模式和结构的计算理论、体系结构、芯片设计以及应用模型与算法的总称。以类脑计算芯片为核心的各种类脑计算系统正迅速发展，在处理某些智能问题以及低功耗智能计算方面逐步展露出优势。类脑计算芯片研究正从传统通用处理器的设计方法论及其发展历史中汲取灵感，在计算完备性理论基础上结合应用需求实现完备的硬件功能，同时类脑计算基础软件研究也正逐步提出与具体芯片无关的高层次编程抽象与统一开发框架，实现类脑计算系统从"专用"向"通用"的演进，即研究实现通用型类脑计算系统。

从设计方法角度看，现有多数类脑计算芯片属于"专用"芯片，即通常根据目标应用需求，通过归纳法来确定其硬件功能与接口，定制工具链软件，这就会带来系统软硬件紧耦合问题，增加了开发难度，而且使得应用难以在不同系统之间移植，对于类脑计算这类跨学科研究而言尤为不利。类脑计算应用领域发展很快，针对已有应用归纳得到的硬件功能与接口，难以确定能否支持层出不穷的新应用，也难以进行不同系统之间的比较与评测。

研究人员已逐步意识到这类问题，分别从类脑计算完备性理论、完备的硬件功能及相应芯片设计、统一的类脑计算开发框架等方面开展研究。具体地，在理论方面，借鉴通用计算机的完备性概念与层次结构设计思想，研究提出适用于类脑计算的相关理论与系统结构，这是实现类脑计算系统软硬件去耦合的理论基础；在芯片设计方面，探索在保持类脑智能计算高效能的同时，特别是在充分发挥神经形态电路 / 器件高效处理能力的同时，兼顾功能完备性与应用高效性，为灵活、全面的应用适配能力提供硬件基础；在系统软件方面，通过对应用、芯片的适当抽象与分层，实现统一的应用开发框架，使硬件规格、约束对应用开发"透明"。

类脑计算系统从"专用"向"通用"的转变，将使参与这一跨学科研究的各类人员能够专注于各自专业领域，显著提升研发效率。这是类脑计算系统快速跨学科发展，形成未来规模产业的关键之一。

（5）自主无人系统智能感知与安全控制

自主无人系统智能感知与安全控制是指自主无人系统对环境的智能识别、理解和认知，以及对自身运动与行为的可靠安全的控制能力。自主无人系统的感知与控制除了稳定性、跟踪性等常规性能指标要求外，还面临着复杂开放环境、随机动态、博弈对抗等新的挑战，从而催生出新的科学难题和技术手段：① 复杂开放环境要求自主无人系统具备高精度的态势感知技术，能够应对开放、高动态、高密集和大噪声条件下城市场景的实时降噪重建与动态预测难题，现阶段涌现出图像和视频的多层次实例分割、动态障碍物的交互预测、静态环境的实时重建等技术；②随机动态要求自主无人系统具备安全可信的动态运动规划调度技术，能够应对复杂恶劣环境负载多变条件下导航与控制决策的高维数、强实时性难题，现阶段涌现出多传感器紧耦合融合、基于特征学习的视觉定位、路线冲突管理和自动规划控制等算法；③博弈对抗要求自主无人系统具备智能化的协同决策技术，能够应对不确定环境、不完备决策信息、受限制通信情况下多智能体的交互式学习难题，现阶段涌现出多智能体强化学习、生成式对抗网络、分布式鲁棒优化等技术。针对自主无人系统的智能感知与安全控制，下一阶段的重点是构建理论体系、搭建仿真平台、生成测试案例、建立示范工程。

（6）人工智能赋能的系统工程

人工智能赋能的系统工程，又称智能化系统工程，是指运用人工智能技术革新系统的规划、研究、设计、制造、试验和使用的组织管理方法，使系统的实现和运用呈现出新模式与更优效能。它是随着系统工程智能化和人工智能工程化而产生的新概念及新兴学科。按人工智能技术在系统工程不同阶段的应用，主要分为智能化系统工程建模、智能化系统工程分析、智能化系统工程综合和智能化系统工程仿真等研究方向。

目前，智能化系统工程学科的研究还处于初级阶段，各个分支方向的发展相对独立，现有成果主要针对具体领域中的某个方面，例如特定领域复杂系统的建模与分析，全面融合各个层面的技术从而系统性地解决实际复杂系统全流程问题的研究稀少。随着人工智能技术的不断发展，系统工程智能化的实现手段更加多样化，数据驱动的深度学习方法与机理驱动的传统建模优化方法的结合将在深度和广度上进一步拓展，不同层次和方向的技术方法也将深度融合。同时，智能化系统工程技术的应用

领域也在不断拓展，为各种复杂系统的研究、设计、制造、试验和运行管理带来更加高效的方式，对于复杂工业产品制造、航空航天装备技术研发等涉及尖端技术领域的发展以及社会系统的高效治理等都具有重要推动作用。智能化系统工程也逐渐呈现出多学科交叉与融合的发展趋势，大数据技术的运用、云计算技术的支撑与特定领域知识自动化相结合的方式将成为系统工程智能化的重要发展样式。

（7）量子智能算法

量子智能算法是融合了量子计算和经典智能算法的新型算法，能够突破经典智能算法的局限，引起学术界和工业界广泛关注。近期研究揭示：量子支持向量机在寻找支持向量和计算核函数矩阵问题上能提供显著的加速作用；量子神经网络融合了量子计算与神经网络模型的优势，能提升神经网络的运算效率以及解决学习模型中数据量大、训练过程慢的困难；量子主成分分析、量子强化学习等算法表现出经典算法无可比拟的优越性。量子智能算法依赖于量子计算机硬件的发展，在现阶段嘈杂中型量子（NISQ）计算机时代下，量子智能算法的理论研究方向主要包括量子智能算法运行平台的开发、参数化量子电路的量子卷积神经网络、量子对抗生成神经网络、量子智能算法的鲁棒性和可攻击性等。当前，国际商业机器公司（IBM）、谷歌、微软、Rigetti 等美国科技企业领跑量子计算机物理系统、体系结构、应用软件以及智能算法等研发。中国的科技企业，如阿里巴巴、腾讯、华为、百度、京东、字节跳动、本源量子等也已布局量子智能计算产业。可以预见，未来数年 NISQ 计算机专用量子处理器将出现杀手级应用，量子智能也将进入应用探索活跃期，并在生物医药、金融科技、材料化工、军工等行业中扮演重要角色。

（8）超快亚微米分辨显微成像

超快亚微米分辨显微成像指时间分辨率小于 1 ns、空间分辨率小于 1 μm 的精密光电子成像技术，

它是探索微观物质世界的重要工具之一。超快时间分辨光谱技术可以探究飞秒/皮秒时域内物质的光动力学响应过程及其机理；而现有的微纳显微技术仅可测量空间分辨率，缺乏时间分辨率信息。超快显微成像技术是超快激光光谱技术与显微成像技术的结合，可以满足物理学、化学、材料科学、生物医学等领域对解析微纳尺度上发生的超快光动力学过程的迫切需求。根据显微成像原理不同，可分为三大主要方向：超快光学显微技术、超快扫描探针技术和超快电子显微技术。超快光学显微技术利用超短激光脉冲与光学显微镜相结合，实现对超快微观过程的实时探测，其技术相对成熟，仪器成本低，但空间分辨率受光学衍射极限影响。超快扫描探针技术利用超快激光脉冲与扫描探针显微镜（扫描电子显微镜、原子力显微镜、近场扫描光学显微镜等）相结合，可满足高空间分辨率和超快时间分辨的要求，但现有技术仍未完全成熟，仪器成本也更高。超快电子显微技术利用超短激光脉冲照射样品产生的光电子发射实现对微观现象的探测，其空间分辨率可达纳米级，时间分辨率可达约 100 fs，但现有仪器成本非常昂贵，技术尚待进一步完善。

在材料科学领域，超快亚微米显微成像技术可用于解析纳米材料载流子动力学的空间分布与微观形貌之间的关联规律，有助于深入理解材料宏观物理性质的起源。在生命科学领域，超快亚微米显微成像技术可用于研究肿瘤标志物的分布规律及其演变特性，以及纳米药物在活体细胞中的能量转移过程，对于新药开发和疾病治疗有重要价值。

随着激光技术和探测器不断发展，超快显微成像技术将朝着波长更短（深紫外到 X 射线）、空间分辨率更高（约 100 nm）、采样灵敏度更高（单个分子灵敏度）、采样速度更快（>1 000 fps）的方向发展。

（9）多模态自动机器学习

多模态机器学习旨在通过机器学习的方法实现处理和理解多源模态信息的能力；多模态学习从 20 世纪 70 年代起步，经历了几个发展阶段，在 2010 年后全面步入深度学习阶段。通俗来说，模态指的是"某件事情发生或者被感知到的方式"，比如视觉或触觉。当研究问题包含多个这样的模态时，它就被称为多模态问题。多模态机器学习主要关注 3 种形式：既可写也可说的自然语言、通常用图像或视频表示的视觉信号、编码声音和诸如韵律及声音表达等副语言信息的声音信号。

多模态机器学习的主要挑战在于数据的异质性。当前，多模态机器学习有 5 个主要研究方向：① 多模态表示学习，即利用多模态之间的互补性，剔除模态间的冗余性，从而学习到更好的特征表示，多模态数据的异构性使得构造这样的表示具有挑战性，例如语言是具有高度抽象语义的符号，而音频和视频则是信号；② 模态转化，即将一种模态的信息转化为另一种模态的信息，例如机器翻译、语音翻译、图片描述等；③ 模态对齐，即在来自同一分析对象的不同模态的内部组件之间寻找对应关系，例如将一部电影与其字幕进行关联对齐；④ 多模态融合，即通过融合多模态的信息执行目标预测，包括模式识别、语义分析等任务，例如在语音识别任务中，往往通过语音信号、语法语义特征乃至唇部动作的融合数据来提高识别的精确性；⑤ 协同学习，即借助信息丰富的模态数据，辅助信息较为匮乏的另一个模态上的机器学习，当一种模态的监督学习样本很少时，协同学习能够有效解决这一问题。

随着深度学习的流行，工程师需要选择相应的神经网络架构、训练过程、正则化方法、超参数等等，所有这些都对算法的性能有很大影响。多模态机器学习的神经网络架构往往更为复杂，参数优化空间较大，人工进行算法设计决策较为困难。多模态自动机器学习的目标就是使用自动化的数据驱动方式做出上述决策。其主要研究方向包括：① 自动特征工程，即自动从原始数据中抽取任务相关的典型特征；②自动模型选择及超参数优化，即寻找最适于解决任务问题的机器学习算法模型，并自动确定模型的预置超参数；③神经网络结构搜索，即预设一定的候选神经网络结构作为搜索空间，基于特定的评价函数和搜索策略，自动发现应用于机器学习任务的最佳神经网络架构。

多模态自动机器学习的主要发展方向包括：研究针对多模态任务和多目标问题的自动机器学习算法；研究更加灵活的参数空间搜索变量表示，寻找便于模态间迁移的表示方式；挖掘更多的、有难度的评价函数；加强多模态间迁移学习的研究，进一步提高自动机器学习的效率。

（10）智能超表面无线通信

智能超表面无线通信是基于智能超表面自由调控无线环境及构建新系统架构的通信体制。智能超表面是一种具有可编程电磁特性的人工表面结构，由信息超材料技术发展而来。智能超表面通常由大量精心设计的电磁单元排列组成，通过给电磁单元的可调元件施加控制信号，能动态控制电磁单元的电磁性质，进而以现场可编程的方式对空间电磁波进行主动的智能调控，形成幅度、相位、极化和频率等参数可实时控制的电磁场。这一机制构建了智能超表面的电磁物理世界和信息科学的数字世界之间的桥梁，对未来无线网络的发展极具吸引力。

智能超表面具有低成本、低能耗、可编程、易部署的特点，在 6G 候选技术中脱颖而出。目前主要研究方向集中在：①将智能超表面部署在无线传输环境中各类物体的表面，构建智能可编程的无线环境，包括覆盖增强、容量提升、安全通信、干扰抑制、无线能量传输以及辅助定位感知等应用；②利用智能超表面将基带信息直接调制至射频载波的特征，可构建全新体制的阵列式发射机架构，有望降低硬件复杂度和成本。智能超表面无线通信的未来发展趋势主要包括：超表面硬件架构与调控

算法、智能环境通信新理论和智能超表面基带算法、无线网络新架构以及原型系统测量验证等。

1.2　Top 3 工程研究前沿重点解读

1.2.1　面向智能计算的存算一体技术

存算一体的基本概念最早可追溯至 20 世纪 70 年代。斯坦福国际咨询研究所的 Kautz 等最早于 1969 年就提出"存算一体计算机"的概念。早期的存算一体受限于芯片设计复杂度、制造成本以及缺少杀手级大数据应用等问题，仅仅停留在研究阶段。2012 年以来智能计算领域快速发展的深度神经网络算法，将传统算法以计算为核心的规则打破，转而产生以数据为核心的计算需求；冯·诺依曼经典计算机架构规划的存储与计算单元分离的布局出现严重的性能和功耗瓶颈，同期出现的"摩尔定律危机"使这一情况加速恶化。在此背景下，存算一体技术成为学术界研究热点并进入产业化快车道。由于深度神经网络等智能计算既是计算密集型应用，也是数据密集型应用，其对于增加硬件算力和提升存储访问带宽有着更加迫切的需求。曾在 20 世纪 90 年代黯然消退的存算一体概念被人工智能计算架构设计者重新启用，用来缓解或消除传统冯·诺依曼架构造成的性能瓶颈和低能效等问题。在智能计算场景中，应用范围最广的深度神经网络算法中 95% 以上的运算为向量矩阵乘法（MAC），存算一体主要用来加速这部分运算；文献资料显示，相比冯·诺依曼体系结构，存算一体范式可以用 5% 左右的功耗实现 50 倍以上的速率提升。在 2017 年微处理器顶级年会（Micro 2017）上，英伟达、英特尔、微软、三星等公司以及苏黎世联邦理工学院、加利福尼亚大学圣塔芭芭拉分校等分别推出存算一体系统原型。

存算一体技术按照数据表达方式可划分为数字型架构、模拟型架构和数模混合型架构，按照

实现的基础器件结构可以划分为通用近存计算架构、SRAM 存算一体、DRAM 存算一体、RRAM/PCM/Flash 多值存算一体和 RRAM/PCM/MRAM 二值存算一体 5 个类别。近几年学术界研究热点集中在 RRAM 实现的存算一体方面，杜克大学、普渡大学、斯坦福大学、马萨诸塞大学、南洋理工大学、惠普公司、英特尔公司、美光科技有限公司都发布了相关测试芯片原型。产业界的创业热点则集中在 NOR Flash 的存算一体芯片方面，美国的神话（Mythic）公司、Syntiant 以及中国的北京知存科技有限公司、合肥恒烁半导体有限公司都推出了可以量产商用的产品。此外，近年研究者开始探索将事物感知、存储和计算高度融合以实现智能计算，例如通过后道工艺增加二元金属氧化物、钙钛矿、聚合物和有机材料，形成带有感知能力的存算一体单元，进一步减少系统延时、提高性能和节省功耗，未来可应用于包括计算机视觉、触觉感觉神经元系统和语音识别等众多领域。

"面向智能计算的存算一体技术"工程研究前沿中核心论文的主要产出国家分布情况见表 1.2.1。中国、美国研究基础雄厚，核心论文产出分居第一、二位。中国的国际合作对象主要是美国（见图 1.2.1）。排名前十的核心论文主要产出机构（见表 1.2.2）中，

中国 4 家研究机构上榜。机构合作方面（见图 1.2.2），中国的 3 家研究机构相互间合作紧密，且都与德国亚琛工业大学存在合作关系。施引核心论文数量（见表 1.2.3）方面，中国占比为 34.99%，比排名第二的美国高出 10.25 个百分点；排名前十的施引核心论文产出机构中，前六家均来自中国（见表 1.2.4），表明中国对该主题关注度很高。

1.2.2 光路与电路混合集成芯片

光路与电路混合集成芯片目前没有公认的技术方案和研究路线图，世界范围内的研究者围绕工艺器件、设计软件和系统应用等各层级寻求技术突破或解决方案。光电集成芯片概念的提出至今已有 20 多年历史，前期主要致力于将无源电路与光子器件在单芯片实现。由于缺少电路中的高速率晶体管和微波器件，早期的光电集成芯片仅能实现简单的光电信号转换或光复用功能。大规模集成电路与光路的集成，是当前光路与电路混合集成芯片的标志；封装集成或单芯片集成海量的光电子单元器件，使类似于微电子芯片的多功能、系统级集成成为可能。为实现大规模光电集成芯片，需要从工艺、器件、设计和应用四方面突破，因此以下对于本领域的技术前沿解读也从这四方面展开。

表 1.2.1 "面向智能计算的存算一体技术"工程研究前沿中核心论文的主要产出国家

序号	国家	核心论文数	论文比例	被引频次	篇均被引频次	平均出版年
1	中国	14	34.15%	161	11.50	2019.6
2	美国	12	29.27%	309	25.75	2019.0
3	瑞士	6	14.63%	149	24.83	2019.3
4	希腊	3	7.32%	39	13.00	2019.0
5	德国	2	4.88%	77	38.50	2019.0
6	印度	2	4.88%	35	17.50	2017.5
7	阿联酋	2	4.88%	7	3.50	2019.0
8	法国	1	2.44%	20	20.00	2018.0
9	日本	1	2.44%	12	12.00	2019.0
10	英国	1	2.44%	11	11.00	2020.0

表 1.2.2 "面向智能计算的存算一体技术"工程研究前沿中核心论文的主要产出机构

序号	机构	核心论文数	论文比例	被引频次	篇均被引频次	平均出版年
1	IBM 苏黎世研究实验室	4	9.76%	137	34.25	2019.5
2	苏黎世联邦理工学院	4	9.76%	31	7.75	2019.2
3	西安交通大学	3	7.32%	82	27.33	2019.7
4	佐治亚理工学院	3	7.32%	41	13.67	2019.7
5	深圳大学	2	4.88%	78	39.00	2019.0
6	德国亚琛工业大学	2	4.88%	77	38.50	2019.0
7	中国科学院	2	4.88%	71	35.50	2019.5
8	希瓦吉大学	2	4.88%	35	17.50	2017.5
9	电子科技大学	2	4.88%	21	10.50	2020.0
10	佩特雷大学	2	4.88%	19	9.50	2019.5

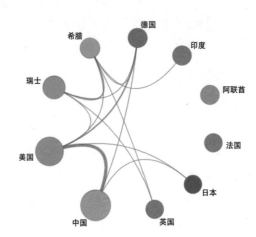

图 1.2.1 "面向智能计算的存算一体技术"工程研究前沿主要国家间的合作网络

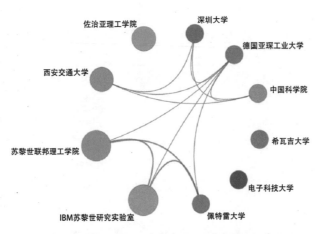

图 1.2.2 "面向智能计算的存算一体技术"工程研究前沿主要机构间的合作网络

表 1.2.3 "面向智能计算的存算一体技术"工程研究前沿中施引核心论文的主要产出国家

序号	国家	施引核心论文数	施引核心论文比例	平均施引年
1	中国	232	34.99%	2020.2
2	美国	164	24.74%	2020.0
3	韩国	60	9.05%	2020.1
4	德国	36	5.43%	2020.5
5	瑞士	33	4.98%	2020.4
6	英国	29	4.37%	2020.4
7	印度	27	4.07%	2019.7
8	法国	23	3.47%	2020.0
9	新加坡	20	3.02%	2020.2
10	意大利	20	3.02%	2020.5

表 1.2.4 "面向智能计算的存算一体技术"工程研究前沿中施引核心论文的主要产出机构

序号	机构	施引核心论文数	施引核心论文比例	平均施引年
1	中国科学院	39	16.39%	2019.8
2	清华大学	35	14.71%	2019.8
3	华中科技大学	24	10.08%	2019.8
4	复旦大学	24	10.08%	2019.8
5	深圳大学	19	7.98%	2020.0
6	西安交通大学	18	7.56%	2019.9
7	苏黎世联邦理工学院	17	7.14%	2020.0
8	德国亚琛工业大学	16	6.72%	2020.0
9	普渡大学	16	6.72%	2019.8
10	佐治亚理工学院	15	6.30%	2019.7

第一，在光电集成芯片工艺方面，主要路径分为单片集成和封装集成。单片集成主要基于硅基 CMOS 和 SiGe BiCMOS 工艺，在晶圆制备流程中在同一衬底上实现光路和电路的单片制备；封装集成则采用不同工艺，将光路和电路分别集成在不同芯片上，最后采用 2D/2.5D/3D 封装工艺混合集成为芯粒。该方向主要研发机构包括英特尔、格罗方德半导体股份有限公司、台湾积体电路制造股份有限公司、Tower、意法半导体集团、IHP、日本产业技术综合研究所等。芯片工艺能力的具备，是支撑整个光路与电路混合集成芯片发展的基础，也决定了此领域的自主可控程度；而综合性能、产能和成本等多方面考虑，光电集成芯片的工艺节点、集成路线选择仍存在争议。

第二，在光电集成芯片材料和器件方面，集成电路已相对成熟，主要研究工作集中在光子和光电子器件上。目前，硅基和磷化铟（InP）基光器件实用化水平较高，部分芯片的功能、性能、批量制造能力都已达到商用要求，但在激光器、调制器、探测器的功耗和尺寸上还存在较大改进空间。该方向主要研发机构包括加利福尼亚大学圣塔芭芭拉分校、微电子研究中心、英特尔、德国费劳恩霍夫通信技术研究所、日本 PETRA、新加坡微电子研究所、中国科学院等。硅基和 InP 基路线将在相当长时间内并行发展，短期内 InP 基芯片在性能和成熟度方面占优，未来在通信速率、集成度和需求量不断提升的背景下，硅基光电集成芯片可能有较大发展空间。

第三，在光电集成芯片设计工具方面，与集成电路芯片类似，光电集成芯片的设计也朝着标准化、模块化、光电协同的方向演进。国际上，楷登电子、新思科技、明导、ANSYS 公司等厂商已通过并购或合作等方式，建立起光电协同设计垂直整合的电子设计自动化（EDA）软件和仿真工具。中国由于产业基础较为薄弱，目前仅有少数公司关注该领域，尚无成熟的光电子集成芯片设计工具可用。光电一体化设计软件将是光路与电路混合集成的重要助推力，是实现系统级芯片集成的核心技术。

第四，光电集成芯片的应用较为广泛：面向光通信，光电集成芯片通过封装集成为标准化、小尺寸的光模块，实现高传输速率和大规模下低成本；面向高性能计算，通过光电合封（CPO）或单片集成形成光电收发与计算引擎，实现高密度、低延时互联和高通量处理；面向多模态传感，光路和电路通过异质键合、三维集成构造感存算一体化芯粒，

实现以三维图像为代表的实时感知和处理。此外，在量子通信和量子计算、人工智能和神经网络、生物检测、微波光子技术、光学传感等领域，光电集成芯片也陆续验证了其超高速、超小型化、超大集成度等显著优势。该方向被美国、欧洲、日本、中国等国家和地区视作后摩尔时代新型芯片的重点攻关方向，已获得政府和产学研各界的高额投入。需要引起注意的是，当前美国在光路与电路混合集成芯片领域，不仅论文数量和引用量领先于中国，其研发重点已从器件级研发转向系统级芯片集成。

"光路与电路混合集成芯片"工程研究前沿中核心论文的主要产出国家分布情况见表 1.2.5。美国和中国优势明显，核心论文产出分居第一、二位。美国的国际合作对象主要是中国和德国（见图 1.2.3）。排名前十的核心论文主要产出机构（见表 1.2.2）中，美国和欧洲各 4 家，中国 1 家，加拿大 1 家。在机构合作方面（见图 1.2.4），美国和欧洲几家研究机构间合作紧密，麻省理工学院和斯坦福大学对外合作交流最为活跃。施引核心论文数量（见表 1.2.7）方面，第一名中国占比 31.65%，第二名美国占比 25.00%，其他国家均低于 7%；排名前十的施引核心论文产出机构中，4 家来自中国，3 家来自美国（见表 1.2.8），体现中美两国对该前沿关注度很高。

表 1.2.5 "光路与电路混合集成芯片"工程研究前沿中核心论文的主要产出国家

序号	国家	核心论文数	论文比例	被引频次	篇均被引频次	平均出版年
1	美国	40	43.48%	3 303	82.58	2017.8
2	中国	22	23.91%	1 512	68.73	2017.4
3	英国	12	13.04%	848	70.67	2017.5
4	德国	11	11.96%	643	58.45	2018.2
5	瑞士	11	11.96%	466	42.36	2018.4
6	加拿大	10	10.87%	901	90.10	2017.4
7	西班牙	8	8.70%	608	76.00	2017.6
8	比利时	7	7.61%	513	73.29	2017.0
9	法国	6	6.52%	321	53.50	2017.0
10	澳大利亚	5	5.43%	434	86.80	2017.0

表 1.2.6 "光路与电路混合集成芯片"工程研究前沿中核心论文的主要产出机构

序号	机构	核心论文数	论文比例	被引频次	篇均被引频次	平均出版年
1	麻省理工学院	10	10.87%	1 406	140.60	2017.3
2	中国科学院	8	8.70%	490	61.25	2016.9
3	苏黎世联邦理工学院	7	7.61%	310	44.29	2018.0
4	渥太华大学	5	5.43%	648	129.60	2017.0
5	根特大学	5	5.43%	430	86.00	2016.8
6	瓦伦西亚理工大学	5	5.43%	429	85.80	2018.8
7	美国国家标准与技术研究院	5	5.43%	302	60.40	2018.4
8	斯坦福大学	5	5.43%	289	57.80	2019.2
9	加利福尼亚大学伯克利分校	4	4.35%	756	189.00	2017.0
10	明斯特大学	4	4.35%	321	80.25	2018.2

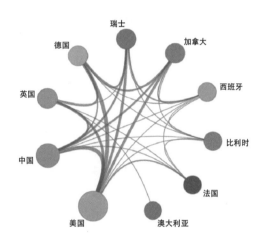

图 1.2.3 "光路与电路混合集成芯片"工程研究前沿主要国家间的合作网络

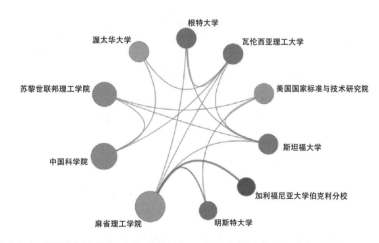

图 1.2.4 "光路与电路混合集成芯片"工程研究前沿主要机构间的合作网络

表 1.2.7 "光路与电路混合集成芯片"工程研究前沿中施引核心论文的主要产出国家

序号	国家	施引核心论文数	施引核心论文比例	平均施引年
1	中国	1 919	31.65%	2019.2
2	美国	1 516	25.00%	2018.8
3	英国	414	6.83%	2018.9
4	德国	378	6.23%	2019.0
5	加拿大	327	5.39%	2019.0
6	法国	314	5.18%	2018.6
7	澳大利亚	291	4.80%	2018.6
8	日本	273	4.50%	2018.8
9	俄罗斯	227	3.74%	2018.7
10	瑞士	207	3.41%	2018.9

表 1.2.8 "光路与电路混合集成芯片"工程研究前沿中施引核心论文的主要产出机构

序号	机构	施引核心论文数	施引核心论文比例	平均施引年
1	中国科学院	314	21.96%	2018.9
2	麻省理工学院	182	12.73%	2018.6
3	华中科技大学	145	10.14%	2019.0
4	浙江大学	115	8.04%	2019.3
5	悉尼大学	109	7.62%	2018.1
6	苏黎世联邦理工学院	101	7.06%	2019.0
7	斯坦福大学	97	6.78%	2019.1
8	根特大学	95	6.64%	2018.5
9	上海交通大学	94	6.57%	2019.2
10	美国国家标准与技术研究院	91	6.36%	2019.0

1.2.3 集成微波光子学

微波光子学在过去 30 年里受到科研界和工业界密切关注，其丰富的处理带宽、低损耗的光纤传输方式、可实现复杂调控功能的操控灵活性，是这项技术早期发展的核心驱动力。目前，全球的前沿研究成果主要集中在美国、中国、俄罗斯、欧盟和澳大利亚等国家和地区，其中，美国因研究基础雄厚在前沿研究进展方面处于第一梯队。特别地，中国在集成微波光子领域起步几乎与国际同步，近年来在前沿成果发表数量上仅次于美国，排名全球第二。有代表性的进展和突破包括：

超宽带信号的产生、光纤中射频信号的分配和传输、可编程的微波光子学滤波器、光子增强雷达系统等。微波光子学逐渐发展成为一个解决通信领域挑战的主要技术方案。目前来看，用于雷达和通信系统的微波光子器件与功能依旧分立，在提升核心器件线性度等性能指标方面，还面临诸多基础科学问题和技术挑战。

伴随着光子集成技术的迅速同步发展，两个领域的结合产生深刻影响，诞生了集成微波光子学。2007 年，*Nature Photonics* 发表综述文章，指出微波光子学融合了两个世界，发展微波光子学具有重

要意义。2019 年，*Nature Photonics* 发表新的综述文章，指出集成是微波光子学未来发展方向。集成微波光子技术使得在保持微波光子系统相当高复杂度的同时极大减小了系统尺寸，可实现超宽带频谱范围和更大瞬时带宽，提供足够多频率自由度和更多功能、更快速率、更小体积，总体能效高，功耗低，并且有望克服分立器件中的损耗、串扰问题，提高器件线性度等指标。这使得微波光子系统相比射频电路更具优势，未来有望实现导通探（测）、感存算等功能的动态灵活复用与并行处理。

集成微波光子学发展趋势如下：

1）在系统架构方面，发挥微波光子技术的优势，规避目前尚未成熟的集成技术导致的微波光子器件体积、重量大等问题，充分发挥其大带宽、易复用、低损耗长距离传输等性能优势。例如，澳大利亚在基于微波光子技术的机载综合电子信息系统中，通过系统架构顶层优化设计，实现了分布式、侦察、导航、探测等多种功能的一体化集成，大幅提高了信息系统的带宽，减轻了整机系统的体积、重量和功耗，提升了系统应用的灵活性。

2）在功能单元方面，目前雷达、电子对抗、网络通信都在向拓宽时域、频域、空域的方向快速发展，在已有系统架构下研究宽带滤波、变频、波束形成、频综、模数转换等高性能功能单元，以替换原有微波电子功能单元，大幅提升现有信息系统的性能。例如，俄罗斯基于高性能微波光子集成雷达前端等信息处理技术，将传统成像雷达分辨率提升一个量级。中国中科院电子所、中电十四所、中电三十八所、南京航空航天大学等单位基于微波光子单元创新，实现了微波光子雷达的外场试验验证，使传统雷达的带宽和成像分辨率明显提升；中电二十九所基于微波光子波束形成网络实现了频谱侦测能力跨代变革。

3）在异质异构光子芯片集成方面，突破材料间的兼容和匹配性问题，实现多物理场的低损耗耦合，提升单元器件效率，加强工艺创新提升工艺容差，探索石墨烯等碳基新材料器件。例如，德国报道了基于准分子直写技术将异构波导损耗降低至 1 dB 以下。2018 年，美国哈佛大学报道了带宽大于 70 GHz 的宽带薄膜铌酸锂调制器，将半波电压、带宽等关键技术指标大幅提升。中国山东晶正公司、中国科学院上海微系统研究所突破了硅基铌酸锂大失配异质材料晶圆键合技术。中国科学院半导体研究所、中山大学、华中科技大学等单位相继突破了铌酸锂波导刻蚀工艺瓶颈，制备出可覆盖 S-ka 波段的铌酸锂薄膜调制芯片。

"集成微波光子学"工程研究前沿中核心论文的主要产出国家与机构分布情况分别见表 1.2.9 和表 1.2.10。美国微波光子学研究基础雄厚，核心论文数占全球的近一半，主要产出机构包括斯坦福大学、加州理工学院和哈佛大学；中国的相关研究成果数量仅次于美国，核心论文数占全球的约 23%，主要产出机构为中国科学院、香港城市大学和电子科技大学；加拿大、澳大利亚、荷兰、瑞士平分秋色，主要产出机构有悉尼大学、皇家墨尔本理工大学、代尔夫特理工大学和洛桑联邦理工学院。主要国家间的合作情况如图 1.2.5 所示，主要集中在中国、美国、加拿大和澳大利亚之间。机构间合作方面，除去中国 3 家机构为主的合作外，主要是皇家墨尔本理工大学与中国 3 家单位有较为密切的合作，见图 1.2.6。在施引核心论文方面，中国和美国仍然为主要产出国家，分别占 31.29% 和 26.36%，见表 1.2.11。其中，中国科学院施引比例为 19.84%，为全球最多的机构，其次为美国国家标准与技术研究院、加州理工学院和华中科技大学，3 家机构施引比例均为 10% 左右，见表 1.2.12。

表 1.2.9 "集成微波光子学"工程研究前沿中核心论文的主要产出国家

序号	国家	核心论文数	论文比例	被引频次	篇均被引频次	平均出版年
1	美国	80	47.34%	7 162	89.53	2017.8
2	中国	43	25.44%	3 070	71.40	2018.1
3	加拿大	25	14.79%	1 517	60.68	2018.0
4	澳大利亚	22	13.02%	1 460	66.36	2017.8
5	荷兰	18	10.65%	1 900	105.56	2017.7
6	瑞士	15	8.88%	1 065	71.00	2017.5
7	德国	13	7.69%	737	56.69	2017.9
8	俄罗斯	11	6.51%	476	43.27	2018.5
9	法国	8	4.73%	933	116.62	2017.1
10	西班牙	8	4.73%	804	100.50	2017.2

表 1.2.10 "集成微波光子学"工程研究前沿中核心论文的主要产出机构

序号	机构	核心论文数	论文比例	被引频次	篇均被引频次	平均出版年
1	中国科学院	16	9.47%	707	44.19	2018.1
2	香港城市大学	13	7.69%	1 074	82.62	2018.8
3	斯坦福大学	11	6.51%	562	51.09	2019.5
4	加州理工学院	10	5.92%	1 038	103.80	2017.5
5	悉尼大学	10	5.92%	765	76.50	2017.1
6	皇家墨尔本理工大学	10	5.92%	447	44.70	2018.7
7	电子科技大学	10	5.92%	389	38.90	2018.9
8	哈佛大学	9	5.33%	1 154	128.22	2018.3
9	代尔夫特理工大学	9	5.33%	1 113	123.67	2017.1
10	洛桑联邦理工学院	9	5.33%	683	75.89	2017.6

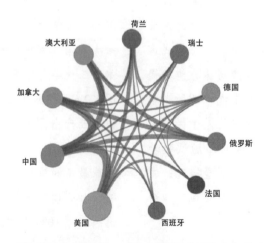

图 1.2.5 "集成微波光子学"工程研究前沿主要国家间的合作网络

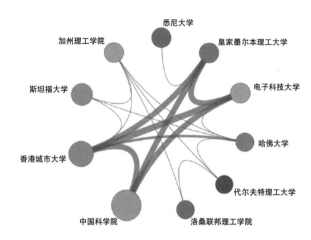

图 1.2.6 "集成微波光子学"工程研究前沿主要机构间的合作网络

表 1.2.11 "集成微波光子学"工程研究前沿中施引核心论文的主要产出国家

序号	国家	施引核心论文数	施引核心论文比例	平均施引年
1	中国	3 198	31.29%	2019.4
2	美国	2 694	26.36%	2019.0
3	德国	677	6.62%	2019.2
4	英国	631	6.17%	2019.1
5	法国	531	5.20%	2019.1
6	加拿大	462	4.52%	2019.0
7	澳大利亚	447	4.37%	2018.9
8	日本	441	4.32%	2019.1
9	瑞士	403	3.94%	2018.9
10	俄罗斯	381	3.73%	2019.1

表 1.2.12 "集成微波光子学"工程研究前沿中施引核心论文的主要产出机构

序号	机构	施引核心论文数	施引核心论文比例	平均施引年
1	中国科学院	438	19.84%	2019.3
2	美国国家标准与技术研究院	232	10.51%	2019.0
3	加州理工学院	205	9.28%	2018.5
4	华中科技大学	205	9.28%	2019.1
5	麻省理工学院	187	8.47%	2018.9
6	浙江大学	174	7.88%	2019.4
7	苏黎世联邦理工学院	161	7.29%	2019.2
8	清华大学	161	7.29%	2019.2
9	上海交通大学	151	6.84%	2019.3
10	南京大学	150	6.79%	2019.5

2　工程开发前沿

2.1　Top 10 工程开发前沿发展态势

信息与电子工程领域 Top 10 工程开发前沿见表 2.1.1，涉及电子科学与技术、光学工程与技术、仪器科学与技术、信息与通信工程、计算机科学与技术、控制科学与技术等学科方向。其中，"高分辨毫米波雷达 4D 成像技术""无人集群系统自主运行与协同控制技术""柔性机器人系统与控制技术""基于深度学习的医学图像分析""可信智能系统攻防技术"这 5 项经德温特专利数据库分析提炼，经专家研判获得，其余 5 项来自专家推荐。各

开发前沿涉及的核心专利 2015—2020 年公开情况见表 2.1.2。

（1）芯粒设计与芯片三维堆叠系统集成技术

芯粒（chiplet）是指具有特定功能且带有标准互联接口的裸芯片。芯片三维堆叠系统集成技术是通过多种微机械加工技术，在单个芯片内部以类似"搭积木"方式，将一些预先生产好的具有不同功能、工艺、材质和厂商的芯粒或其他元件，按长、宽、高 3 个维度"堆叠"的方式，构成集成度更高、功能更复杂的系统级元器件。

相比于电路板，芯粒集成方式在产品尺寸、性能、功耗等方面更具优势，迎合电子系统小型化、

表 2.1.1　信息与电子工程领域 Top 10 工程开发前沿

序号	工程开发前沿	公开量	引用量	平均被引数	平均公开年
1	芯粒设计与芯片三维堆叠系统集成技术	399	1 292	3.24	2017.6
2	高分辨毫米波雷达 4D 成像技术	469	3 670	7.83	2017.5
3	超快激光跨尺度微纳制造技术	439	2 978	6.78	2017.3
4	无人集群系统自主运行与协同控制技术	587	5 313	9.05	2017.6
5	多模态超分辨率活体成像仪器	246	2 203	8.96	2016.9
6	柔性机器人系统与控制技术	457	1 874	4.1	2017.6
7	基于深度学习的医学图像分析	523	4 163	7.96	2018.5
8	多功能集成光处理器	411	3 054	7.43	2017.0
9	可信智能系统攻防技术	449	1 870	4.16	2018.1
10	集成电路综合布局布线设计智能化技术	219	332	1.52	2018.0

表 2.1.2　信息与电子工程领域 Top 10 工程开发前沿核心专利逐年公开量

序号	前沿名称	2015	2016	2017	2018	2019	2020
1	芯粒设计与芯片三维堆叠系统集成技术	80	52	56	62	60	89
2	高分辨毫米波雷达 4D 成像技术	66	76	77	107	110	33
3	超快激光跨尺度微纳制造技术	77	71	88	93	79	31
4	无人集群系统自主运行与协同控制技术	44	79	162	130	146	26
5	多模态超分辨率活体成像仪器	54	55	41	57	29	10
6	柔性机器人系统与控制技术	48	82	60	121	113	33
7	基于深度学习的医学图像分析	3	13	77	137	189	104
8	多功能集成光处理器	88	79	78	90	62	14
9	可信智能系统攻防技术	34	57	81	66	104	107
10	集成电路综合布局布线设计智能化技术	23	26	30	41	54	45

轻量化的发展需求。相比于传统单片集成，芯粒集成可以在成熟产品和工艺技术的基础上，为特定应用需求快速定制设计并制造具有针对性的芯片产品，具有设计周期短、研发风险低、良率可控性好等特点，被视为"后摩尔时代"支撑半导体产业持续发展的重要基础技术之一。

芯粒设计与芯片三维堆叠系统集成技术发展的关键在于突破多芯粒协同设计方法学、量产可重复使用的芯粒、设计芯粒间互联标准和接口、实现高密度封装集成工艺、定制可靠性测试标准和方法等，形成从设计、制造到集成、测试的全流程标准化工业体系。

未来，以芯粒为基础的三维堆叠系统集成将创造数字、射频、光电等不同类型器件单元在芯片级深度融合的条件，进而形成"超级"异构微系统，可以为集成电路产业带来更多的灵活性和发展机会。

（2）高分辨毫米波雷达 4D 成像技术

高分辨毫米波雷达 4D 成像技术旨在通过毫米波雷达发射波长为 1 ~ 10 mm 的电磁波，根据回波获取目标的距离、方位、俯仰角和相对速度，得到目标的高分辨三维形状以及速度信息，即 4D 成像。毫米波雷达的天气和光线鲁棒性非常好，由于波长较小，毫米波雷达有更窄的波束，角分辨能力和测角精度相比普通雷达更高。由于工作频率高，可得到大的信号带宽（如吉赫兹量级）和多普勒频移，有利于提高距离和速度的测量精度与分辨能力，并能分析目标特征。基于毫米波的 4D 高分辨成像将有非常大的应用空间。

高分辨毫米波雷达 4D 成像的主要技术方向包括以下三方面。① 提升分辨率，即雷达区分物体的能力，其直接决定了 4D 成像效果。② 大视场无模糊。根据多传感器融合冗余需求以及自动驾驶功能的驱动，4D 成像技术需要满足至少 90° 的大视角。传统雷达角度测量有多义性，即一个目标可能计算出多个角度方向，4D 成像技术通过天线排布

和信号处理优化，实现角度无模糊，准确识别目标。③ 提升点云密度。点云密度越高，4D 成像对环境的刻画效果越好。

高分辨毫米波雷达 4D 成像技术有三大发展趋势：① 无人驾驶汽车，随着 L3 及以上高级自动驾驶的快速发展，对环境感知精准度要求越来越高，4D 高分辨毫米波雷达成像技术是汽车无人驾驶技术的前沿之一；② 无人机无人驾驶技术，4D 成像技术可大大提升无人机的空间态势感知能力；③ 生命体征监测，由于毫米波可以穿透衣物且对人体无害，该技术可用于进行生命体征监测。

（3）超快激光跨尺度微纳制造技术

超快激光一般是指脉冲宽度短于 10 ps 的皮秒激光和飞秒激光，超快激光的脉冲宽度极窄、能量密度极高、与材料作用的时间极短，超快激光加工具有超强、超快、超精密的特性，是制造技术领域的前沿方向之一。超快激光与材料相互作用，能够改变材料的物态和性质，可实现微米至纳米跨尺度的控形与控性，代表性的技术手段有飞秒激光直写、双光子聚合、干涉光刻、激光诱导表面纳米结构和纳米颗粒等。此外，超快激光跨尺度微纳制造在航空航天器表面功能微纳结构（抗结冰、减阻、抗反射结构等）和新能源微型器件（微电池、微电容等）制造方面均有显著优势。

超快激光跨尺度微纳制造技术涉及两大核心问题——确保超快激光制造过程中的纳米尺度的制造精度以及微纳米跨尺度多级结构制造能力，涉及机械学、物理学、化学、生物学、材料科学、信息科学等多学科的交叉与融合。未来研究方向主要包括：① 发展完备的理论模型用于描述超快激光与材料相互作用，研究超快激光时/空/频域光场调控对材料电子动态和性质的影响机制与规律；② 揭示纳米尺度与纳米精度下加工、成形、改性和跨尺度制造中的尺度效应、表面/界面效应等规律；③ 阐明物质结构演变机理及其与器件功能的联系，探索制造过程由宏观进入微观时能量、结构和性能间的

作用机理与转换规律，最终建立超快激光跨尺度微纳制造技术理论基础、工艺装备和精确表征与计量方法。

（4）无人集群系统自主运行与协同控制技术

无人集群系统自主运行与协同控制技术通常指由太空无人系统、空中无人系统、地面无人系统、海上无人系统和水下无人系统等组成的同构或异构跨域协同系统，通过引入人工智能相关技术实现自主协同感知、决策和控制，进而实现无人集群系统智能自主运行和协同控制，以高效完成任务。相关技术可以使群集系统以低成本、高度分散的形式进行跨域协同作业，通过去中心化自组网实现信息共享、抗干扰和自愈，实现分布式协同控制与优化，进而提高无人集群系统整体运行效率和安全应急处理能力。主要技术方向包括无人集群系统环境协同感知与理解、多源信息共享与融合、协同任务规划与决策、协同避障与安全控制，以及分布式智能优化技术等。无人集群系统环境协同感知与理解主要包括集群系统的传感器配置优化、高精度环境地图构建、动态目标协同检测、多目标协同跟踪等技术。多源信息共享与融合主要包括多源异构传感器信息时空对准、非完备信息的智能融合、分布式通信自组网等技术。协同任务规划与决策主要包括协同任务分配、协同路径规划、协同自主决策、任务效能评估等技术。协同避障与安全控制主要包括障碍物的在线识别、协同避障规划与控制、干扰通讯受限等复合影响下的安全协同控制等技术。分布式智能优化主要包括分布式优化算法设计、收敛性证明、复杂性分析等技术。未来发展趋势包括：① 无人集群系统将由传统的数个无人系统拓展至几十甚至成百上千个无人系统，其运行与协同控制的效能、实时性和全局优化能力需进一步提高；② 无人集群系统主要从事非结构化环境下的复杂对抗性任务，对具有学习能力、自演化、自组织能力的自主运行与协同控制方法需求更为强烈；③ 无人集群系统在多任务领域下进行异构跨域运行与协同控制，其一体化技术和抗攻击的能力需进一步强化；④ 无人集群系统自主运行与协同控制的健康管理是保证安全稳定运行的基础，无人集群系统健康特征集构建、健康度与效能评估、故障的网络传播机理与隔离等相关技术需进一步研究。

（5）多模态超分辨率活体成像仪器

多模态超分辨率活体成像仪器是应用多种影像学技术，能够在活体组织的分子和细胞水平上显示生物学过程的仪器。活体动物实验可以帮助理解人体的生命活动和运行机制，是进行基础病理学研究、药理学研究、临床实践应用的重要实验手段，在肿瘤、神经、心血管、免疫系统、传染病、基因治疗、靶向药物等多个研究领域都发挥着不可替代的作用。近年来，随着物理学、数学和工程技术的发展，计算机断层扫描（CT）、磁共振（MR）、正电子发射断层扫描（PET）、单光子发射断层扫描（SPECT）、荧光显微成像等多种活体成像技术得到长足发展。但是，单一模态活体成像技术针对不同的生理病变在某些分子机理上可能有严重的相似和重叠，所以多模态超分辨率活体成像仪器如 microPET/CT、microPET/MR、microSPECT/CT 等应运而生，实现了对生物学行为在影像方面定性和定量的研究，为活体动物研究提供了强有力工具。

多模态超分辨率活体成像仪器的发展趋势如下：

1）由双模态向更多模态发展。以 microPET/CT 为代表的双模体活体成像仪器，多年实验应用的结果已证明其 1+1>2 的效果，但是在实验应用上仍然存在着较大局限性，如 PET 显示的代谢活动异常可能由癌症和炎症引起，仅用 PET 追踪葡萄糖代谢不能将这两种疾病区分开来，如能加上 SPECT 影像，会有助于区分疾病的分子机理。所以，多模态超分辨率活体成像仪器需要从双模态向三模态、四模态等更多模态发展，利用 CT、PET、SPECT、光学成像等多种成像技术各自优势，实现

多个针对不同生物标记物的探针影像，能够提供多重补充信息，极大地扩展多模态超分辨率活体成像仪器的应用范围。

2）向更高图像质量、更高物质区分能力发展。由于动物和组织尺寸的原因，超高分辨率一直是活体成像仪器的应用需求。此外，更高灵敏度和更高信噪比，例如 microCT 系统使用光子计数检测器，能够提供多种能谱信息，从而提高系统灵敏度，并能得到具有多种物质对比度的高清结构影像。

3）向更智能、更高效的方向发展。利用前沿通信技术、自动化、云服务与人工智能，将更有力地促使多模态技术在生命科学领域的广泛应用，促进药物开发、癌症机理研究、基因/免疫/细胞疗法等方面的研究。

因此，非常有必要打造超高空间分辨率和超高灵敏度的小动物智能临床前 microPET/SPECT/光学/能谱 CT 多模态成像系统。通过自动化和人工智能赋能，实现所有高性能影像模块的无缝融合，使之成为 1+1+1+1≫4 的影像设备。此 4 种模块可以根据科研用户的实际情况自由组合拼装，这将为科研用户提供大量生物代谢信息和结构信息，极大地激发科研热情。

（6）柔性机器人系统与控制技术

目前机器人面临的一项核心挑战是与自然界安全交互以及在非结构化环境下作业。软体机器人具备柔顺性与大变形能力，可高效、安全地与非结构化环境和自然界生物交互。柔性机器人系统与控制技术主要针对传统刚性体机器人难以胜任的人机交互、医疗康复、特种作业等场景，利用新的软体驱动与感知、柔性结构与材料、建模与控制方法实现这些场景下的任务。在仿生灵感的指导下，柔性机器人实现了抓取、爬行、跳跃、滚动、游动等多种仿生运动，在人机交互、医疗康复、特种作业等领域有诸多潜在应用。柔性机器人具有无限的被动自由度和非线性的材料特性，其精确实时控制是一项十分有挑战性的工作。目前柔性机器人控制的

主要研究方向有：① 柔性驱动传感一体化集成，旨在满足软体机器人所需的多模态感知、高延展率（>100%）、集成芯片（如功放、感知、计算、通信芯片等）的柔性驱动与电路一体化研究；② 柔性大变形运动学与动力学建模，旨在集成多模态传感的柔性电路的软体机器人的传感反馈控制，并探索非结构化环境柔性体机器人作业的动力学建模；③ 柔性人机交互关键技术，旨在通过柔性的穿戴与感知实现人体与软体机器人的交互。未来发展趋势包括：① 利用机器学习算法优化多模态柔性传感器的分布与数据处理，提高柔性机器人的环境认知能力；② 发展面向控制的柔性机器人动力学建模理论，实现模型精确性与计算高效性的平衡；③ 提升柔性机器人的物理智能以降低计算和控制成本，更好地实现人机交互。

（7）基于深度学习的医学图像分析

随着医学影像技术在临床的广泛应用，医师数量的低速度增长无法满足快速增长的医学图像分析需求，与人们对健康生活的向往相矛盾。在此背景下，深度学习技术迅速发展成为医学图像分析的研究热点。有别于现有的手工或者经典特征提取，深度学习通过构造多层神经网络，可自动提取医学大数据中隐含的深层疾病诊断特征。近年来，深度学习技术被广泛用于 CT、磁共振成像（MRI）、PET、超声像和 X 射线和病理像等医学图像的分析，主要任务包括医学图像的分类、检测、分割、配准、检索、图像重建和增强等，并在疾病的定量和定性分析中展示出较高精准性和时效性。

基于深度学习的医学图像分析应以临床实际需求为导向。其主要研究方向包括 3 个方面：① 发展精准、快速的深度学习技术，提高临床诊断效率，减轻临床医生负担，减少误诊；② 基于深度学习技术克服当前医学成像技术的瓶颈，对医生难以判断的疾病做出定量、定性分析；③ 推动深度学习技术本身在临床应用的可解释性，保证深度模型在复杂数据环境下依然保持稳定的性能。

（8）多功能集成光处理器

多功能集成光处理器通过微纳光学加工和硅光子加工，将多个不同类型的无源和有源光器件在单个芯片维度上集成，以实现不同的计算功能。相比于电处理器，光处理器以其高并行、低功耗、高带宽等特点，逐渐成为后摩尔时代新型计算研究的主流方向之一，结合光电混合计算架构，在一些专用场景下可发挥独特优势。

多功能集成光处理器按计算实现原理可分为数字光处理器和模拟光处理器两类。由于数字光处理器的性能严重依赖于基础操作单元集成度，受限于光器件集成度劣势以及逻辑操作实现的困难性，当前依然难以展现竞争力。而近年来模拟光处理器直接利用光的物理过程匹配特定计算功能，逐渐成为主流研究方向。在模拟光处理器实现技术方面，当前以麻省理工学院提出的马赫曾德尔干涉仪（MZI）阵列向量矩阵乘加器为主流方向，此外还有基于微环的 crossbar 架构光处理器。相比 MZI 阵列，光 crossbar 在规模和成熟度上较低，但具备更好的数据加载通用性。在应用方面，集成光处理器以卷积神经网络计算加速为主。光蓄水池计算处理器近年来也逐渐成为研究热点，以日本电报电话公司（NTT）为主的研究单位基于 MZI 阵列结合时分方式，构建了大规模节点的光蓄水池处理器。此外，用于伊辛模型求解的光处理器也是值得关注的方向。

（9）可信智能系统攻防技术

可信智能系统攻防技术是指针对现有智能系统面临的广泛安全与隐私风险，分析发现智能系统的安全威胁，构建针对性的防御措施，提升智能系统的可信性。主要技术方向包括：利用模型脆弱性或数据扰动等方式的攻击技术，以及基于面向模型或者面向数据思想的防护技术。其中，针对可信智能系统的攻击技术主要包括对抗学习、后门攻击、数据偷窃、模型偷窃等。它们主要利用智能系统中模型和数据的脆弱性来实施攻击，以达到诱导智能系

统做出误判（对抗学习、后门攻击）或者泄露隐私数据或高价值模型（数据偷窃、模型偷窃）等目的。在攻击目标与场景多样化的同时，当前攻击技术也呈现出一些新的趋势，例如仅依靠真实世界外部扰动（如仅用激光笔干扰自动驾驶系统等）来实现对智能系统中模型的攻击。针对可信智能系统的防御技术可分为面向模型和面向数据两类。其中，面向数据的防御方法主要包括基于恶意噪声检测与过滤的对抗学习和后门攻击防护、基于恶意访问检测或随机化预处理的隐私数据偷窃和模型重构偷窃攻击防护等；而面向模型的主要防御方法是基于模型可靠性增强的对抗学习防护，通过这种技术来实现更高的安全性是当前趋势。

（10）集成电路综合布局布线设计智能化技术

集成电路综合布局布线设计智能化技术是指在集成电路设计中使用基于人工智能技术的 EDA 工具，完成逻辑综合及物理实现任务。主要技术方向包括逻辑综合、布局、时钟树综合、布线等。逻辑综合指将寄存器转换级（RTL）代码映射到标准单元库中的元件所构成的门级电路的过程；布局技术解决如何确定数亿个标准单元在给定芯片面积上的合理位置的问题，同时考虑线长、时延、可布性、功耗、可制造性等优化目标；时钟树综合指时钟网络在物理版图上的实现，主要采用 H 树、平衡树以及脊椎状时钟网技术；布线技术完成单元间线网的物理连接，确定连线在不同布线层上的走线与通孔位置，在满足设计规则的前提下，优化所有线网的总线长、关键线网时延、通孔数及冗余通孔添加、电迁移、串扰噪声、多次图形曝光技术相关可制造性等指标。未来发展趋势有 3 点：① 逻辑综合与布局布线的深度智能化融合，在综合阶段就考虑到各种物理效应，从而提升设计的芯片设计指标（PPA）和收敛性；② 设计更适合分布式高性能计算与异构计算的新算法，加速综合布局布线的过程，减少芯片的设计周期；③ 采用人工智能及机器学习的理论与技术，围绕集成电路物理设计中多目标

多约束优化关键问题，研究基于机器学习的物理设计多参数多目标模型；应用该模型研究基于机器学习的智能化布局布线技术；在此基础上进一步提炼并建立面向前端设计的后端物理参数预估模型，提高 EDA 全流程的智能化和收敛性。

2.2 Top 3 工程开发前沿重点解读

2.2.1 芯粒设计与芯片三维堆叠系统集成技术

在摩尔定律推动下，传统芯片平面加工等比例微缩的技术路线在技术难度和经济成本双重天花板的压力下已难以为继，目前行业内仍通过特征尺寸微缩来实现芯片性能提升的方法已成为少数几个玩家的游戏。将多个裸芯片在单个封装内部以三维/准三维堆叠的方式进一步集成已成为推动芯片集成度持续提升的必然选择。

基于芯粒的设计最大优势是可以根据设计需求集成不同工艺节点的成品硅片，从而快速开发低成本、高可靠的新产品。这首先要求有大量成熟可靠的芯粒产品可供选择，必然推动在传统的 IP 供应商和芯片供应商之外衍生出专门化的芯粒供应商。目前由于缺乏这样的供应商，基于芯粒的设计还主要在英特尔、AMD 等美国头部芯片设计公司中使用。

以芯粒构成系统级芯片在传统的芯片设计之外增加了新的维度，包括功能划分、工艺选择、互联设计、多物理场仿真等。为了充分利用好新增加维度，需要有新的设计方法学和辅助设计工具。目前三大 EDA 厂商中的 Cadence 和 Synopsys 均有新的辅助设计工具布局，目前已开始商用。

基于芯粒的设计必然依赖于在有限空间内集成更多裸芯片，三维堆叠系统集成技术是实现芯粒设计的基础。如表 2.2.1 所示，目前"芯粒设计与芯片三维堆叠系统集成技术"工程开发前沿中核心专利的主要产出国家专利总公开量为 399（113/28.32%）

件，其中美国和中国专利分别公开了 113 件。这表明芯粒设计与芯片三维堆叠系统集成技术的主要研发活动集中在美国和中国。但美国专利被引数及比例远高于中国专利，同行业被认可程度更高，在一定程度上可以说明美国在该方面的技术研发水平领先中国。

图 2.2.1 为"芯粒设计与芯片三维堆叠系统集成技术"工程开发前沿主要国家间的合作情况。如图 2.2.1 所示，美国作为该领域的技术先进地区处于合作的中心，其中中国与美国之间合作强度最高。新加坡虽然核心专利数量较少，但是和日本、韩国、美国都达成了合作，说明新加坡在该领域的某项技术具有较高的技术价值。值得注意的是，中国的技术合作伙伴较为单一，只与美国达成技术合作，存在技术限制的风险。

表 2.2.2 为"芯粒设计与芯片三维堆叠系统集成技术"工程开发前沿中核心专利的主要产出机构。其中，中国台湾地区的台湾积体电路制造股份有限公司（以下简称台积电）核心专利公开量为 116，数量远超其他企业，同时专利平均被引数排名第二。综合来看，台积电在芯粒设计与芯片三维堆叠系统集成技术领域的技术水平处于同行业领先地位。排名前十的机构中，有 5 家来自中国，3 家来自美国。另外需要注意的是，英国英维斯公司专利数量虽然较少，但是平均被引数最高，说明该企业的某项专利技术较为核心，被其他技术进一步参考。

图 2.2.2 为"芯粒设计与芯片三维堆叠系统集成技术"工程开发前沿主要机构间的合作情况。合作的只有美国两家公司，其他主要机构还是以自主研发为主。

总而言之，基于芯粒的设计作为一种新的芯片设计模式，是整个微电子集成电路产业发展的新方向，可以为产业发展带来更多灵活性和发展机会。目前技术还处于分散发展的初始阶段，各个国家和地区也在积极布局。

表 2.2.1 "芯粒设计与芯片三维堆叠系统集成技术"工程开发前沿中核心专利的主要产出国家

序号	国家	公开量	公开量比例	被引数	被引数比例	平均被引数
1	美国	113	28.32%	448	34.67%	3.96
2	中国	113	28.32%	109	8.44%	0.96
3	韩国	16	4.01%	21	1.63%	1.31
4	日本	4	1.00%	6	0.46%	1.50
5	瑞典	2	0.50%	8	0.62%	4.00
6	新加坡	2	0.50%	2	0.15%	1.00
7	瑞士	2	0.50%	1	0.08%	0.50
8	德国	1	0.25%	0	0.00%	0.00
9	法国	1	0.25%	0	0.00%	0.00
10	印度	1	0.25%	0	0.00%	0.00

表 2.2.2 "芯粒设计与芯片三维堆叠系统集成技术"工程开发前沿中核心专利的主要产出机构

序号	机构	国家	公开量	公开量比例	被引数	被引数比例	平均被引数
1	台湾积体电路制造股份有限公司	中国	116	29.07%	619	47.91%	5.34
2	国际商业机器公司（IBM）	美国	23	5.76%	77	5.96%	3.35
3	英特尔公司	美国	21	5.26%	71	5.50%	3.38
4	中国电子科技集团公司	中国	13	3.26%	8	0.62%	0.62
5	英国英维斯公司	英国	8	2.01%	58	4.49%	7.25
6	美国格罗方德半导体股份有限公司	美国	8	2.01%	7	0.54%	0.88
7	台湾矽品精密工业股份有限公司	中国	7	1.75%	22	1.70%	3.14
8	三星电子公司	韩国	7	1.75%	18	1.39%	2.57
9	中芯国际集成电路制造(上海)有限公司	中国	7	1.75%	6	0.46%	0.86
10	江苏师范大学	中国	7	1.75%	1	0.08%	0.14

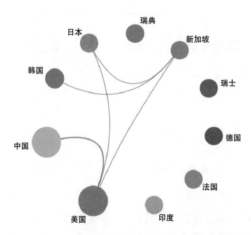

图 2.2.1 "芯粒设计与芯片三维堆叠系统集成技术"工程开发前沿主要国家间的合作网络

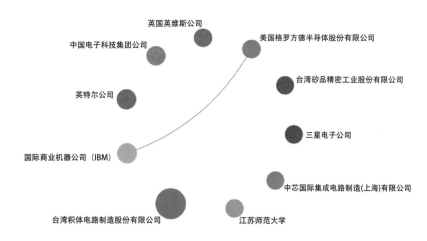

图 2.2.2 "芯粒设计与芯片三维堆叠系统集成技术"工程开发前沿主要机构间的合作网络

2.2.2 高分辨毫米波雷达 4D 成像技术

高分辨毫米波雷达 4D 成像技术由目前流行的车载 3D 雷达技术演变而来。3D 雷达可实现对目标距离、方位角、速度的三维探测；4D 雷达是在 3D 雷达的基础上，通过垂直阵列，实现俯仰角测量，即 4D 雷达可以探测物体相对于雷达的距离、方位角、俯仰角和速度，是目前无人驾驶技术领域的前沿技术。对于汽车无人驾驶技术，在 L2+/L3 以上级别，雷达传感器的数量较 L1 级别进一步增多，对传感器性能的要求也大幅提升，而到了 L3+ 级别则需要 4D 成像技术。高分辨毫米波雷达 4D 成像技术将首先出现在豪华轿车和自动驾驶出租车上，由于视场角较宽，4D 高分辨毫米波雷达可以观测到路边的障碍物（通常，传统雷达仅限于可行驶区域），还能探测到较小目标，比如矿泉水瓶、轮胎碎片等，以及被遮住一部分的行人或骑行者，可以确定他们是否在移动、向哪个方向移动；此外基于多传感器融合，可以将摄像头和激光雷达"引导"到潜在风险区域，这将大大提高安全性能。此外，4D 雷达能向各个方向发出密集信号，可以在车内工作，对儿童和成人进行分类，监测生命体征，以及探测乘客位置，可用于优化安全气囊部署，优化安全带的张紧器，提供安全带警告，并发现车内或周围的闯入者。综合来看，高分辨毫米波雷达 4D

成像技术是未来汽车无人驾驶的关键技术。对无人机而言，其需要对三维空间的障碍物进行成像观测，传统的二维雷达只能检测前、后方向，相比而言，高分辨毫米波雷达 4D 成像技术可以大大提升无人机的空间态势感知能力。

高分辨毫米波雷达的天气和光线鲁棒性非常好，激光雷达造价昂贵，扫描速度慢，在雨雾、沙尘的天气情况下无法正常使用，摄像头对光线则会比较敏感，因此高分辨毫米波雷达 4D 成像技术的另一重要性在于：结合自身优势，将四维信息和三维、二维信息融合，成为多个传感器的融合平台，可与其他传感器如相机和激光传来的数据融合，得到更丰富、更精确的信息。4D 毫米波雷达的分辨率越高，点云密度越大，融合效果越好。

该前沿主题核心专利主要产出国家、主要产出机构及主要国家间、机构间的合作网络分别见表 2.2.3、表 2.2.4 和图 2.2.3、图 2.2.4。从表 2.2.3 可看出，中国在核心专利公开量方面远高于其他国家总和，被引数方面仅次于美国。从表 2.2.4 可看出，核心专利主要产出机构，中国机构占比最多，总公开量达到 80。从图 2.2.3、图 2.2.4 可看出，美国与以色列合作较多，机构方面，除日本电产株式会社与株式会社 WGR 有合作外，其他主要机构间无合作关系。

表 2.2.3 "高分辨毫米波雷达 4D 成像技术"工程开发前沿中核心专利的主要产出国家

序号	国家	公开量	公开量比例	被引数	被引数比例	平均被引数
1	中国	306	65.25%	1 141	31.09%	3.73
2	美国	84	17.91%	1 649	44.93%	19.63
3	日本	30	6.40%	193	5.26%	6.43
4	德国	23	4.90%	142	3.87%	6.17
5	韩国	15	3.20%	35	0.95%	2.33
6	以色列	3	0.64%	497	13.54%	165.67
7	英国	3	0.64%	12	0.33%	4.00
8	卢森堡	3	0.64%	12	0.33%	4.00
9	丹麦	1	0.21%	3	0.08%	3.00
10	意大利	1	0.21%	3	0.08%	3.00

表 2.2.4 "高分辨毫米波雷达 4D 成像技术"工程开发前沿中核心专利的主要产出机构

序号	机构	国家	公开量	公开量比例	被引数	被引数比例	平均被引数
1	西安电子科技大学	中国	25	5.33%	114	3.11%	4.56
2	谷歌公司	美国	20	4.26%	518	14.11%	25.90
3	中国航天系统科学与工程研究院	中国	15	3.20%	37	1.01%	2.47
4	日本电产株式会社	日本	14	2.99%	119	3.24%	8.50
5	电子科技大学	中国	14	2.99%	37	1.01%	2.64
6	株式会社 WGR	日本	13	2.77%	105	2.86%	8.08
7	中国电子科技集团公司	中国	11	2.35%	30	0.82%	2.73
8	德国英飞凌半导体制造公司	德国	10	2.13%	27	0.74%	2.70
9	浙江大学	中国	8	1.71%	45	1.23%	5.63
10	北京航空航天大学	中国	7	1.49%	38	1.04%	5.43

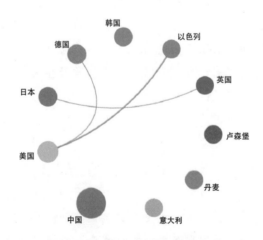

图 2.2.3 "高分辨毫米波雷达 4D 成像技术"工程开发前沿主要国家间的合作网络

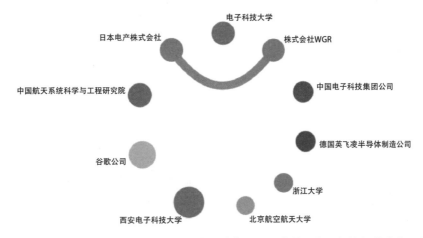

图 2.2.4 "高分辨毫米波雷达 4D 成像技术"工程开发前沿主要机构间的合作网络

2.2.3 超快激光跨尺度微纳制造技术

超快脉冲激光的一大特点是脉宽非常小，脉冲宽度小于 10^{-11} s，是无比短暂的闪光。超快激光具有超高功率密度、较低的烧蚀阈值、加工超精细及可实现冷加工等特点，受到国际学术界和工程界的广泛关注，其中超快激光跨尺度微纳制造技术是制造的前沿之一，涉及机械、光学、化学、材料等多学科交叉融合，广泛应用于航空、新能源、通信、传感、仿生、集成电路等领域。皮秒脉冲激光的产生可追溯至 20 世纪 60 年代，随后有学者发现飞秒激光加工的烧蚀区几乎无热影响区，而超快激光带来的多光子吸收现象还可用于对透明材料的无损清洗。90 年代初期，啁啾脉冲放大技术得到迅速发展，该技术能在不破坏光学元器件的情况下进一步提高激光峰值功率，大大降低了超快激光使用门槛，研究者提出超快激光表面微结构制备、透明材料 3D 打印等技术。随着啁啾脉冲放大技术的逐渐成熟，超快激光跨尺度微纳制造技术为工程学、材料学、生命科学等前沿交叉学科提供了崭新的制造手段。目前，超快激光加工在脆性材料加工市场如手机屏异形切割、

手机摄像头蓝宝石盖板切割、特殊材料标记、隐形二维码打标、高性能柔性电路板（FPC）切割、有机发光二极管（OLED）材料切割打孔以及太阳能钝化发射极和背面电池技术（PERC）电池加工等领域已取得广泛应用。

超快激光跨尺度微纳制造技术跨越了几纳米到几百微米等多个尺度，是重要先进制造技术之一。近年来，以几飞秒至亚皮秒脉冲宽度、数百千赫兹至兆赫兹高重复频率以及数十瓦乃至上百瓦高平均功率为典型特征的新一代超快激光快速发展，有望解决加工质量、加工精度与加工效率之间的固有矛盾。此外，以往的制造技术局限于原子、分子及以上层面的观测或性能调控，以超快激光为工具的超快化学的诞生使电子层面的观测与调控成为可能，有望突破现有的制造原理与制造方法。最后，激光与材料相互作用是一个复杂的非线性、非平衡、多尺度过程，研究超快激光过程的光场调控对材料电子动态和性质的影响，建立完备的理论模型也是目前的发展趋势之一。

"超快激光跨尺度微纳制造技术"的核心专利主要产出国家、主要产出机构及主要国家间、机构

间的合作网络分别见表 2.2.5、表 2.2.6 和图 2.2.5、图 2.2.6。核心专利公开量方面，中国占比超过一半，而美国则在被引数方面占据领先地位，以 20% 左右的专利数量获得接近 50% 的引用（见表 2.2.5）。核心专利主要产出机构方面，美国科希伦激光公司和康宁公司专利公开量并驾齐驱，中国则有 6 家机构位列前十，其中 5 家为高校；被引数和平均被引数方面，美国的 3 家公司遥遥领先（见表 2.2.6）。国家间合作集中在美国与中国和加拿大（见图 2.2.5）。主要机构间合作不够密切，主要体现在中国的几家机构之间（清华大学与北京理工大学，西安交通大学与英诺激光股份有限公司）。

表 2.2.5　"超快激光跨尺度微纳制造技术"工程开发前沿中核心专利的主要产出国家

序号	国家	公开量	公开量比例	被引数	被引数比例	平均被引数
1	中国	253	57.63%	864	29.01%	3.42
2	美国	88	20.05%	1 461	49.06%	16.60
3	德国	36	8.20%	246	8.26%	6.83
4	日本	23	5.24%	200	6.72%	8.70
5	韩国	13	2.96%	44	1.48%	3.38
6	英国	5	1.14%	60	2.01%	12.00
7	瑞士	3	0.68%	14	0.47%	4.67
8	瑞典	1	0.23%	33	1.11%	33.00
9	法国	1	0.23%	13	0.44%	13.00
10	加拿大	1	0.23%	8	0.27%	8.00

表 2.2.6　"超快激光跨尺度微纳制造技术"工程开发前沿中核心专利的主要产出机构

序号	机构	国家	公开量	公开量比例	被引数	被引数比例	平均被引数
1	美国科希伦激光公司	美国	17	3.87%	491	16.49%	28.88
2	美国康宁公司	美国	17	3.87%	297	9.97%	17.47
3	德国通快集团	德国	10	2.28%	55	1.85%	5.50
4	广东工业大学	中国	10	2.28%	26	0.87%	2.60
5	英诺激光股份有限公司	中国	10	2.28%	23	0.77%	2.30
6	北京理工大学	中国	9	2.05%	68	2.28%	7.56
7	华中科技大学	中国	9	2.05%	29	0.97%	3.22
8	通用电气公司	美国	8	1.82%	185	6.21%	23.13
9	清华大学	中国	8	1.82%	31	1.04%	3.88
10	西安交通大学	中国	8	1.82%	21	0.71%	2.63

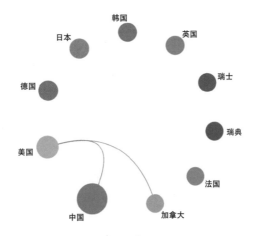

图 2.2.5 "超快激光跨尺度微纳制造技术"工程开发前沿主要国家间的合作网络

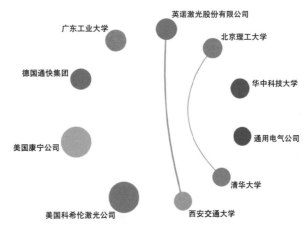

图 2.2.6 "超快激光跨尺度微纳制造技术"工程开发前沿主要机构间的合作网络

领域课题组人员

潘云鹤　孙凝晖　王耀南　魏毅寅　赵沁平
郑纬民

审核专家组:

组　长:潘云鹤　卢锡城

成　员(按姓氏拼音顺序):

第一组:姜会林　李天初　刘泽金　罗先刚
吕跃广　谭久彬　张广军

第二组:陈志杰　丁文华　段宝岩　苏东林
吴汉明　吴曼青　姚富强　余少华　张平

第三组:柴天佑　陈杰　费爱国　卢锡城

遴选专家组(按姓氏拼音顺序,标*为学科召集人):

第一组:陈麟　郝翔　何伟　江天
李雄　刘建国　陆振刚*　马耀光　单光存
宋瑛林　王丹　吴冠豪　肖定邦　杨俊
杨宗银　张福民　张晗*　张文喜

第二组:蔡一茂　陈晓明　范红旗　冯志红
刘安　刘雷波*　刘伟*　马军　施龙飞

田晓华 王海明 王 俊 魏敬和 吴 琦
易 伟 张 川 张建华* 张 睿 赵 博

第三组：包云岗* 陈 谋* 崔 巍 管乃洋
纪守领 康世胤 李华青 李志平 彭邵亮
石宣化 宋 闯 王红法 谢海斌 辛 斌
熊飞宇 杨 博 张广艳 张 辉 张拳石
张 岳

图情专家：

文 献：陈振英 李 红 赵惠芳 熊进苏
专 利：杨未强 梁江海 刘书雷 吴 集
徐海洋 宋 锐 霍凝坤 耿国桐

执笔组（按姓氏拼音顺序）：
研究前沿：

崔铁军 崔 巍 李 明 刘建国 宋 闯

宋瑛林 田 昕 辛 斌 曾永红 张 涛
张悠慧

开发前沿：

陈 谋 董晓文 李 斌 李晓炜 李亚超
刘华锋 刘伟平 王 希 魏敬和 文 力
邢 峣 张 超

工作组：
联络指导：

黄海涛 高 祥 张 佳 张纯洁 邓晃煌
王 兵
项目秘书：

翟自洋 谌群芳 杨未强 陈振英 霍凝坤
胡晓女

三、化工、冶金与材料工程

1 工程研究前沿

1.1 Top 11 工程研究前沿发展态势

化工、冶金与材料工程领域研判得到的 Top 11 工程研究前沿的核心论文情况见表 1.1.1 和表 1.1.2。其中，基于科睿唯安提供的核心论文聚类并结合专家研判，得出 4 个研究前沿，分别是"新型高性能陶瓷储能材料及电容器""高性能聚合物受体及其在柔性全聚合物太阳能电池中的应用""新型智能生物材料仿生设计与材料生物学理论"和"高催化活性纳米酶的设计与应用"。其他 7 个前沿则为专家提出。应用前景广阔的"快速自愈合高分子材料设计"备受科研人员关注，篇均引用达到 267.62 次；而与新能源相关的"新型高性能陶瓷储能材料及电容器"和"高性能聚合物受体及其在柔性全聚合物太阳能电池中的应用"也有较高引用；研发周期长的"极地船舶用低温钢等关键材料的研究"篇均引

用仅为 4.38 次，但其核心论文数近年来有增加的趋势；与"双碳"目标最为相关的研究"CO_2 合成多碳平台化合物"近年来核心论文出现下降趋势；与新能源相关的"新型高性能陶瓷储能材料及电容器"核心论文数无显著变化（表 1.1.2）。

（1）新型高性能陶瓷储能材料及电容器

全球化石能源的不断消耗以及日益严峻的环境问题，使得开发和利用高性能、环保型储能材料及器件成为当前研究热点。介质储能电容器具有高功率密度、快充放电速率、优异稳定性和低制造成本等优势，在电能的存储和运输方面具有广阔的应用前景。与传统的储能器件相比，陶瓷介电电容器在介电性能、击穿电场、温度稳定性以及抗疲劳性能等方面表现更为突出。然而，目前性能优异的介电储能陶瓷一般含有铅元素，造成较大的环境污染问题。随着世界各国对电子器件中含铅材料的限制，开发出环保型无铅陶瓷电介质电容器成为当前的重

表 1.1.1 化工、冶金与材料工程领域 Top 11 工程研究前沿

序号	工程研究前沿	核心论文数	被引频次	篇均被引频次	平均出版年
1	新型高性能陶瓷储能材料及电容器	80	11 828	147.85	2017.0
2	CO_2 合成多碳平台化合物	250	21 383	85.53	2016.4
3	核制氢耦合冶金技术研究	51	3 161	61.98	2016.7
4	高性能聚合物受体及其在柔性全聚合物太阳能电池中的应用	171	22 224	129.96	2017.2
5	低碳高效先进气体分离纯化材料设计和应用	261	21 148	81.03	2016.5
6	半导体光存储材料与器件研究	121	14 841	122.65	2017.0
7	快速自愈合高分子材料设计	151	40 410	267.62	2016.4
8	多相微观界面演变行为	212	10 128	47.77	2016.6
9	新型智能生物材料仿生设计与材料生物学理论	133	13 224	99.43	2017.1
10	极地船舶用低温钢等关键材料的研究	91	399	4.38	2018.3
11	高催化活性纳米酶的设计与应用	114	14 133	123.97	2017.4

表 1.1.2 化工、冶金与材料工程领域 Top 11 工程研究前沿核心论文逐年发表数

序号	工程研究前沿	2015	2016	2017	2018	2019	2020
1	新型高性能陶瓷储能材料及电容器	15	14	19	17	14	1
2	CO_2合成多碳平台化合物	71	74	55	28	19	3
3	核制氢耦合冶金技术研究	14	11	9	10	5	2
4	高性能聚合物受体及其在柔性全聚合物太阳能电池中的应用	28	37	38	28	27	13
5	低碳高效先进气体分离纯化材料设计和应用	75	60	65	43	14	4
6	半导体光存储材料与器件研究	29	20	21	27	21	3
7	快速自愈合高分子材料设计	15	10	17	27	19	63
8	多相微观界面演变行为	58	50	50	36	17	1
9	新型智能生物材料仿生设计与材料生物学理论	24	25	31	29	21	3
10	极地船舶用低温钢等关键材料的研究	6	7	9	24	23	22
11	高催化活性纳米酶的设计与应用	13	18	23	29	28	3

要研究方向。具有铁电、反铁电、压电等特性的非线性电介质材料，与传统的无铅线性电介质相比，其有效储能密度较大，储能效率相对较高，但还远未达到工程应用要求，需要不断优化其储能密度和储能效率。此外，随着新技术的快速发展，苛刻的使用环境要求陶瓷电容能够在宽温区内有稳定的性能，高效洁净电能的储存、运输、分配和使用要求储能器件向小型化和轻量化方向发展。因此，提高有效能量密度、储能效率和击穿场强，拓宽温度稳定区间，开发小型化和轻量化陶瓷储能电容器等是新型高性能储能陶瓷电容器材料的急需解决的核心问题。新型高性能储能陶瓷材料及电容器的开发涉及材料、物理和化学等学科的交叉研究，亟待多学科的深度融合，拓展新的研究路径，开发出高性能、环保型的陶瓷储能材料及器件。

（2）CO_2合成多碳平台化合物

随着人类社会工业化进程的推进，煤、天然气和石油等化石能源被过度消耗，人类向大气中排放过量的二氧化碳，造成能源危机和环境问题。如何将二氧化碳转化为高附加值的化工产品，实现人工碳循环，是人类亟须解决的问题之一。二氧化碳还原制备多碳平台化合物是指利用可再生能源生产的

绿氢、可再生能源提供的清洁电力或太阳能等将二氧化碳还原转化为多碳产物（乙醇、乙烯、长链烷烃等）的技术，是零碳排放甚至负碳过程的实现。二氧化碳还原制备多碳产物（C_{2+}）的研究目前集中在以下4个方面：① 不同反应体系高效催化材料的理性设计和可控合成，实现优异的催化性能，并基于催化机理的深入研究建立有效的构效关系；② 二氧化碳反应体系原位表征手段的研究与开发，利用原位电镜技术、原位光谱技术、原位同步辐射技术等捕获和监测实际反应过程中间物种变化状态及催化结构的演变；③ 对不同反应体系中反应器的合理设计和结构优化，增强反应传质过程和减少使用能量损失；④ 基于市场价格、工艺水平和多维模型等因素，进行生命周期评估及经济性分析，为工业化应用提供指导。

（3）核制氢耦合冶金技术研究

氢气是一种清洁燃料和优良的还原剂，用氢取代碳对铁矿石进行还原的氢冶金技术，可减少由于碳还原造成的二氧化碳排放，被认为是真正可实现的低碳或无碳冶金技术。能够规模经济地供给氢气，是氢冶金发展的前提和基础。目前世界上工业应用的制氢方法以化石燃料重整为主，难以满足氢冶金

对氢气制备高效、大规模、无碳排放的需求。核能制氢利用核反应堆产生的热作为一次能源，从含氢元素的物质水制备氢气，具有不产生温室气体、高效率、大规模等优点，是未来氢气大规模供应的重要解决方案。核制氢耦合冶金技术将核能－制氢－冶金技术深度耦合，是具有革命性的重大交叉创新。该技术未来的研究重点包含两大方面：一是核能制氢方面，重点方向包括高温热化学循环分解水制氢工艺、利用核电与核热的高温蒸气电解制氢工艺；二是氢冶金方面，重点方向包括富氢高炉还原工艺、氢冶金直接还原工艺和氢冶金熔融还原工艺。

（4）高性能聚合物受体及其在柔性全聚合物太阳能电池中的应用

全聚合物太阳能电池（all-PSCs）在低成本、可穿戴、便携式能源器件的应用上的优势尤为突出，这主要得益于其在溶液加工、形貌稳定、机械柔性等方面的优势。然而在长时间内，高性能聚合物受体材料的缺乏以及由此造成的器件低能量转换效率（PCEs）成了该研究走向商业化应用的最大障碍。2017 年，中国科学院化学研究所的研究团队提出了一种"小分子受体聚合物化"（PSMA）的新策略，该策略在保留了小分子受体（SMAs）强吸收优点的同时，还拥有聚合物在成膜性好、柔性好和稳定性好等方面的潜在优势。为此，PSMA 在 all-PSCs 的应用上具有诸多优势，更为重要的是，它打破了限制 all-PSCs 性能提升的主要瓶颈，即长波长方向弱吸光问题。近年来，PSMA 概念受到了高度关注，迅速将 all-PSCs 器件效率提升到 17% 以上，同时还构筑了高性能柔性 all-PSCs 器件，也显示出其在稳定性、柔性方面的突出优势。目前，PSMA 已发展成为一个重要的前沿研究领域。但面向应用该领域仍需解决以下科学问题：① 材料合成方法上的创新，以实现低成本 PSMA 材料的绿色合成，以及与之匹配的聚合物给体材料的合成；② all-PSCs 形貌的进一步优化以及能量损失的进一步降低；③ 柔性器件的构筑以及与

其他功能性器件的集成，以充分发挥 all-PSCs 在可穿戴、便携式能源器件上的优势。

（5）低碳高效先进气体分离纯化材料设计和应用

气体分离在能源和环境等工业生产中具有重要作用。通常，该过程包括多种分离体系如氢气 / 甲烷分离、二氧化碳捕获、一氧化碳移除以及燃料气体脱硫等。然而，传统分离方法（如低温分离、变压吸附和化学吸收等工艺）存在能耗高等问题，因此高效节能、绿色环保的新型分离方法（如离子液体吸收、新型吸附剂吸附和微孔膜分离等）逐渐成为研究重点。其中，开发新型吸附和膜分离材料成为一个重要的前沿研究领域，例如碳基吸附剂、沸石分子筛和共价 / 金属有机框架的新型微孔和介孔材料，这主要得益于它们在比表面积、孔径、化学性质和稳定性方面的优异性能。设计和开发新材料的关键科学挑战是提高分子尺度的控制合成水平以及发展现代表征和计算方法，帮助支持、指导新材料的大规模筛选以及高通量合成与表征，从而进一步细化确定最有前途的结构。

（6）半导体光存储材料与器件研究

半导体光存储技术是利用基于半导体材料的光电子器件将外界光信号转变成电信号，从而实现光信号的高效存储。这种类型的光电子存储器件既具有电学存储器的高集成度、多功能化、与 CMOS 工艺兼容的特点，又具有光学器件的运算速度快、能耗低、串扰小、高互联带宽等优点，在神经形态计算中具有更加诱人的应用前景。基于半导体材料的光电子存储器件正处于快速发展阶段，其面临的主要挑战在于如何用低维半导体材料同时将光信号转变成电信号并利用光信号实现数据存储、运算等。目前半导体光存储材料与器件的研究主要聚焦在低维半导体光存储材料的筛选制备、半导体光存储新机理探索与基于光电子存储器件的人工视觉系统技术等，重点关注材料表面低维结构缺陷化学与光电子存储器性能的内在关联。

（7）快速自愈合高分子材料设计

快速自愈合高分子材料是指在受到损伤后可以自发地或通过刺激实现损伤部位的快速修复的材料。自愈合能够延长聚合物材料的使用寿命、降低维护成本、减少原料浪费和提高材料在使用过程中的可靠性。自愈合高分子材料在柔性电子皮肤、组织工程和智能材料等方面备受关注。本征型自修复高分子材料是自愈合高分子材料的主要研究方向，其主要设计路线有两种：一是在聚合物网络中引入动态共价交联（如二硫键、动态硼酸酯键、DA 反应和席夫碱反应等）；二是在聚合物网络中引入非共价交联作用（如氢键、金属配位相互作用、静电相互作用和主客体相互作用等）。目前，自愈合高分子材料的主要问题是自愈合条件苛刻以及大量引入具有自愈合功能的基团带来的物理机械性能的损失。因此，制备自愈条件温和、协同自愈和高强度的自愈合高分子材料是未来的重要发展方向。同时，对自愈合高分子材料的内在结构－性能关系以及潜在的愈合机制和分子动力学过程的研究仍处于起步阶段。此外，自愈合高分子材料的挑战是所制备的自修复网络具有和生命体一样的新陈代谢的特征。未来研究的最终目标是制造类生物有机体材料：具有自主性和适应性，像生物有机体的编码分子一样能够决定自身生长和结构组装来响应环境。

（8）多相微观界面演变行为

多相系统中界面性质和界面行为往往影响着化工过程中的传质、传热、动量传递、分离和反应。界面行为是指发生在相界面上的各种物理、化学过程而引起的界面行为。在众多过程中多相微观界面演变行为至关重要，它既涉及界面区内物质的化学组成、物理结构和电子状态，又与界面两边的主体相物质的性质有关。多种微观界面演变行为主要涉及相界面破碎和聚并、液膜薄化和断裂、界面传质和富集，以及界面波动和毛细波传播。因此，研究不同体系下的界面现象与行为有助于从本质上来认知化工过程的客观规律，对化工反应和工业分离过程的设计和优化意义重大。此外，在材料制造技术领域中也涉及相界面间的物理化学变化问题，应用界面化学规律和界面物性可改善工艺条件和开拓新的技术领域。目前，相关的前沿研究包括以下几个方面：污染物界面行为调控技术及其应用；多相反应体系的微界面反应强化与构－效调控；纳米流体界面行为理论研究与模型开发；基于界面行为的材料设计与结构优化；原位技术驱动颗粒的界面定向自组装。

（9）新型智能生物材料仿生设计与材料生物学理论

生物材料与生物学之间的联系十分密切，由于二者的相互依存关系从而衍生出了"材料生物学"理论，它是一门研究生物材料特性对细胞、组织、器官和整个生物体水平的生物学功能的生物学效应的科学学科。材料生物学原理将有助于开发新型智能生物材料，了解材料与生物相互作用的基本机制可以为其他先进仿生材料的设计提供思路。大多数传统材料在临床使用时常常被作为"静态材料"。为了应对更复杂的疾病治疗，未来将开发出具有"智能"或"刺激响应"属性的生物材料，具有广阔的应用前景。因为它们具有自我可变性动态特性，对环境的微小变化高度敏感，这将使它们能够用于细胞恢复、分离、纳米医学和疾病治疗等应用。目前，相关的前沿研究包括以下几个方面：pH 响应性智能凝胶材料、动态化学响应性生物材料、多元响应性药物缓控释体系、诊断用人工细胞膜与仿生治疗系统、表面识别响应仿生材料等。生命科学与材料科学相融合，以生物体为目标，在不同层次和水平上仿生，才能使材料与系统智能化和环境友好化。这将为智能生物材料的发展提供新机遇，孕育着新的材料生物学理论、新型智能仿生材料、及由此衍生出的各种新型先进治疗技术。

（10）极地船舶用低温钢等关键材料的研究

随着全球气候变暖加剧，极地地区开发难度逐渐降低，各国在极地资源开发的竞争日趋激烈，带

动了极地船舶装备的需求和发展。极地船舶长期面临超低温的恶劣服役环境，对钢材的要求极高，由于冰层接触线以下的船体部分必须承受冰层的反复撞击，因此所用钢材必须具备足够的低温韧性、强度、可焊接性、疲劳强度等。在极地船舶用低温钢研制方面，俄罗斯、日本、韩国、芬兰等国处于领先地位。近年来，依托"雪龙"号极地科考破冰船的建设，中国在极地船舶用低温钢等关键材料研发和应用上取得了突破，为极地船舶用低温钢的发展打下了基础。但是中国对厚度大于 80 mm 的 E、F 级及更高级别低温钢的生产还存在一定困难，对低温钢在极地的应用评价技术研究不足，对特厚规格低温钢低温韧性和强度机理的研究偏少。随着各国对极地战略的重视，为船舶用低温钢的研发提供了广阔的前景，对材料的各项性能指标也提出了更高的要求。未来极地船舶用低温钢的研究需要考虑以下几个方面：① 船舶用低温钢需要具有较好的强韧性匹配和止裂性能来适应恶劣的航行条件，保证船舶在低温环境下的航行安全；② 船舶用低温钢还需要通过提高强度达到减轻自重、增加载重量、提高船速的目的；③ 为了提高生产效率，降低生产成本并适于恶劣环境下的简易维修，船舶用低温钢必须满足低温韧性和大线能量焊接的性能；④ 配套焊接材料及焊接工艺、超低温断裂行为评价等也是未来研究的重点。

（11）高催化活性纳米酶的设计与应用

纳米酶是在温和条件下模拟天然酶催化功能，并遵循天然酶催化动力学的功能纳米材料。纳米酶兼具拟酶催化和多相催化特性，是连接酶催化和多相催化的桥梁。纳米酶作为一种纳米催化材料，与天然酶相比，具有制备纯化过程简便、稳定性高、重复使用性能好的优势，可以在较严苛工况下完成高效催化反应，因此在分析检测、生物医药、环境修复等天然酶耐受性差的应用环境中具有重要应用价值。纳米酶为研究纳米材料的生物功能提供了新的视角。未来纳米酶的研究将重点突破以下几个方

面：多种类型纳米酶催化反应的拓展，尤其是实现天然酶所不能催化的反应；催化活性位点的精确解析，实现关键催化机理的深入阐述；催化活性位点的拟酶化学设计，提高催化效率和催化选择性。

1.2 Top 3 工程研究前沿重点解读

1.2.1 新型高性能陶瓷储能材料及电容器

随着全球经济快速发展，能源消耗急剧增加，带来了全球化石能源危机及气候变化、环境污染等问题。因此，必须开发清洁及可再生能源，构建清洁低碳、安全高效的能源体系，使其在能源体系中逐渐占据主导地位。然而，可再生能源的高效便捷利用对能源存储提出了严苛的要求，使得能源储存已成为全球发展的重点问题。理想的电能存储技术应该同时具有高能量密度和高功率密度的优点，并且环境友好、经济可行、使用可靠。目前，常用的电能储存装置主要有电池、电化学电容器、电介质储能电容器。相较于前两种电能储存装置，电介质储能电容器拥有功率密度较高、充放电过程短、应用电压高等优点，在电力电子、新能源汽车、航空航天和尖端技术等领域显示出巨大的应用前景。目前用于电介质储能电容器的材料主要有陶瓷基材料和聚合物基材料。其中，介质陶瓷具有较大的介电常数、较低的介电损耗、适中的击穿电场、较好的温度稳定性、良好的抗疲劳性能的优点，是储能材料中优秀的候选者。例如，具有高储能密度和高可靠性的电介质储能材料在高能脉冲功率技术等领域有着几乎不可替代的应用。然而，目前报道的有优异储能性能的介电陶瓷几乎都含有对人体及环境具有极大危害的铅元素，因此，具有高储能密度的无铅新型储能陶瓷材料成为研究重点。

在新型储能陶瓷材料这一研究领域主要核心方向是具有铁电、反铁电、压电等特性的非线性电介质材料，主要涉及钛酸铋钠基 $(Na_{0.5}Bi_{0.5}TiO_3)$、钛酸钡基 $(BaTiO_3)$ 及铌酸银基 $(AgNbO_3)$ 等陶瓷材料。

与传统的无铅陶瓷线性电介质相比，其有效储能密度较大，储能效率相对较高。此外，由于无铅介电陶瓷的密度明显小于铅基陶瓷的密度，在相同储能密度的条件下，其更容易满足储能电容器小型化、集成化的要求。但目前大多数的无铅电介质储能陶瓷材料的储能密度还远未达到令人满意的工业应用要求。

目前，高性能无铅电介质储能陶瓷材料的研究主要聚焦于解决提高有效能量密度、储能效率和击穿场强，拓宽温度稳定区间，开发小型化和轻量化陶瓷储能电容器等关键问题。主要涉及以下几个方面：① 开发具有较大有效储能密度及储能效率的新型无铅电介质储能陶瓷材料；② 通过掺杂制备弛豫型反铁电陶瓷材料，获得较高的有效储能密度和储能效率；③ 开发新工艺，制备超细陶瓷材料粉体，提高材料的致密度，减小晶粒尺寸，提高介质陶瓷的击穿场强等。新型高性能储能陶瓷材料及电容器开发涉及材料、物理和化学等学科的交叉研究，然而，目前核心研究人员主要集中于铁电、压电和介电材料领域，亟待多学科的深度融合，拓展新的研究路径，开发出高性能、环保型的陶瓷储能材料及器件。

近年来，"新型高性能陶瓷储能材料及电容器"研究的核心论文的主要产出国家及机构分别见表1.2.1和表1.2.2。其中，主要核心论文产出国家中，中国位居第一，核心论文72篇，远远多于美国、英国、澳大利亚等国家。主要核心论文产出机构中，西安交通大学以21篇核心论文位居第一，清华大学、中国科学院以及同济大学次之。由表1.2.3可知，核心论文施引国排名前三的分别是中国、美国和印度；而表1.2.4表明西安交通大学、中国科学院和清华大学是施引核心论文的主要机构。主要国家、机构间的合作情况分别见图1.2.1和1.2.2。在相关研究国家中，中国-美国、中国-英国以及中国-澳大利亚的合作最多，美国-英国、美国-澳大利亚等国家之间也有合作（图1.2.1）。相关机构之间的合作也比较多（图1.2.2）。

1.2.2　CO_2合成多碳平台化合物

随着化石能源的过度消耗，不仅造成能源危机，而且排放过量的CO_2，对生态系统产生严重的影响。因此，中国政府提出"双碳"战略目标，通过对二氧化碳进行减排、捕集、封存和利用可抑制其过快增长，并改进相关技术实现碳中和。将CO_2催化转

表1.2.1　"新型高性能陶瓷储能材料及电容器"工程研究前沿中核心论文的主要产出国家

序号	国家	核心论文数	论文比例	被引频次	篇均被引频次	平均出版年
1	中国	72	90.00%	10 168	141.22	2017.1
2	美国	12	15.00%	2 541	211.75	2017.0
3	英国	10	12.50%	1 370	137.00	2017.2
4	澳大利亚	9	11.25%	1 962	218.00	2018.0
5	捷克	2	2.50%	266	133.00	2018.5
6	德国	2	2.50%	169	84.50	2016.0
7	韩国	1	1.25%	189	189.00	2018.0
8	俄罗斯	1	1.25%	173	173.00	2016.0
9	巴基斯坦	1	1.25%	169	169.00	2018.0
10	瑞典	1	1.25%	162	162.00	2018.0

表 1.2.2 "新型高性能陶瓷储能材料及电容器"工程研究前沿中核心论文的主要产出机构

序号	机构	核心论文数	论文比例	被引频次	篇均被引频次	平均出版年
1	西安交通大学	21	26.25%	3 835	182.62	2017.2
2	清华大学	15	18.75%	2 451	163.40	2017.4
3	中国科学院	12	15.00%	1 536	128.00	2017.8
4	同济大学	10	12.50%	1 116	111.60	2017.2
5	伍伦贡大学	8	10.00%	1 833	229.12	2018.0
6	陕西科技大学	8	10.00%	914	114.25	2017.9
7	宾夕法尼亚州立大学	7	8.75%	1 948	278.29	2016.7
8	中国人民解放军空军工程大学	5	6.25%	822	164.40	2017.0
9	谢菲尔德大学	5	6.25%	693	138.60	2017.8
10	华中科技大学	5	6.25%	644	128.80	2017.0

表 1.2.3 "新型高性能陶瓷储能材料及电容器"工程研究前沿中施引核心论文的主要产出国家

序号	国家	施引核心论文数	施引核心论文比例	平均施引年
1	中国	2 660	64.64%	2019.0
2	美国	418	10.16%	2018.9
3	印度	253	6.15%	2019.4
4	英国	167	4.06%	2019.0
5	德国	127	3.09%	2019.0
6	韩国	123	2.99%	2019.0
7	澳大利亚	121	2.94%	2019.1
8	日本	89	2.16%	2019.2
9	法国	62	1.51%	2018.8
10	泰国	48	1.17%	2018.9

表 1.2.4 "新型高性能陶瓷储能材料及电容器"工程研究前沿中施引核心论文的主要产出机构

序号	机构	施引核心论文数	施引核心论文比例	平均施引年
1	西安交通大学	330	18.73%	2019.0
2	中国科学院	269	15.55%	2018.9
3	清华大学	228	12.94%	2018.8
4	同济大学	152	8.63%	2018.9
5	陕西科技大学	144	8.17%	2019.0
6	宾夕法尼亚州立大学	131	7.43%	2018.6
7	武汉理工大学	124	7.04%	2019.0
8	西北工业大学	93	5.28%	2018.9
9	四川大学	93	5.28%	2019.2
10	华中科技大学	86	4.97%	2019.0

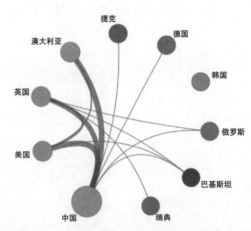

图 1.2.1　"新型高性能陶瓷储能材料及电容器"工程研究前沿主要国家间的合作网络

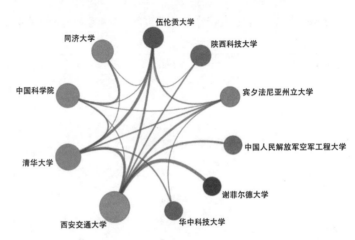

图 1.2.2　"新型高性能陶瓷储能材料及电容器"工程研究前沿主要机构间的合作网络

化为多碳平台化合物，是碳捕集与资源化利用的重要方向，具有重要的研究意义、经济价值和工业化前景。但是由于 CO_2 分子具有极高的热力学稳定性，导致其活化和 $C=O$ 断键成为碳转化领域一个难题。同时，由于多碳产物经历 $C—C$ 键的耦合过程，如何有效地实现 $C—C$ 键的形成和控制耦合程度也成为碳转化领域的研究难点。

利用可再生能源作为反应的能量驱动，催化二氧化碳定向转化为高附加值的含碳产品，建立人工碳循环的途径，有望实现零碳排放或负碳过程的目标。到目前为止，各类催化技术将二氧化碳转化为多碳产物的研究仍有限，多数研究集中在 C_1 产品。其中，热催化二氧化碳转化为多碳产品是研究最深入的二氧化碳转化技术，但也存在产物的选择性不高和产率较低等问题。目前的研究主要集中在以下几个方面。①制备新型催化材料，提高对于多碳产品的选择性与活性。热催化体系中主要集中在合理设计双功能催化剂，包括金属纳米颗粒与沸石分子筛复合、金属氧化物（ ZnO 、 Ga_2O_3 等）和沸石分子筛（SAPO-34、ZSM-5 等）复合以及一些特定结构催化剂（核壳结构等）。而电催化体系中研究最多的是 Cu 基材料，包括形貌结构、掺杂元素、

表/界面设计等形式,提升电化学反应动力学,提高电极材料比表面积和电导率,从而有效提高体系的多碳产率和稳定性。②针对二氧化碳转化体系开发原位表征手段,包括原位电镜技术(STEM、TEM等)、原位光谱技术(红外光谱、拉曼光谱等)和原位同步辐射技术(XAS等)等。2021年 *Nature* 期刊发表了直接原位观测电催化过程的研究工作,通过原位扫描探针和X射线显微镜技术的联用,对单晶 β-Co(OH)$_2$ 片状粒子的析氧活性与局部可调的结构之间建立关联,揭示了体相离子插入与表面催化活性的动态关系。③不同体系中反应条件优化,合理的反应器设计及结构创新。工业上固定床、流化床和膜反应器等均有使用,但针对不同的体系中需要进行强化与创新。④对于二氧化碳转化技术,综合考虑原料、生产工艺和工程设备等因素,进行生命周期评估及经济性分析,为工业化应用提供基础。

2015年以来,"CO$_2$合成多碳平台化合物"前沿核心论文的主要产出国家及机构分别见表1.2.5和表1.2.6,主要国家及机构间的合作情况分别见图1.2.3和图1.2.4。其中,核心论文的主要产出国家中,中国占较大优势;中国科学院以34篇核心论文位居主要产出机构第一。在相关研究国家中,中国和美国的合作关系最多,中国-英国、中国-日本、美国-加拿大之间也有密切合作(图1.2.3)。机构之间的合作在国家内部更为紧密,例如美国橡树岭国家实验室和田纳西大学之间、韩国化学技术研究院和釜山大学之间(图1.2.4)。根据表1.2.7,核心论文施引国排名前三的分别是中国、美国和德国;表1.2.8表明中国科学院和天津大学是施引论文的主要产出机构。

1.2.3 核制氢耦合冶金技术研究

核制氢耦合冶金技术是一项具有革命性的重大交叉创新技术,其利用高温气冷堆为钢铁冶金过程提供氢气、电力和热力,开发以氢替碳的氢冶金技术,实现核能-制氢-冶金技术的深度耦合,若探索成功,将引领世界核能与冶金行业发展的新趋势。

目前,全球各大钢铁公司正在大力布局氢冶金研究开发,但是规模经济地制取氢气成为当前氢冶金发展的瓶颈。欧洲正在开展利用可再生能源(如风电、太阳能发电等)电解水制氢,并应用于铁矿石直接还原,希望实现无化石能源的钢铁生产。当前电解水制氢产氢效率较低,制氢成本较高,大规模应用于冶金行业不具备经济可行性。

表1.2.5 "CO$_2$合成多碳平台化合物"工程研究前沿中核心论文的主要产出国家

序号	国家	核心论文数	论文比例	被引频次	篇均被引频次	平均出版年
1	中国	115	46.00%	8 116	70.57	2016.6
2	美国	50	20.00%	4 487	89.74	2016.3
3	德国	23	9.20%	3 733	162.30	2016.2
4	韩国	16	6.40%	1 264	79.00	2016.4
5	日本	14	5.60%	1 375	98.21	2016.1
6	英国	11	4.40%	748	68.00	2017.5
7	澳大利亚	9	3.60%	683	75.89	2016.8
8	西班牙	9	3.60%	631	70.11	2017.0
9	加拿大	8	3.20%	625	78.12	2016.6
10	法国	7	2.80%	686	98.00	2015.7

表 1.2.6 "CO_2 合成多碳平台化合物"工程研究前沿中核心论文的主要产出机构

序号	机构	核心论文数	论文比例	被引频次	篇均被引频次	平均出版年
1	中国科学院	34	13.60%	2 604	76.59	2016.5
2	橡树岭国家实验室	7	2.80%	544	77.71	2016.3
3	布鲁克海文国家实验室	6	2.40%	1 041	173.50	2016.7
4	田纳西大学	6	2.40%	392	65.33	2016.5
5	中山大学	6	2.40%	370	61.67	2016.5
6	慕尼黑理工大学	5	2.00%	589	117.80	2016.4
7	新加坡国立大学	5	2.00%	514	102.80	2016.4
8	韩国化学技术研究院	5	2.00%	505	101.00	2016.4
9	釜山大学	5	2.00%	471	94.20	2016.2
10	浙江大学	5	2.00%	296	59.20	2016.2

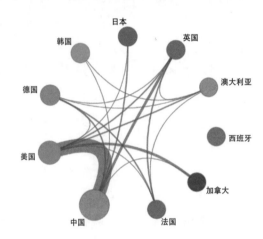

图 1.2.3 "CO_2 合成多碳平台化合物"工程研究前沿主要国家间的合作网络

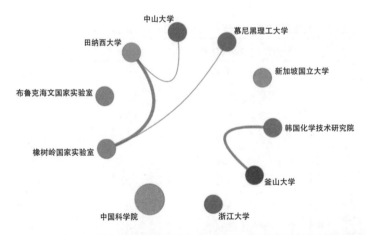

图 1.2.4 "CO_2 合成多碳平台化合物"工程研究前沿主要机构间的合作网络

表 1.2.7 "CO$_2$ 合成多碳平台化合物"工程研究前沿中施引核心论文的主要产出国家

序号	国家	施引核心论文数	施引核心论文比例	平均施引年
1	中国	7 069	49.98%	2018.9
2	美国	1 761	12.45%	2018.7
3	德国	846	5.98%	2018.7
4	印度	733	5.18%	2019.0
5	韩国	687	4.86%	2018.9
6	英国	653	4.62%	2018.9
7	日本	582	4.12%	2018.8
8	澳大利亚	516	3.65%	2019.0
9	西班牙	468	3.31%	2018.6
10	伊朗	426	3.01%	2018.9

表 1.2.8 "CO$_2$ 合成多碳平台化合物"工程研究前沿中施引核心论文的主要产出机构

序号	机构	施引核心论文数	施引核心论文比例	平均施引年
1	中国科学院	1 282	40.45%	2018.8
2	天津大学	265	7.58%	2019.2
3	大连理工大学	243	6.95%	2018.9
4	南开大学	192	5.49%	2018.6
5	清华大学	183	5.23%	2018.8
6	中国科技大学	177	5.06%	2019.1
7	华南理工大学	177	5.06%	2018.7
8	浙江大学	175	5.00%	2018.8
9	华中科技大学	167	4.78%	2018.7
10	北京化工大学	164	5.18%	2019.3

核能制氢具有不产生温室气体、以水为原料、高效率、大规模等优点,被认为是未来氢气大规模供应的重要解决方案。目前,美国、日本、韩国、法国等都在开展核能制氢的研究。韩国钢铁公司 POSCO 在 2009 年参与了韩国原子能研究院开展的核能制氢研究,并在氢还原高炉炼铁技术上进行了试验。中国从 2005 开始核能制氢技术的研究,2019 年中国宝武钢铁集团有限公司(简称中国宝武)、中国核工业集团有限公司和清华大学等签署协议共同开展核氢冶金项目研究。总体上来看,核制氢耦合冶金技术还处于早期探索研究阶段,但已获得国内外冶金和核能行业的广泛关注,具有广阔的应用前景。

未来该技术的研究重点包含核能制氢和氢冶金两大方面。在核能制氢方面,第四代核能技术超/高温气冷堆由于具有固有安全性、高出口温度、功率适宜等特点,被公认为最适合核能制氢的堆型。重点研究的制氢技术方向包括利用高温气冷反应堆出口核热的碘硫热化学循环分解水制氢工艺、混合硫循环分解水制氢工艺,以及利用核电与核热的高温蒸气电解制氢工艺。在氢冶金方面,重点研究方向包括富氢高炉还原工艺、氢冶金直接还原工艺和氢冶金熔融还原工艺。欧洲的研究主要以氢基竖炉直接还原工艺为主，我国钢铁生产以高炉－转炉长流程占绝对主力，未来应重点研究富氢高炉还原工艺和氢基竖炉直接还原工艺。

近年来，"核制氢耦合冶金技术研究"的核心论文主要产出国家前四名分别为加拿大、美国、土耳其和中国。其中，加拿大产出核心论文占比33.33%。篇均被引频次排名前三的国家为澳大利亚、美国和土耳其（表1.2.9）。产出机构在土耳其的比较多（表1.2.10）。土耳其和加拿大之间的合作

最多，美国和澳大利亚之间的合作也较多（图1.2.5）。土耳其不同机构之间有一些合作（图1.2.6）。施引核心论文最多的国家是中国，施引核心论文比例达到30.83%，美国的施引核心论文比例为13.63%（表1.2.11）。根据论文的施引情况来看，核心论文产出国排名前四的国家施引核心论文数也比较多，其中中国施引核心论文数排名第一，说明中国学者对该前沿的研究动态保持密切的关注和跟踪。中国机构中，施引核心论文产出最多的机构是中国科学院，其次是东北大学、清华大学，施引核心论文比例均超过10%（表1.2.12）。

表1.2.9 "核制氢耦合冶金技术研究"工程研究前沿中核心论文的主要产出国家

序号	国家	核心论文数	论文比例	被引频次	篇均被引频次	平均出版年
1	加拿大	17	33.33%	940	55.29	2016.9
2	美国	7	13.73%	550	78.57	2016.7
3	土耳其	7	13.73%	442	63.14	2017.7
4	中国	7	13.73%	175	25.00	2016.0
5	马来西亚	4	7.84%	194	48.50	2016.2
6	澳大利亚	3	5.88%	391	130.33	2015.7
7	德国	3	5.88%	70	23.33	2016.3
8	孟加拉国	2	3.92%	121	60.50	2017.0
9	埃及	2	3.92%	106	53.00	2017.0
10	英国	2	3.92%	87	43.50	2017.5

表1.2.10 "核制氢耦合冶金技术研究"工程研究前沿中核心论文的主要产出机构

序号	机构	核心论文数	论文比例	被引频次	篇均被引频次	平均出版年
1	安大略理工大学	14	27.45%	814	58.14	2017.2
2	伊尔迪兹科技大学	3	5.88%	200	66.67	2018.0
3	昆士兰大学	2	3.92%	354	177.00	2015.5
4	花园城市大学	2	3.92%	212	106.00	2018.5
5	曼苏拉大学	2	3.92%	106	53.00	2017.0
6	卡拉比克大学	2	3.92%	103	51.50	2017.5
7	马来西亚理工大学	2	3.92%	73	36.50	2015.5
8	中国科学院	2	3.92%	57	28.50	2015.5
9	法赫德国王石油与矿业大学	2	3.92%	51	25.50	2015.5
10	东北大学	2	3.92%	48	24.00	2015.0

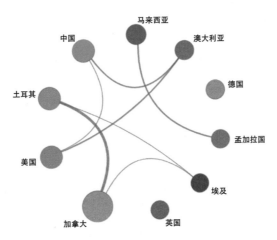

图 1.2.5 "核制氢耦合冶金技术研究"工程研究前沿主要国家间的合作网络

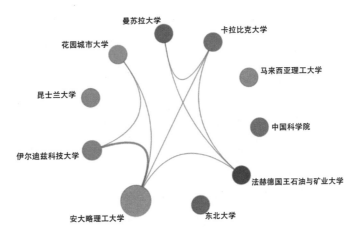

图 1.2.6 "核制氢耦合冶金技术研究"工程研究前沿主要机构间的合作网络

表 1.2.11 "核制氢耦合冶金技术研究"工程研究前沿中施引核心论文的主要产出国家

序号	国家	施引核心论文数	施引核心论文比例	平均施引年
1	中国	715	30.83%	2019.3
2	美国	316	13.63%	2019.1
3	加拿大	192	8.28%	2019.0
4	英国	169	7.29%	2019.3
5	德国	169	7.29%	2019.0
6	土耳其	156	6.73%	2019.1
7	韩国	132	5.69%	2019.5
8	伊朗	132	5.69%	2019.3
9	印度	117	5.05%	2019.2
10	意大利	114	4.92%	2019.0

表 1.2.12 "核制氢耦合冶金技术研究"工程研究前沿中施引核心论文的主要产出机构

序号	机构	施引核心论文数	施引核心论文比例	平均施引年
1	安大略理工大学	83	17.51%	2018.6
2	中国科学院	60	13.39%	2019.3
3	东北大学	52	11.50%	2018.9
4	清华大学	51	11.28%	2018.8
5	伊尔迪兹科技大学	48	10.62%	2018.8
6	北京科技大学	34	7.52%	2019.1
7	德黑兰大学	33	7.30%	2019.2
8	东京大学	32	7.08%	2019.1
9	德国尤里希研究中心	29	6.42%	2018.5
10	伦敦帝国理工学院	28	6.25%	2019.8

2 工程开发前沿

2.1 Top 11 工程开发前沿发展态势

化工、冶金与材料工程领域研判得到的 Top 11 工程开发前沿见表 2.1.1。其中"工业废气的深度净化与资源化利用""可穿戴柔性智能系统的整体设计及应用""新型绿色智能二次电池中关键材料的研发及系统应用""生物基可降解聚酯橡胶材料"和"高强度耐腐蚀新型轻合金材料制备及应用"是基于科睿唯安提供的核心专利聚类得出，另外 6 个开发前沿为专家提出。"低成本高效率钙钛矿太阳能电池的产业化"作为新兴的能源技术，其专利被引用次数并不高（表 2.1.1），但核心专利数呈现明显上升趋势（表 2.1.2）。"新型绿色智能二次电池中关键材料的研发及系统应用"仍然是受到广泛关注的方向，其专利篇均引用高，达到 10.3 次，近年来核心专利数量仍然没有减少。"高强度耐腐蚀新型轻合金材料制备及应用"平均被引用次数达到 14.19 次，但其核心专利数呈现下降趋势。

（1）低成本高效率钙钛矿太阳能电池的产业化

基于有机－无机杂化体系的新型钙钛矿太阳能电池具备转换效率高、生产成本低等优点，是第三代光伏技术中最有希望实现产业化的技术之一。钙钛矿可以通过低温溶液法制备的特性，有效降低生产过程中的碳排放，因此钙钛矿太阳能电池的产业化对于进一步推动光伏产业的节能减排具有重要意义。目前，钙钛矿太阳能电池的产业化研究在全球范围内得到了学术界和产业界越来越多的关注与投入，中国、美国和欧盟等主要光伏产出与消费国家和地区均将钙钛矿列入未来重点支持的光伏技术目录。目前，钙钛矿光伏的产业化前沿方向主要集中在以下两点：开发适用于大面积、流水线化生产的高效率光伏面板制备技术、钙钛矿光伏组件的封装技术与稳定性研究；与硅光伏相结合的硅－钙钛矿叠层太阳能技术开发。

（2）工业废气的深度净化与资源化利用

工业废气主要指电力、钢铁、建材、焦化等行业在燃料燃烧和生产工艺过程中排放的含有多种污染物的气体总称。工业废气排放会造成酸雨、雾霾、臭氧层空洞、温室效应、光化学烟雾等一系列问题，严重威胁生态环境和人类发展。开发经济、有效的工业废气深度净化技术对缓解环境与生态问题尤为重要。经过数十年的发展，静电除尘、湿法脱硫、选择性催化还原脱硝等技术已相对成熟，并广泛应用于电力生产行业。目前的污染物脱除设备基本针对单一污染物，且采用串联的布置方式，脱除系统占地面积大、施工难度、运行成本较高。因此，工

表 2.1.1　化工、冶金与材料工程领域 Top 11 工程开发前沿

序号	工程开发前沿	公开量	引用数	平均被引数	平均公开年
1	低成本高效率钙钛矿太阳能电池的产业化	1 303	1 682	1.29	2018.73
2	工业废气的深度净化与资源化利用	1 472	1 566	1.06	2017.14
3	大尺寸均质化高熵合金制备技术	899	2 861	3.18	2018.52
4	绿色低碳冶金关键工艺技术开发及应用	984	1 539	1.56	2016.96
5	可穿戴柔性智能系统的整体设计及应用	449	1 318	2.94	2017.82
6	新型绿色智能二次电池中关键材料的研发及系统应用	675	6 955	10.3	2016.22
7	生物基可降解聚酯橡胶材料	1 115	1 598	1.43	2017.86
8	多尺度功能材料超快激光精密制造技术开发与应用	622	6 141	9.87	2016.68
9	先进氨能源燃料电池系统的设计开发及其应用	501	3 533	7.05	2016.15
10	高强度耐腐蚀新型轻合金材料制备及应用	442	6 272	14.19	2016.95
11	极端服役环境下关键金属材料的开发与应用	640	834	1.30	2017.73

表 2.1.2　化工、冶金与材料工程领域 Top 11 工程开发前沿专利逐年公开量

序号	工程开发前沿	2015	2016	2017	2018	2019	2020
1	低成本高效率钙钛矿太阳能电池的产业化	21	101	166	208	342	342
2	工业废气的深度净化与资源化利用	213	402	168	188	194	240
3	大尺寸均质化高熵合金制备技术	28	54	75	170	256	292
4	绿色低碳冶金关键工艺技术开发及应用	96	112	120	129	112	193
5	可穿戴柔性智能系统的整体设计及应用	35	71	77	77	88	94
6	新型绿色智能二次电池中关键材料的研发及系统应用	82	98	78	73	76	128
7	生物基可降解聚酯橡胶材料	101	133	185	166	168	206
8	多尺度功能材料超快激光精密制造技术开发与应用	65	56	67	106	104	101
9	先进氨能源燃料电池系统的设计开发及其应用	45	50	57	71	69	80
10	高强度耐腐蚀新型轻合金材料制备及应用	83	82	108	111	57	1
11	极端服役环境下关键金属材料的开发与应用	90	86	95	129	115	125

业废气深度治理技术已逐渐由针对单一污染物的控制策略转向为开发高效、经济的多种污染物协同脱除技术。工业废气污染物协同净化的前沿技术包括活性炭法多污染物协同控制技术、除尘协同控制技术和选择性催化还原脱硝协同控制技术等，可在同一设备系统中消除多种污染物，以上各项技术的核心均为吸附 / 催化材料，设计与合成效果优良、价格低廉、稳定性好、广谱性强的吸附 / 催化材料是后续各技术开发中的关键问题。

（3）大尺寸均质化高熵合金制备技术

高熵合金是一类由多种元素以等摩尔比或近摩尔比组成的新型多主元金属材料，具有高强度、耐磨、抗辐照、抗低温脆化、抗高温软化等优异性能，在核能、防腐、动力等领域展现出巨大的应用潜力。但其复杂的成分和较差的铸造性使得大尺寸高熵合金难以制备，极大地制约了高熵合金的应用。目前，块体高熵合金的制备方法主要包括粉末冶金法和铸造法，这两种方法在制备大尺寸高熵合金上尚存在局限性。进一步的开发研究主要从以下方面进行：① 开发针对高熵合金铸造的新型熔炼设备和技术（如真空悬浮熔炼法），进一步优化熔炼制备工艺；② 在复杂异形构件的制备方面需进一步发展高熵合金的增材制造技术，尤其是构件缺陷、质量控制工艺，实现近净成形；③ 为获得工程上可应用的大尺寸高熵合金，需发展高熵合金构筑成形制备技术，开发针对不同体系高熵合金构筑成形制备的全流程工艺。

（4）绿色低碳冶金关键工艺技术开发及应用

冶金工业作为能源密集型行业，是碳排放大户，低碳发展势在必行。研发创新性、突破性低碳冶金技术将是实现减碳目标的必然途径。当前欧洲、日本、韩国、美国等均提出了各自的低碳冶金发展路线，深度布局低碳冶金前沿工艺技术开发。2021年瑞典钢铁公司 SSAB 率先生产了全球首批零碳排放的"无化石钢"，迈出了冶金工业真正实现碳中和的重要一步。近年来，中国也不断推进冶金工业绿色转型发展，大力开展绿色低碳冶金技术开发，在高炉富氢冶炼、转炉高废钢比冶炼、近终形制造等低碳冶金关键技工艺术开发上取得了一定的进展，但尚未取得重大突破。未来绿色低碳冶金关键工艺技术发展方向包含三个方面：一是流程减碳，以现有工艺流程优化、能源结构调整、余热余能利用为基础，开发高炉炉顶煤气循环利用技术、转炉高废钢比冶炼技术、绿色高效电弧炉炼钢技术、高效连铸技术、铸坯热装热送技术、近终形无头轧制技术和生物质能利用技术等；二是源头替换，采用氢替代传统的碳还原，开发包括富氢高炉还原工艺技术、氢冶金直接还原工艺技术和氢冶金熔融还原工艺技术；三是末端治理，开发冶金尾气二氧化碳捕集、封存和资源化利用技术。

（5）可穿戴柔性智能系统的整体设计及应用

可穿戴柔性智能系统是综合利用无线通信、人工智能、大数据、柔性电子、传感器以及芯片集成等多种技术，对可穿戴物进行智能化设计形成的系统。在智能化时代的背景下，可穿戴柔性智能系统因其具有可穿戴性、可持续性、可交互性、智能化等特征，在健康与健身、医疗与保健、工业与军事、信息娱乐等领域表现出重要的研究价值和应用潜力。各国为了占领可穿戴柔性智能领域的技术制高点，也纷纷制定研发计划，着力突破技术难关。目前，相关领域的研究主要集中在传感器制备技术、柔性电子技术、电池技术、无线通信技术、人机交互技术、大数据及云计算技术等方向。近年来，相关领域已取得快速发展，但仍面临着续航能力不足、舒适性差、数据准确性低、功能单一、存在安全和隐私隐患等问题。未来，可穿戴柔性智能系统将朝着舒适化、微型化、智能化、自供电、多功能等方向发展，针对可穿戴智能产品的功能需求进行整体设计和系统构建，并与物联网、移动互联网等技术相结合，将产生巨大的经济社会价值。

（6）新型绿色智能二次电池中关键材料的研发及系统应用

新型可充二次电池的开发是实现能量高效转换与储存的关键，在新能源汽车、航空航天、大规模储能、智能电网等国家重大需求领域均有应用。储能二次电池历经了铅酸电池、锂离子电池、钠离子电池、锌离子电池等发展历程。随着资源、成本、安全等因素的影响日益凸显，在进一步提升二次电池等的储能性能的同时，尚需发展绿色环保、便宜安全的电池体系。电池中关键材料的改进和创新研究是解决上述问题的关键。一方面需从新材料、新技术、新工艺入手，重点发展新型、环境友好型、低成本的电极和电解质材料，开展新一代共性技术如界面微结构设计调控技术攻关。另一方面需结合先进的半导体工艺，使二次电池制造朝着数字化和绿色智能化方向发展，最终实现高能量密度、高安全、长寿命、绿色智能二次电池的构筑和系统应用。

（7）生物基可降解聚酯橡胶材料

橡胶因其独特的性能，在日常生活和国防科技中具有不可替代的作用。全球橡胶消耗量在

3 000 万吨左右，其中，中国橡胶消耗量为 1 000 万吨左右。然而，橡胶材料不可降解，会对环境造成污染。生物基可降解聚酯橡胶材料是通过大宗的生物基二元酸和二元醇缩合聚合得到的，具有可生物降解的性能，可从根本上解决橡胶的污染问题。其有望用于可降解轮胎、可降解鞋子、聚酯塑料环保增韧剂与增塑剂、耐油橡胶材料等领域，通过分子结构设计和配方工艺优化，可实现更宽的应用领域。中国在该领域处于世界领先位置，自从 2008 年在国际橡胶会议上首次提出了生物基橡胶的概念，已经完成了千吨中试生产，目前处于产品性能优化和市场验证阶段。生物基可降解橡胶材料是中国原创的橡胶品种，也是世界上第一个可降解的橡胶材料品种，其合成工艺、催化剂体系、生产装置等与通用聚酯材料不同。如何获得高分子量的生物基聚酯橡胶、如何解决生物基聚酯橡胶的配方工艺和加工性能问题、如何调控其降解速度来适应制品要求等，均是该领域需要解决的关键技术问题。同时，还需要加快解决其连续化生产和加工问题，尽快实现其市场应用。

（8）多尺度功能材料超快激光精密制造技术开发与应用

功能材料与器件以功能需求为导向，往往具有光、电、声、磁、热等单一或组合功能。随着多材料、多尺度、多功能集成需求的发展，传统设计理论与制造方法在功能材料与器件制造中不再适用，引入新型加工制造技术实现多功能材料由宏观到介观的跨尺度精细加工具有重要应用价值。超快激光精密制造技术是基于突破晶格热扩散时间的极短脉冲激光，将能量注入高度空间选择的区域，实现材料超精细空间三维加工的技术。这项技术具有非热熔性、准确性和选择性等特点，在结构复杂性、材料多样性、尺度跨越性、功能集成性等方面具有独特加工优势，在功能材料器件制造中极具潜力。开发多尺度功能材料的超快激光精密制造技术，一方面是从功能材料多尺度"控形"和多材料"控性"

的要求出发，多角度探索激光与材料作用过程中的物理场演化规律，揭示超快激光与功能材料多尺度构筑的作用机理，进一步通过反映材料性能和形貌等特性的多参数为指标构建激光时域、空域分布的映射关系，形成完备的加工评价体系。另一方面是以功能材料器件应用需求为指导，形成功能材料多尺度精密制造的开发策略，并拓展其在工业、航空航天、军事、医疗和日常生活等领域的研究价值与应用前景。

（9）先进氨能源燃料电池系统的设计开发及其应用

氢能具有清洁、高效的特点，但其储运难和本质安全性弱是制约氢能安全高效低成本利用的关键难题。氨具有含氢量高、易于液化存储运输、本质安全性高等特点，以其为能源（储氢）载体，发展特色氨能源燃料电池技术，是实现高效、安全、经济的"零碳"能源利用新技术。美国、日本、欧洲多国已部署了"REFUEL"计划、"绿色氨 (Green Ammonia)"项目和氨储能示范系统等系列氨能源清洁转化利用项目。中国合成氨产量居全球第一，依托合成氨的产业技术，可为氨能源燃料电池"零碳"新技术发展提供成熟的氨储运及供应体系。目前，氨能源燃料电池技术是国际前沿的研究方向，包括间接 NH_3 燃料电池（NH_3 分解制氢–氢燃料电池）和直接 NH_3 燃料电池。其面临的主要挑战包括：① 高性能低温氨分解制氢催化剂的设计合成、规模化制备及配套反应器工艺；② 安全低温间接 NH_3 燃料电池系统集成及成套工艺技术；③ 高效氨活化的直接 NH_3 燃料电池阳极材料的设计制备及膜电极反应器开发。

（10）高强度耐腐蚀新型轻合金材料制备及应用

新型轻合金主要包括铝合金、镁合金和钛合金，由于密度低、比强度高、易加工回收和使用寿命长等优点，目前已被广泛用于交通运输、船舶及海洋工程、生物医学、电子信息、航空航天和国防军工等领域。但是轻合金在实际应用中也存在着耐腐蚀/抗氧化性能差、强度不高等问题，制约了其更广泛的应用。当前 600 MPa 以上超高强铝合金材料、400 MPa 以上超高强镁合金材料成为世界各国结构材料开发的前沿之一。同时为了扩大在海洋、航空等领域的应用范围，不断提升材料的耐腐蚀性能也是当前轻合金材料研究开发的重要课题。未来高强度耐腐蚀新型轻合金材料制备及应用技术研究方向包括：① 轻合金材料合金化理论研究及合金成分优化设计；② 新型轻合金材料制备方法、强韧化变形加工成形及热处理工艺研究；③ 轻合金材料表面防腐及改性处理技术研究；④ 轻合金材料腐蚀行为及机理研究；⑤ 高强度耐腐蚀铝、镁、钛基复合材料的制备与应用技术研究。

（11）极端服役环境下关键金属材料的开发与应用

随着科学技术的发展，越来越多的金属材料被应用在高空、深海、极地和太空等领域，面临着高温、低温、高压、低压、高湿度、高过载、长时间等极端服役环境。围绕国家重大工程和高端装备制造，攻克材料强 – 塑性能、高 – 低温性能、长时 – 瞬态性能之间的矛盾，满足极端服役条件对材料性能的极限要求，开发先进特殊钢、高温与特种金属、高强度轻合金及其复合材料等关键金属材料成为了当前研发的重要课题。一方面是进行极端服役环境下高强韧耐蚀金属材料组织强韧化及抗疲劳机理研究，金属材料损伤及失效机理研究。另一方面包括，高性能金属材料及其关键零部件的制备加工技术研究，服役安全评价和寿命预测技术研究，表面防护及复合增强表面工程技术研究。

2.2 Top 3 工程开发前沿重点解读

2.2.1 低成本高效率钙钛矿太阳能电池的产业化

光伏发电是目前应用最广泛的太阳能利用技术之一。中国拥有全球最大的光伏产业，是世界上最大的光伏组件生产国，同时拥有全球最高的光伏系统装机容量。目前的光伏产品仍然以晶硅为主流，晶硅生产过程中较高的能耗成为了进一步减少碳排放的障碍，因此发展新型低能耗光伏技术具有重要意义。

钙钛矿太阳能电池是利用具备钙钛矿型晶体结构的有机金属卤化物半导体作为吸光结构的太阳能电池技术。钙钛矿太阳能电池作为第三代光伏技术中的佼佼者，具有明显的优势：钙钛矿太阳能电池单结理论效率可以超过 30%，目前的实验室效率已经超过了 25%，达到了与硅电池相媲美的水平，是第三代光伏中效率最高的技术；钙钛矿太阳能电池的原料廉价易得，组件成本有望比硅组件更低；更重要的是，钙钛矿组件可以通过低温溶液法制备，相比于硅电池所需的高温工艺有效降低了生产能耗与碳排放。

在钙钛矿产业化的早期尝试中，效率是最受关注的研究重点，随着目前小面积组件效率逐渐超过 20%，稳定性研究也日益受到学术界和产业界的关注，目前报道的组件稳定性最长已经超过了 1 万小时。此外，钙钛矿与硅电池结合构造叠层电池可以大幅度提高硅电池的效率，如德国亥姆霍兹研究所开发的约 30% 的钙钛矿 – 硅双节结叠层电池。叠层电池体系对现有硅光伏设备相容性较好，对于传统硅光伏的升级具备巨大的吸引力。总体而言，目前钙钛矿产业化的重点趋势仍然是单结电池体系与叠层系统全面发展。对于单结电池体系，目前的研究趋势在于通过组分与结构调控进一步提升器件效率与稳定性以及器件的封装工艺；对于叠层电池系统，除上述研究要点外，还需要关注钙钛矿层与硅电池的光谱匹配以及界面处的电荷抽取效率。无论是单结还是叠层，如何在保证高效率的同时提高组件的稳定性仍然是目前的研究重点和难点。

在钙钛矿太阳能电池产业化开发方面，中国学者和研究机构占据领先地位（表 2.2.1），国内致

力于钙钛矿太阳能电池产业化的机构数目与受关注度（被引数）同样占据全球首位，而且呈现高校与企业齐头并进的态势（表2.2.2）。除中国外，日本与美国虽然专利数目相对少但是受关注度较高；在国际协作开发方面，中国–德国、美国–韩国合作较多，中国和德国作为光伏技术、设备的重要消费与输出国，双方在钙钛矿光伏的产业化合作较多，美国和韩国同样合作密切（图2.2.1）。此外，目前机构之间没有明显的合作关系，相信随着钙钛矿产业化进程的加速推进，钙钛矿产业化的技术路径会愈发清晰，届时会出现强强联合协作的局面。

2.2.2 工业废气的深度净化与资源化利用

工业废气排放为大气污染物的主要来源之一，电力、钢铁、建材、焦化等行业在燃料燃烧和生产工艺过程中会排放大量的颗粒物（PM）、氮氧化物（NO_x）、硫氧化物（SO_2）、挥发性有机物（VOCs）以及重金属等多种污染物。目前，除电力行业烟气污染物脱除技术已较为成熟外，钢铁、焦化、水泥等主要工业的烟气污染物控制技术与装备水平参差不齐，导致生产过程产生的污染物总量大、排放浓度高，引起酸雨、雾霾、臭氧层空洞、温室效应、光化学烟雾等一系列问题，严重威胁生态环境和人

表 2.2.1 "低成本高效率钙钛矿太阳能电池的产业化"工程开发前沿中专利的主要产出国家

序号	国家	公开量	公开量比例	被引数	被引数比例	平均被引数
1	中国	1 047	80.35%	1 327	78.89%	1.27
2	韩国	158	12.13%	120	7.13%	0.76
3	日本	33	2.53%	85	5.05%	2.58
4	美国	25	1.92%	75	4.46%	3.00
5	德国	4	0.31%	21	1.25%	5.25
6	印度	4	0.31%	0	0.00%	0.00
7	瑞士	3	0.23%	9	0.54%	3.00
8	英国	2	0.15%	1	0.06%	0.50
9	瑞典	1	0.08%	4	0.24%	4.00
10	俄罗斯	1	0.08%	3	0.18%	3.00

表 2.2.2 "低成本高效率钙钛矿太阳能电池的产业化"工程开发前沿中专利的主要产出机构

序号	机构	公开量	公开量比例	被引数	被引数比例	平均被引数
1	华中科技大学	31	2.38%	100	5.95%	3.23
2	电子科技大学	29	2.23%	55	3.27%	1.90
3	苏州大学	29	2.23%	19	1.13%	0.66
4	北京宏泰创新科技有限公司	29	2.23%	4	0.24%	0.14
5	武汉科技大学	27	2.07%	32	1.90%	1.19
6	杭州纤纳光电科技有限公司	26	2.00%	12	0.71%	0.46
7	中国科学院上海硅酸盐研究所	26	2.00%	6	0.36%	0.23
8	南京邮电大学	23	1.77%	23	1.37%	1.00
9	首尔大学	22	1.69%	35	2.08%	1.59
10	南京工业大学	21	1.61%	34	2.02%	1.62

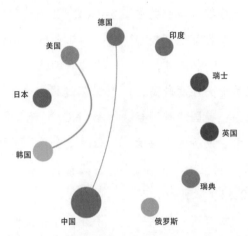

图 2.2.1 "低成本高效率钙钛矿太阳能电池的产业化"工程开发前沿主要国家间的合作网络

类发展。因此，开发适用于重点行业的烟气多污染物排放控制及系统解决方案成为改善当前环境质量的关键。

不同行业的生产工艺过程差异明显，造成烟气污染物排放特征差异大，烟气流量及温度等波动范围大，烟气成分复杂多变且腐蚀性强，对大气污染深度治理技术及工艺提出了更高要求。国际上对工业烟气污染物深度治理的研究较早，对污染物的控制多集中在单一污染物控制技术，静电除尘（ESP）、湿法脱硫（WFGD）与选择性催化还原（SCR）脱硝等技术已得到了大范围的实际应用。随着环保加严及技术进步，除 PM、SO_2 和 NO_x 外，非常规污染物的脱除也亟待解决，给后处理技术带来了更大挑战。然而，目前的不同污染物脱除设备之间仅采用简单串联的布置方式，导致污染物脱除系统占地面积大、系统复杂以及投资运行成本高。从国内外技术发展来看，烟气治理领域已经由针对单一污染物的控制策略转向开发高效、经济的多种污染物协同脱除技术。学术界和工业界正致力于研究 PM、SO_2、NO_x 及非常规污染物的协同深度控制，研发新技术或装备，并在烧结炉、水泥窑、垃圾焚烧炉、燃煤锅炉等多个领域开展多污染物协同治理示范工程的建设，为烟气多污染物的深度消除提供关键技术支撑。

目前，工业废气协同深度净化及资源化的前沿热点技术主要包括：① 活性炭法多污染物协同控制技术。以活性炭为基础，通过吸附催化等过程实现废气污染物的净化，既可实现 SO_2、NO_x 及非常规污染物的系统控制，也可实现硫的资源化利用。② 除尘协同控制技术。以袋式除尘器为核心，通过特殊工艺将催化剂负载于陶瓷纤维滤管的孔道内部形成具有催化作用的特殊材料，从而实现 PM、NO_x 和汞的一体化脱除。③ SCR 脱硝协同控制技术。SCR 催化剂除选择性还原 NO_x 的功能外，同时具有一定的氧化性能，在一定温度范围内可将废气中的 VOCs、二噁英等有机污染物深度裂解为 CO_2、H_2O 等无害物质，同时可进行单质汞的氧化，从而实现 NO_x、二噁英、汞的协同控制。以上技术中均涉及吸附/催化材料的应用，设计与合成性能优良、价格低廉、稳定性好、广谱性强的吸附/催化材料是未来各技术开发中的关键问题。

"工业废气的深度净化与资源化利用"的相关专利产出数量排名前五的国家分别为中国、日本、韩国、德国和美国（表 2.2.3）。中国机构或个人所申请的专利占比达到了 **94.23%**，在数量方面占据绝对领先优势，是该工程开发前沿的主要研究国

家之一。然而中国专利的平均被引数仅为 0.94 次，远低于日本、德国和美国，专利的创新性和影响力还有待提高。从专利产出国家之间的合作网络来看，各个国家之间没有较强的合作关系，中国需加强国际合作交流，开发具有自主知识产权的核心技术。

根据专利的产出机构情况来看（表 2.2.4），核心专利的产出机构除日本三菱日立电力系统株式会社外，其余均为中国机构，且大部分为企业，标志着工业废气深度净化及资源化利用技术已逐渐趋于市场化。排名前两位的产出机构为中冶南方工程技术有限公司和苏州韵蓝环保科技有限公司。从专

利产出机构排名前十的合作网络来看，本前沿专利技术的主要产出企业及高校间没有研发合作关系，说明该前沿技术的产学研合作仍有很大空间。

2.2.3 大尺寸均质化高熵合金制备技术

高熵合金是近年涌现的由多种元素以等摩尔比或近摩尔比组成的新型多主元金属材料，打破了传统合金的设计理念。具有高强、高硬、高塑性、抗低温脆化、抗高温软化、抗辐照、耐磨等传统合金所不能同时具备的优异性能。在极低温、极高温、辐照、腐蚀等极端环境条件下展现出巨大的应用潜

表 2.2.3 "工业废气的深度净化与资源化利用"工程开发前沿中专利的主要产出国家

序号	国家	公开量	公开量比例	被引数	被引数比例	平均被引数
1	中国	1 387	94.23%	1 302	83.14%	0.94
2	日本	47	3.19%	142	9.07%	3.02
3	韩国	12	0.82%	10	0.64%	0.83
4	德国	6	0.41%	85	5.43%	14.17
5	美国	3	0.20%	8	0.51%	2.67
6	俄罗斯	3	0.20%	0	0.00%	0.00
7	奥地利	1	0.07%	9	0.57%	9.00
8	瑞士	1	0.07%	5	0.32%	5.00
9	沙特阿拉伯	1	0.07%	0	0.00%	0.00

表 2.2.4 "工业废气的深度净化与资源化利用"工程开发前沿中专利的主要产出机构

序号	机构	公开量	公开量比例	被引数	被引数比例	平均被引数
1	中冶南方工程技术有限公司	26	1.77%	29	1.85%	1.12
2	苏州韵蓝环保科技有限公司	19	1.29%	24	1.53%	1.26
3	广东浚丰华科技有限公司	5	0.34%	19	1.21%	3.80
4	馨世界环保科技（苏州）有限公司	5	0.34%	8	0.51%	1.60
5	宁波东方盛大环保科技有限公司	5	0.34%	6	0.38%	1.20
6	深圳市鸿东环境工程有限公司	5	0.34%	6	0.38%	1.20
7	中国石化集团公司	5	0.34%	6	0.38%	1.20
8	苏州云白环境设备股份有限公司	5	0.34%	2	0.13%	0.40
9	日本三菱日立电力系统株式会社	4	0.27%	31	1.98%	7.75
10	中山大学	4	0.27%	21	1.34%	5.25

力，迅速成为国际材料科学领域的研究和开发前沿。高熵合金的出现使得材料研究可以实现从"应用已有材料"到"按需设计材料"范式的转移，通过调控多组元成分实现材料优异性能的组合，有望在一些传统材料性能达到极限而难以突破瓶颈的领域提供关键的高性能材料选择。高熵合金的潜在应用涉及多个领域，包括固态冷却、液化天然气处理、抗核降解材料、高性能航空航天材料和超硬弹道、坚固耐腐蚀的医疗设备、磁共振成像技术和国防军工等关键领域。大尺寸块体高熵合金的成功制备是实现高熵合金在上述关键领域应用的基础。

目前，高熵合金最主要的制备方法可分为机械合金法、涂层沉积法、粉末冶金法、铸造法和增材制造法。机械合金法主要用于制备高熵合金粉末；而涂层沉积法包括激光熔覆沉积和磁控溅射沉积，主要用于制备高熵合金涂层。块体高熵合金制备方法包括基于固相成形的粉末冶金法和基于液相成形的铸造法。粉末冶金法通过固结合金粉末可获得均匀的块体高熵合金及其复合材料。但是，粉末冶金制备高熵合金过程中易使合金成分受到污染，内部孔隙难以完全消除，同时其制备形状和大小均受到一定限制。铸造法是制备不同尺寸高熵合金最有效的方法，但由于成分复杂以及不同主元熔点的巨大差异，高熵合金具有较差的流动性和铸造性，其铸锭内部常存在明显的偏析、缩孔、裂纹等铸造缺陷，也使得均质化大尺寸高熵合金难以制备，最大尺寸仅为几公斤级。

目前高熵合金的制备依然局限于实验室规模内，且各制备方法存在较多尚未解决的问题。为了使新兴材料尽快转化为可大规模生产的产品，使其高性能制成品更好地服务于国家重要产业领域，在国际市场取得充分的竞争力，需要加快布局，深入开展高熵合金的制备研究。重点需要关注以下几个

方面。① 铸造法是制备块体高熵合金最为有效的方法，需要进一步提升铸造能力，目前高熵合金铸造大多采用真空电弧熔炼，但其尺寸、形状、均匀性等均受到极大的限制。真空悬浮熔炼法由于其具有污染小、熔炼温度高、成分混合均匀、能制备较大尺寸试样等特点，近期在制备小型均质块体高熵合金上展现出潜力，但需要进一步开发针对不同种类高熵合金的悬浮熔炼技术，解决悬浮熔炼产品的质量问题。② 高熵合金的增材制造近期也得到了大量研究，高熵合金增材制造在晶粒细化以及构件形状复杂度方面拥有较突出的优势，但在关于其增材制造过程中的缺陷控制及处理工艺方面尚需进行深入研究和完善。③ 此外，近期开发的金属构筑成形技术在大尺寸高熵合金制备上具有显著的应用前景，通过构筑优质小尺寸合金坯料可制备均质化的大尺寸高熵合金。目前构筑成形技术在风电、水电、核电等传统材料领域已实现工程化应用，但对于高熵合金的构筑成形技术开发和基础研究尚处于起步阶段，以下几方面亟待解决：首先，制备均质化的小型高熵合金坯料；其次，探索高效表面加工清洁方法和构筑成形工艺，研制高熵合金专用表面处理设备；最后，开发针对高熵合金构筑成形的示范工程线。

经过 10 多年的研究，中国高熵合金的发展较快，专利数量也迅速增长。"大尺寸均质化高熵合金制备技术"核心专利的主要产出国家及机构分别见表 2.2.5 和表 2.2.6，目前中国的核心专利数量最多，其次是韩国和美国。值得注意的是，中国的专利数量虽然多，但平均被引数与美国的差距还较大。此外，可以看到核心专利的产出机构主要集中在中国，其中北京理工大学的核心专利产出数量最多。从图 2.2.2 和图 2.2.3 可以看到，仅有美国和日本之间开展了高熵合金制备技术方面的合作，科研机构之间的合作也很少。

表 2.2.5 "大尺寸均质化高熵合金制备技术"工程开发前沿中专利的主要产出国家

序号	国家	公开量	公开量比例	被引数	被引数比例	平均被引数
1	中国	809	89.99%	2 431	84.97%	3.00
2	韩国	52	5.78%	257	8.98%	4.94
3	美国	11	1.22%	89	3.11%	8.09
4	印度	5	0.56%	0	0.00%	0.00
5	瑞士	4	0.44%	13	0.45%	3.25
6	罗马尼亚	4	0.44%	7	0.24%	1.75
7	日本	2	0.22%	33	1.15%	16.5
8	俄罗斯	2	0.22%	2	0.07%	1.00
9	瑞典	1	0.11%	10	0.35%	10.00
10	英国	1	0.11%	2	0.07%	2.00

表 2.2.6 "大尺寸均质化高熵合金制备技术"工程开发前沿中专利的主要产出机构

序号	机构	公开量	公开量比例	被引数	被引数比例	平均被引数
1	北京理工大学	34	3.78%	127	4.44%	3.74
2	北京科技大学	25	2.78%	289	10.10%	11.56
3	中南大学	23	2.56%	114	3.98%	4.96
4	湘潭大学	23	2.56%	47	1.64%	2.04
5	江苏理工学院	23	2.56%	19	0.66%	0.83
6	天津大学	20	2.22%	44	1.54%	2.20
7	昆明理工大学	19	2.11%	44	1.54%	2.32
8	南方科技大学	16	1.78%	104	3.64%	6.50
9	中国科学院兰州化学物理研究所	16	1.78%	52	1.82%	3.25
10	太原理工大学	16	1.78%	52	1.82%	3.25

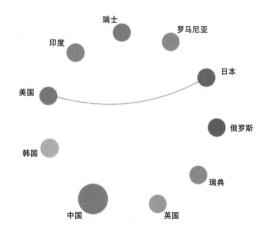

图 2.2.2 "大尺寸均质化高熵合金制备技术"工程开发前沿主要国家间的合作网络

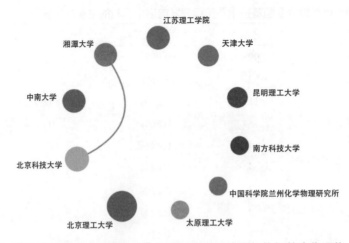

图 2.2.3 "大尺寸均质化高熵合金制备技术"工程开发前沿主要机构间的合作网络

领域课题组人员

课题组组长／副组长：

组长： 王静康 薛群基 刘炯天

副组长： 李言荣 刘中民 毛新平 聂祚仁
谭天伟 周 玉 屈凌波 元英进

课题组成员：

陈必强 邓 元 闫裔超 杨治华 叶 茂
蔡 的 李达鑫 王 静 王景涛 杨雪晶
姚昌国 祝 薇 程路丽 黄耀东 李艳妮
涂 璇 王爱红 朱晓文

执笔组成员：

白志山 蔡 的 陈徽东 李俊华 李玉林
梁诗景 刘 强 孙成礼 孙明月 万 颖
王 朝 王显福 徐 至 杨宇森 姚昌国
张太阳 张志国 赵一新 朱晓文 祝 薇

致谢：

北京航空航天大学

郭思铭 韩广宇 胡少雄 张青青 周 杰

北京化工大学

陈长京 李国峰 秦 璇 王 丹

电子科技大学

李 颉 彭 波 孙成礼 王显福

东北大学

王 聪 王占军

哈尔滨工业大学

刘 强 贾德昌

华东理工大学

曹 军 贺晓鹏 王炳捷

天津大学

侯金健 乔建军

中国宝武中央研究院

辜海芳 王 媛

中国科学院大连化学物理研究所

高敦峰 荣 倩 王 昱

中国科学院化学研究所

李永舫

四、能源与矿业工程

1 工程研究前沿

1.1 Top 12 工程研究前沿发展态势

能源与矿业工程领域研判的 Top 12 工程研究前沿见表1.1.1，涵盖了能源和电气科学技术与工程、核科学技术与工程、地质资源科学技术与工程、矿业科学技术与工程4个学科。其中，"高比例可再生能源电力系统调控理论与方法""低成本直接空气碳捕集（DAC）""高效质子交换膜（PEM）电解水制氢电堆关键材料设计"属于能源和电气科学技术与工程领域；"固有安全性核燃料和反应堆安全机理特性及多专业强耦合机理研究""数字化反应堆多物理场多时空尺度机理性和耦合试验""中国聚变工程试验堆（CFETR）的物理和试验验证"属于核科学技术与工程领域；"天然气水合物开发关键技术与挑战""基于地球系统模型的气候变迁研究""高温高压致密硬岩高效破岩机理"属于地质资源科学技术与工程领域；"矿山灾害隐患多元信息感知预警分析方法""页岩油高效开采基础理论研究""岩爆机理与早期预警方法"属于矿业科学技术与工程领域。

2015—2020年各研究前沿相关的核心论文逐年发表情况见表1.1.2。

（1）高比例可再生能源电力系统调控理论与方法

高比例可再生能源电力系统主要指可再生能源渗透率在30%以上的新型电力系统，由风能和太阳能等可再生能源替代传统化石能源进行电力供应，将显著改变电力系统形态。① 由确定性系统向强随机性系统转变：由火电机组主导、电力负荷变化相对规律的确定性系统转变为具有强不确定性和不可控性的多时空的源荷强随机性系统。传统的确定性

表 1.1.1 能源与矿业工程领域 Top 12 工程研究前沿

序号	工程研究前沿	核心论文数	被引频次	篇均被引频次	平均出版年
1	高比例可再生能源电力系统调控理论与方法	202	5 390	26.68	2018.0
2	固有安全性核燃料和反应堆安全机理特性及多专业强耦合机理研究	384	2 084	5.43	2017.5
3	天然气水合物开发关键技术与挑战	99	2 319	23.42	2018.3
4	矿山灾害隐患多元信息感知预警分析方法	375	3 226	8.60	2018.0
5	低成本直接空气碳捕集（DAC）	274	6 614	24.14	2018.4
6	高效质子交换膜（PEM）电解水制氢电堆关键材料设计	103	2 228	21.63	2018.2
7	数字化反应堆多物理场多时空尺度机理性和耦合试验	110	450	4.09	2017.7
8	中国聚变工程试验堆（CFETR）的物理和试验验证	186	1 210	6.51	2018.2
9	基于地球系统模型的气候变迁研究	47	1 649	35.09	2019.0
10	高温高压致密硬岩高效破岩机理	421	2 686	6.38	2017.9
11	页岩油高效开采基础理论研究	52	1 886	36.27	2018.2
12	岩爆机理与早期预警方法	63	840	13.33	2018.2

表 1.1.2　能源与矿业工程领域 Top 12 工程研究前沿核心论文逐年发表数

序号	工程研究前沿	2015 年	2016 年	2017 年	2018 年	2019 年	2020 年
1	高比例可再生能源电力系统调控理论与方法	23	25	28	40	35	51
2	固有安全性核燃料和反应堆安全机理特性及多专业强耦合机理研究	61	64	74	61	62	62
3	天然气水合物开发关键技术与挑战	5	14	8	17	30	25
4	矿山灾害隐患多元信息感知预警分析方法	51	40	50	64	68	102
5	低成本直接空气碳捕集（DAC）	25	19	37	29	65	99
6	高效质子交换膜（PEM）电解水制氢电堆关键材料设计	10	8	19	11	24	31
7	数字化反应堆多物理场多时空尺度机理性和耦合试验	9	20	21	21	18	21
8	中国聚变工程试验堆（CFETR）的物理和试验验证	17	16	23	38	33	59
9	基于地球系统模型的气候变迁研究	0	1	1	9	21	15
10	高温高压致密硬岩高效破岩机理	46	56	57	85	74	103
11	页岩油高效开采基础理论研究	2	7	7	15	16	5
12	岩爆机理与早期预警方法	11	0	8	11	12	21

的控制与运行方式已不能满足电力系统发展需求。现有研究主要集中在不确定性因素建模与影响评估、不确定性环境下决策及平抑措施上，未来亟待解决多时空、季节性的电力电量平衡的难题。②由机电系统主导向电力电子化系统主导转变：电力系统基本特性将由以旋转电机为主导的机电稳态过程演变为以电力电子化为主导的电磁暂态过程，其稳定机理发生改变。现有研究聚焦在相关装置的动态行为特性、新型稳定性问题的基础理论上，未来需准确刻画高比例可再生能源电力系统运行的稳定边界，解决复杂系统稳定机理的电力系统规划与运行技术难题。③由单一电力系统向综合能源系统转变：现有的电力系统将与热力管网、天然气管网、交通网络进行互联互通，构成综合能源系统。现有研究集中在电力系统与其他能源网络耦合互动建模上，未来需开展深度融合的跨能源系统的综合效益研究。

（2）固有安全性核燃料和反应堆安全机理特性及多专业强耦合机理研究

固有安全反应堆是反应堆设计研究的重要方向。水冷反应堆本身具有固有安全特性，在失水情况下可实现自然停堆。相比于其他燃料形式，全陶瓷微封装（FCM）燃料具有裂变产物多重包覆结构、力学稳定性高和热导率优良等特点，使得它具有潜在的固有安全特性。复合碳化硅包壳也具有高温力学性能及抗氧化性能强的特点。两者结合使用，并基于先进的堆芯及结构设计，可在假想的最严重事故工况下（丧失冷却），不依赖外部安全设施，通过热辐射和结构热传导将堆芯余热传导至最终热阱，可以保证堆芯不熔化、反应堆结构保持完整，消除大规模放射性物质泄漏风险，从而从根本上消除严重事故，实现固有安全，取消场外应急。同时，燃料的耐高温性可使堆芯直接产生过热蒸汽进行直接循环，实现系统极致简化，提高热电转换效率，进一步提高电力系统的经济性。该研究涉及基于全陶瓷微封装燃料的小型过热式直接循环水冷反应堆固有安全机理特性、面向堆内复杂行为的多专业强耦合堆芯设计、全陶瓷微封装燃料设计及制造耦合机理等科学问题和关键技术，难度较大。

（3）天然气水合物开发关键技术与挑战

天然气水合物是由天然气（主要由甲烷组成）和水分子组成的类冰状的固态结晶体，在空气中能点燃，俗称"可燃冰"。天然气水合物开采的基本思路是在地下将天然气水合物分解为水和天然气，再将天然气采出。没有封盖和不成岩是天然气水合物储层与常规天然气藏最大的区别，这就导致常规天然气的开采方法不能简单地应用于水合天然气的开采。天然气水合物大规模开发主要依靠四项关键技术，分别是天然气水合物储层改造与保护技术、天然气水合物储层钻完井技术和装备、井底气水快速分离技术和装备、提高天然气水合物开采能效的技术和工艺。

迄今为止，全球已经钻探了100多口井专门用于天然气水合物研究和勘探，但主要集中在北美和亚太地区。随着全球能源转型步伐的逐渐加快，天然气水合物作为一种规模巨大且高效的新型清洁能源，具有巨大的资源潜力，越来越受到世界各国的关注。目前，天然气水合物开采面临的问题还有很多：一是技术上存在有效性和安全性的挑战；二是面临着降低成本和提高生产效率的挑战；三是天然气水合物的开采会带来一些环境问题；四是地质灾害方面的挑战。这些问题制约了当前天然气水合物的规模有效开发，也是未来天然气水合物开发关键技术的重点攻关方向。

（4）矿山灾害隐患多元信息感知预警分析方法

随着煤炭资源开采深度、强度的增加，发生冲击地压、煤与瓦斯突出、火灾、突水等动力灾害事故的风险明显增加。由于对动力灾害在多相多场耦合条件下的形成过程及演化机制认识不清，灾害前兆信息采集、传感、传输、挖掘辨识技术落后，灾害风险辨识预警模块缺乏，灾害风险预警仍然具有主观性、盲目性和不确定性。

为满足煤矿典型动力灾害防控的重大需求，亟须开展煤矿典型动力灾害风险精准判识及监控预警机制与关键技术研究，主要研究煤矿冲击地压失稳灾变动力学机理与多场耦合致灾机制、煤与瓦斯突出灾变机理及复合动力灾害孕育机制、高地温环境煤自燃孕育与演化规律、突水灾害时空孕育演化规律、煤矿典型动力灾害多参量前兆信息智能判识预警理论与技术、煤矿典型动力灾害前兆信息、新型感知与多网融合传输方法与技术装备、基于数据融合的煤矿典型动力灾害多元信息挖掘分析技术、基于大数据与云技术的煤矿典型动力灾害预警方法，为矿山灾害隐患的早期预警与防控提供支持，保障深部煤炭资源安全高效开采。

（5）低成本直接空气碳捕集（DAC）

直接空气碳捕集（DAC）指通过吸收或吸附的方式从大气中提取CO_2。基于吸收/吸附的DAC以及随后的封存或利用提供了有效的负排放路径，以去除空气中的CO_2，减少化石燃料使用的负面影响，并可建立一个封闭的碳循环。DAC技术最初用于空气分离装置中的空气预纯化和密闭空间（如潜艇和航天器）的微量CO_2去除。目前，由于全球气候变化带来的威胁，DAC已成为研究热点。早期的DAC系统使用碱或碱土金属氢氧化物作为吸收剂，通过苛化或替代苛化的方法提取CO_2。吸收型DAC需要使用高品质热源（约900 ℃）进行再生，因此限制了其应用场景并增加了运行成本。相比之下，通过吸附方式大规模部署DAC，在技术上和经济上都是可行的，有望在不久的将来实现捕集全球每年CO_2排放量的1%的目标。基于吸附剂的DAC系统运行能耗可达0.113~0.145 MJ/mol CO_2，若该系统大规模应用，成本可以降低到60~190美元/t CO_2。DAC仍处于早期研发阶段。开发吸附量大、动力学快和衰减率低的低成本吸附剂，对于减少DAC工艺所需的运行和维护成本至关重要。此外，DAC的技术研发需要关注捕集系统的压降问题，通过使用结构性吸附剂的新型气体–固体接触器可以有效降低风机功耗。通过负压条件下的蒸汽吹扫可以降低DAC的再生温度，实现可再生能源的耦合或工业废热的再生。

（6）高效质子交换膜（PEM）电解水制氢电堆关键材料设计

质子交换膜（PEM）电解水制氢具有结构紧凑、欧姆损耗低、电流密度大、氢气纯度高等显著优势；然而，高电压、强腐蚀的运行环境对 PEM 电解水电堆的材料和部件的抗腐蚀性能提出了更高的要求。PEM 电解水制氢电堆主要由膜电极组件（MEA）、气体扩散层（GDL）、双极板、集流板和端板等组成。MEA 由阴阳极催化层和 PEM 构成。不论是 PEM，还是析氢、析氧催化剂，其耐久性一直是亟待解决的问题。此外，PEM 水电解的成本也不容忽视。PEM 水电解池的阴阳极 GDL 均选用钛材料，碳纤维的 GDL 难以满足抗腐蚀要求。阳极的双极板、集流板和端板对抗腐蚀性能有较高的要求，以钛材料为主；阴极可用石墨、不锈钢等金属材料，但需进行特殊处理。钛材料表面生成的钝化膜会增加欧姆损耗，因此需对阳极用钛进行镀铂等预处理；钛材料还存在加工难、费时且昂贵的问题。

（7）数字化反应堆多物理场多时空尺度机理性和耦合试验

随着信息技术、数值算法的发展以及超算能力的提升，反应堆的设计研发及运行使用正朝着数字化、智能化迈进。数字化反应堆基于模型的系统工程方法、大量的试验数据和高精度的计算软件，一方面可通过数字化手段和智能算法促使反应堆正向设计方案快速迭代优化，另一方面可通过多专业高精度软件验证和预测反应堆行为特性，支撑设计验证和运行使用，从而节省研发成本，缩短研发周期，提升反应堆性能。数字化反应堆的成功研发需要解决如下关键问题：中子输运、工质流动传热、燃料材料行为演变等专业的机理问题，多物理场跨越多时空尺度的耦合问题的准确、稳定求解，支撑通用先进模型研究所需的机理性试验和精准测量，大量的反应堆运行使用和试验数据，各专业多源异构数据和软件的综合集成，多目标综合优化算法，高效并行算法等。目前数字化反应堆主要以压水堆为对象，未来可持续拓展至其他反应堆类型，提升反应堆研发设计和运维保障能力。

（8）中国聚变工程试验堆（CFETR）的物理和试验验证

中国聚变工程试验堆（CFETR）是中国磁约束聚变发展路线图规划的下一个托卡马克聚变装置，其运行将分为两个阶段：第一阶段实现 200 MW 聚变功率、氚自持的稳态运行；第二阶段实现 1 000 MW 聚变功率并示范聚变电能输出。CFETR 将着力解决国际热核聚变实验堆（ITER）与聚变示范堆（DEMO）之间存在的物理与工程技术难题，包括实现氘氚聚变稳态运行、公斤级氚的增殖与循环自持、能长时间承受高热负荷与强中子辐照的材料技术等，为中国 2050 年前后独立自主建设聚变电站奠定坚实的基础。近年来，国家磁约束聚变堆总体设计组开展了 CFETR 详细的物理工程设计，建立了国际一流的研发平台。

目前，CFETR（大半径为 7.2 m，小半径为 2.2 m）的物理设计与集成工程设计正在进行。在物理设计方面，国家磁约束聚变堆总体设计组正在基于集成模拟程序（OMFIT）框架下的 1.5 维集成模拟程序对 CFETR 的稳态和混杂两种运行模式开展相应的运行方案研究，并将其与 0 维程序进行对比。OMFIT 采用更为先进和准确的物理模型，为装置进行详细的集成模拟，能够较为准确地预测聚变堆的性能，优化各辅助加热系统及偏滤器部件。在工程设计方面，开展了超导磁体与低温、真空室与装置内部部件（包层、偏滤器等）、包层与氚工厂、遥操作与维护等系统的详细设计。合肥综合性国家科学中心的"十三五"重大科技基础设施"聚变堆主机关键系统综合研究设施"项目正在建设，"CFETR 集成工程设计研究"项目（2017—2021 年）进展顺利。这些研究进展和项目的实施将为中国聚变能的开发奠定坚实的基础。

（9）基于地球系统模型的气候变迁研究

地球系统是由大气圈、水圈、冰雪圈、生物圈、岩石圈、地幔、地核以及日地空间和人类活动构成的复杂系统。基于地球系统模型的气候变迁研究，从地球系统整体观出发，研究地球各圈层、各子系统、内生与外生和人类活动相互作用及演化对气候变化的影响以及反馈机制；从地球演化的角度出发，研究气候环境变化的临界阈值、触发机制及气候环境变化对地球生命演化的影响；从"人类世"的思想出发，确立人类活动在全球变化中的地位和作用；定量研究人类活动（如二氧化碳、甲烷等温室气体排放）对地球系统产生的级联效应，特别是在十年到百年时间尺度下，全球气候环境关键参数的变化幅度、速率和驱动机制；定量预测人类活动可能给地球气候环境带来的灾难性后果，明确地球系统的人类承载力和临界阈值，建立应对突发极端气候事件的预警机制，提出科学的整体解决方案。

（10）高温高压致密硬岩高效破岩机理

地壳蕴藏着大量宝贵的矿产资源，几十年持续的大规模资源开采使得中国浅部矿产资源已趋于枯竭，中国未来矿产资源开发将全面进入第二深度空间（1 000~2 000 m）范围内的深部矿床，金属矿深部开采将成为常态。一方面，进入深部开采环境，高地应力使得发生较大工程灾害的概率增加，严重抑制矿山的规模化生产；地温的升高使劳动生产率大幅下降、生产事故大量增加，同时还会降低井下设备的工作性能，缩短井下设备的使用寿命。另一方面，深部高应力条件下硬岩贮存了大量能量，只要找到适当的诱导破裂方法，就可以将深部岩体的灾害性破坏诱变为有序致裂，在不用炸药或少用炸药的情况下实现深部矿床的安全、高效开采。

深部岩体原位力学行为研究、深部围岩长期稳定性分析与控制、深部地应力环境与灾害动力学、深部强扰动和强时效下多场多相渗流理论、深部采动应力场－能量场分析、模拟与可视化、深部高应力诱导与能量调控理论、深部采动岩层变形监测预警与控制等是主要的前沿研究方向。未来，高温高压致密硬岩高效破岩将向着非爆开采的方向发展，有望实现高应力诱导机械化连续开采，使得深部矿山开采更加高效、智能、绿色、安全。

（11）页岩油高效开采基础理论研究

页岩油指滞留于页岩等烃源岩层中的石油。中国陆相盆地页岩油资源丰富，据初步估算，中国页岩油技术可采资源量为 74 亿~372 亿吨，是油气增储上产的重要战略性接替资源，对缓解油气对外依存度、保障国家能源安全具有重要意义。中国陆相页岩油与北美海相页岩油的地质条件差异巨大，富集规律和"甜点"分布不明确。中国页岩油开采面临勘探开发地质条件复杂、工程环境恶劣、资源禀赋差且起步较晚的现状，北美成熟的页岩油气开发技术不适用于中国，仍处局部突破阶段，亟须探索适合中国陆相页岩油勘探开发的理论与技术。主要研究方向有：陆相页岩油赋存机制与品质评价指标体系、页岩油储层"甜点"地球物理预测技术、超长水平段水平井钻井关键技术、水平井"一趟钻"钻井技术、页岩地层防塌钻井液技术、页岩油储层全井段多尺度复杂缝网压裂技术、页岩油地质－压裂一体化技术、页岩油井工厂多层系立体开发技术等。突破页岩油高效开采基础理论与技术，形成页岩油规模化的建产、累产，引发中国页岩油革命，将为中国能源安全提供坚实的保障。

（12）岩爆机理与早期预警方法

岩爆是在工程开挖或其他荷载扰动作用下，处于高应力状态的硬、脆性围岩快速释放蓄积的弹性能，从而产生岩石剥落、碎化、弹射的动力失稳灾害。岩爆具有突发性、危害大等特点，威胁施工人员生命安全与机械设备等财产安全。岩爆机理与早期预警方法的主要研究方向包括：岩爆的机理、分类、孕育过程和预测以及控制措施。技术发展趋势表现为：微震序列的微震平静期难以准确识别，需要寻找更多的短期前兆信息；预测的岩爆发生位置范围一般大于实际发生范围，不利于有效地防控岩爆，需要联合其他物探技术探索高岩爆风险区域的微震预测，实现更精准的预测，提高岩爆防控效率；人工处理微震监测数据必然存在人为误差且工作效率低，需要进一步研究自动、高效、准确的处理与分析微震数据和快速预测预报岩爆一体化的智能方法。

1.2　Top 4 工程研究前沿重点解读

1.2.1　高比例可再生能源电力系统调控理论与方法

作为世界上最大的能源生产国和消费国，中国的资源禀赋决定了中国以化石能源为主的能源结构。为实现 2030 年碳达峰、2060 年碳中和的目标，推进能源系统转型，需要构建"清洁低碳，安全高效"的能源体系，高比例新能源广泛接入的新一代电力系统是其中的重要环节。

与现有电力系统相比，可再生能源占比高将导致电力系统具有强不确定性。电源侧逐步演变为以风力发电、光伏发电等新能源发电为主，它们在时间和空间上具有很强的不确定性和不可控性。负荷侧，高电气化导致负载结构多样化，用户侧有源化特征突出，负载的不可预测性加剧。因此，未来电力系统的"边界条件"将更加多样化，为实现电力系统功率平衡和容量充足，相关研究

需从当前的确定性思维转变为概率性思维，以保障整个系统的安全。

高比例新能源的并网、传输和消纳依赖电力电子装置，导致电力系统呈现出电力电子化的显著趋势，基于交流技术的传统电力系统的基础理论将难以适用。电力电子器件的低惯量、弱抗扰度和多时间尺度响应特性，使得电力电子化电力系统的时间常数更小、频域更宽、安全域更复杂。扰动情况下，系统的机电暂态和电磁振荡等因素相互作用显著，为保障未来电力系统的稳定和优化运行，需对其稳定区、系统短路率等指标进行重新定义。

此外，为充分发挥能源系统的灵活性，未来将打破电力、热力、燃气、交通等不同能源领域的壁垒，实现不同能源网络的互联互通，在更大范围内实现能源供需的平衡。目前该方向的研究主要针对小区域范围，未来更加成熟后，需进一步考虑规模效应或网络传输限制等因素对其成本和性能的影响。

"高比例可再生能源电力系统调控理论与方法"工程研究前沿中，核心论文发表量（见表 1.2.1）排名前三位的国家分别是美国、中国和英国，篇均被引频次均超过 23。在发文量 Top 10 的国家中，美国、中国合作较多，其次是伊朗和葡萄牙（见图 1.2.1）。核心论文产出数量较多的机构有清华大学、

表 1.2.1　"高比例可再生能源电力系统调控理论与方法"工程研究前沿中核心论文的主要产出国家

序号	国家	核心论文数	论文比例	被引频次	篇均被引频次	平均出版年
1	美国	56	27.72%	1 458	26.04	2017.9
2	中国	45	22.28%	1 059	23.53	2018.3
3	英国	22	10.89%	565	25.68	2018.5
4	伊朗	21	10.40%	353	16.81	2018.6
5	澳大利亚	15	7.43%	570	38.00	2017.9
6	丹麦	13	6.44%	311	23.92	2018.1
7	意大利	13	6.44%	148	11.38	2018.8
8	葡萄牙	12	5.94%	285	23.75	2016.9
9	德国	11	5.45%	354	32.18	2017.2
10	西班牙	10	4.95%	194	19.40	2017.9

表 1.2.2 "高比例可再生能源电力系统调控理论与方法"工程研究前沿中核心论文的主要产出机构

序号	机构	核心论文数	论文比例	被引频次	篇均被引频次	平均出版年
1	清华大学	11	5.45%	214	19.45	2018.0
2	里斯本大学	8	3.96%	221	27.62	2016.9
3	伦敦帝国理工学院	8	3.96%	120	15.00	2018.5
4	阿贡国家实验室	6	2.97%	341	56.83	2018.0
5	贝拉因特拉大学	6	2.97%	149	24.83	2017.2
6	加利福尼亚大学伯克利分校	5	2.48%	130	26.00	2017.0
7	国家可再生能源实验室	5	2.48%	118	23.60	2018.2
8	波尔图大学	5	2.48%	100	20.00	2018.6
9	奥尔堡大学	5	2.48%	86	17.20	2018.6
10	麻省理工学院	4	1.98%	140	35.00	2019.0

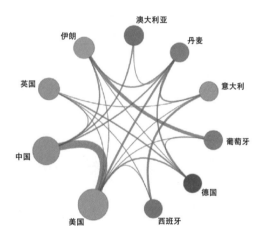

图 1.2.1 "高比例可再生能源电力系统调控理论与方法"工程研究前沿主要国家间的合作网络

里斯本大学、伦敦帝国理工学院（见表 1.2.2）。在发文量 Top 10 的机构中，里斯本大学与贝拉因特拉大学、波尔图大学合作较多（见图 1.2.2）。施引核心论文量排名前三位的国家分别是中国、美国和英国（见表 1.2.3）。施引核心论文的主要产出机构是华北电力大学、清华大学和奥尔堡大学（见表 1.2.4）。

1.2.2 固有安全性核燃料和反应堆安全机理特性及多专业强耦合机理研究

小型水冷反应堆因其技术基础较好是目前小型

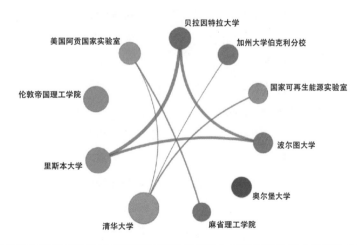

图 1.2.2 "高比例可再生能源电力系统调控理论与方法"工程研究前沿主要机构间的合作网络

表 1.2.3 "高比例可再生能源电力系统调控理论与方法"工程研究前沿中施引核心论文的主要产出国家

序号	国家	施引核心论文数	施引核心论文比例	平均施引年
1	中国	1 287	29.14%	2019.3
2	美国	715	16.19%	2019.1
3	英国	411	9.30%	2019.2
4	伊朗	390	8.83%	2019.3
5	澳大利亚	292	6.61%	2019.1
6	德国	284	6.43%	2018.8
7	意大利	263	5.95%	2019.1
8	丹麦	234	5.30%	2019.2
9	西班牙	226	5.12%	2019.2
10	印度	179	4.05%	2019.0

表 1.2.4 "高比例可再生能源电力系统调控理论与方法"工程研究前沿中施引核心论文的主要产出机构

序号	机构	施引核心论文数	施引核心论文比例	平均施引年
1	华北电力大学	165	18.13%	2019.2
2	清华大学	130	14.29%	2019.1
3	奥尔堡大学	119	13.08%	2019.4
4	伊斯兰阿扎德大学	79	8.68%	2019.3
5	丹麦科技大学	77	8.46%	2018.9
6	COMSATS 信息技术学院	61	6.70%	2018.0
7	西安交通大学	60	6.59%	2019.4
8	华中科技大学	59	6.48%	2019.6
9	伦敦帝国理工学院	54	5.93%	2018.9
10	波尔图大学	53	5.82%	2018.7

反应堆研发的主流堆型，其主要发展方向是系统高度简化、模块集成。但是目前小型反应堆技术在设计理念、安全机制上没有突破现在压水反应堆的范畴，无法从根本上实现固有安全，仍然需要专设安全设施来减少严重事故。目前，国内外对 FCM 燃料的研究主要聚焦在替代现有轻水堆燃料组件层面，没有从反应堆设计技术、安全机理层面开展系统性的创新研究。没有实现机理革新突破，就无法从根本上实现固有安全。

基于革新性的 FCM 燃料和先进堆芯设计，通过在堆内产生过热蒸汽，实现系统极致简化，提高

热电转换效率，事故下可自然停堆并通过辐射换热等方式自动带走堆芯余热，消除大规模放射性释放风险，从根本上实现固有安全。该研究的目的是显著提高中国小型固有安全反应堆科技研发能力和自主创新水平，促进中国在国际上逐步从跟跑到并跑乃至领跑的转变。

福岛事件后，核工业界对耐事故燃料更加关注。其中 FCM 燃料由于其相比于其他燃料形式具有裂变产物多重包覆结构、高的力学稳定性和优良的热导率，使得它具有潜在的固有安全特性，是契合小型反应堆设计需求的重要燃料形式之一。美国橡树

岭国家实验室（ORNL）对 FCM 燃料在高温水蒸气环境中的氧化性能进行了试验研究，发现其表现出较强的耐腐蚀性能。韩国原子能研究所（KAERI）和 ORNL 联合开展了关于使用 FCM 燃料替代目前轻水反应堆燃料组件的研究工作。该项工作初步研究结果表明，FCM 燃料对于失流事故（LOFA）、失水事故（LOCA）具有足够的安全裕量。

中国核动力研究设计院针对采用 FCM 燃料的小型模块式一体化压水反应堆（SM-IPWR）开展了设计评估，完成了 FCM 燃料组件概念设计以及中子学性能评价、热学性能分析、辐照－热－力耦合性能数值研究等工作，开展了超安全智能微堆概念的研究。西安交通大学对使用 FCM 燃料的 SM-IPWR 开展了中子学设计研究，结果表明 SM-IPWR 概念满足设计标准。哈尔滨工程大学开展了基于 FCM 燃料的革新型压水反应堆概念设计。基于革新型燃料开展可实现固有安全性的新型反应堆的设计是目前反应堆设计的一个重要方向。

由表 1.2.5 可知，该方向的核心论文产出数量较多的国家是美国、中国、德国、韩国等。其中，美国的核心论文占比达到 34.11%，中国的占比为 11.46%，德国的占比为 8.85%，韩国的占比为 8.59%。由图 1.2.3 可知，中国与美国、德国与美国、韩国

与美国之间存在较为密切的合作。

由表 1.2.6 和图 1.2.4 可知，该研究方向核心论文产出数量排名前三位的机构分别是爱达荷州国家实验室、橡树岭国家实验室、洛斯·阿拉莫斯国家实验室，且合作较密切。

表 1.2.7 表明施引核心论文量排名前三位的国家分别是美国、中国和韩国，施引核心论文的主要产出机构是爱达荷州国家实验室、橡树岭国家实验室和中国科学院（见表 1.2.8）。

1.2.3 天然气水合物开发关键技术与挑战

天然气水合物开采的基本思路是在地下将水合物分解为水和天然气，再将天然气采出。天然气水合物的能量密度较高，理想情况下 1 m³ 的天然气水合物可释放出 164 m³ 的天然气。没有封盖和不成岩是天然气水合物储层与常规天然气藏最大的区别，这就导致常规天然气的开采方法不能简单地适用于水合天然气的开采。世界范围内天然气水合物的开发仍处在试验和探索阶段，其资源环境十分复杂而且开发过程中可能引发环境问题以及安全问题，由此世界范围内针对天然气水合物的大规模商业开发仍持谨慎态度。目前，该领域研究工作仍处于机理探讨、开采技术论证以及小规模试验

表 1.2.5　"固有安全性核燃料和反应堆安全机理特性及多专业强耦合机理研究"工程研究前沿中核心论文的主要产出国家

序号	国家	核心论文数	论文比例	被引频次	篇均被引频次	平均出版年
1	美国	131	34.11%	995	7.60	2017.6
2	中国	44	11.46%	256	5.82	2017.4
3	德国	34	8.85%	247	7.26	2017.6
4	韩国	33	8.59%	149	4.52	2017.3
5	印度	26	6.77%	53	2.04	2018.0
6	法国	25	6.51%	214	8.56	2017.2
7	俄罗斯	24	6.25%	42	1.75	2017.5
8	日本	20	5.21%	115	5.75	2017.0
9	英国	19	4.95%	175	9.21	2018.2
10	瑞士	14	3.65%	74	5.29	2017.9

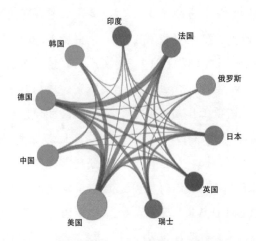

图 1.2.3 "固有安全性核燃料和反应堆安全机理特性及多专业强耦合机理研究"工程研究前沿主要国家间的合作网络

表 1.2.6 "固有安全性核燃料和反应堆安全机理特性及多专业强耦合机理研究"工程研究前沿中核心论文的主要产出机构

序号	机构	核心论文数	论文比例	被引频次	篇均被引频次	平均出版年
1	爱达荷州国家实验室	30	7.81%	222	7.40	2018.4
2	橡树岭国家实验室	26	6.77%	185	7.12	2017.6
3	洛斯·阿拉莫斯国家实验室	14	3.65%	238	17.00	2017.1
4	欧盟委员会	12	3.12%	62	5.17	2018.0
5	麻省理工学院	10	2.60%	59	5.90	2017.6
6	太平洋西北国家实验室	10	2.60%	42	4.20	2018.6
7	香港城市大学	9	2.34%	101	11.22	2016.1
8	韩国原子能研究所	9	2.34%	66	7.33	2017.1
9	宾夕法尼亚州立大学	7	1.82%	232	33.14	2017.0
10	瑞士保罗谢勒研究所	7	1.82%	48	6.86	2017.6

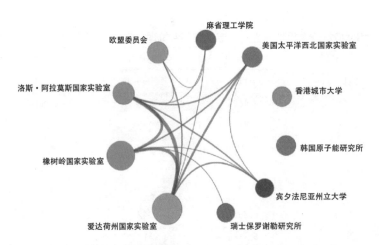

图 1.2.4 "固有安全性核燃料和反应堆安全机理特性及多专业强耦合机理研究"工程研究前沿主要机构间的合作网络

表1.2.7 "固有安全性核燃料和反应堆安全机理特性及多专业强耦合机理研究"工程研究前沿中施引核心论文的主要产出国家

序号	国家	施引核心论文数	施引核心论文比例	平均施引年
1	美国	537	30.81%	2019.1
2	中国	380	21.80%	2019.3
3	韩国	147	8.43%	2018.9
4	英国	125	7.17%	2019.2
5	法国	115	6.60%	2019.3
6	德国	112	6.43%	2019.1
7	俄罗斯	88	5.05%	2019.3
8	加拿大	76	4.36%	2019.1
9	日本	67	3.84%	2019.0
10	印度	51	2.93%	2019.2

表1.2.8 "固有安全性核燃料和反应堆安全机理特性及多专业强耦合机理研究"工程研究前沿中施引核心论文的主要产出机构

序号	机构	施引核心论文数	施引核心论文比例	平均施引年
1	爱达荷州国家实验室	130	20.41%	2019.4
2	橡树岭国家实验室	98	15.38%	2019.1
3	中国科学院	66	10.36%	2018.9
4	洛斯·阿拉莫斯国家实验室	63	9.89%	2019.1
5	韩国原子能研究所	54	8.48%	2018.7
6	中国核动力研究设计院	46	7.22%	2020.1
7	西安交通大学	42	6.59%	2019.7
8	田纳西大学	39	6.12%	2019.7
9	麻省理工学院	34	5.34%	2018.9
10	阿贡国家实验室	33	5.18%	2019.4

开采的阶段，天然气水合物资源安全高效利用将依赖理论以及工程技术的创新和突破。

今后相当长时间内亟须重点攻关4项关键技术，分别是天然气水合物储层改造与保护技术、天然气水合物储层钻完井技术和装备、井底气水快速分离技术和装备、提高天然气水合物开采能效的技术和工艺。随着理论和工程技术的进步，天然气水合物的开发成本将不断降低，这一规模巨大的清洁能源终将被人类社会所利用。

目前，该领域核心论文产出数量较多的国家是中国、新加坡、印度等，中国的核心论文数量占比达到65.66%，被引频次超过1 500次（见表1.2.9）；核心论文产出数量最多的三家科研机构分别是中国科学院、广东省新能源和可再生能源研究开发与应用重点实验室、中国石油大学，论文数量占比38.38%（见表1.2.10）。领域合作较多的国家有印度和新加坡（见图1.2.5），合作最多的机构主要是中国科学院和广东省新能源和可再生能源研究开发与应用重点实验室（见图1.2.6）。施引核心论文的主要产出国家包括中国、美国和印度，施引核

表 1.2.9 "天然气水合物开发关键技术与挑战"工程研究前沿中核心论文的主要产出国家

序号	国家	核心论文数	论文比例	被引频次	篇均被引频次	平均出版年
1	中国	65	65.66%	1 573	24.20	2018.3
2	新加坡	7	7.07%	882	126.00	2018.3
3	印度	7	7.07%	209	29.86	2018.6
4	日本	5	5.05%	218	43.60	2017.6
5	美国	5	5.05%	200	40.00	2018.6
6	韩国	4	4.04%	130	32.50	2017.2
7	挪威	4	4.04%	73	18.25	2018.0
8	加拿大	4	4.04%	26	6.50	2018.5
9	英国	3	3.03%	37	12.33	2019.7
10	德国	3	3.03%	31	10.33	2020.0

表 1.2.10 "天然气水合物开发关键技术与挑战"工程研究前沿中核心论文的主要产出机构

序号	机构	核心论文数	论文比例	被引频次	篇均被引频次	平均出版年
1	中国科学院	16	16.16%	1 089	68.06	2017.6
2	广东省新能源和可再生能源研究开发与应用重点实验室	11	11.11%	350	31.82	2018.1
3	中国石油大学	11	11.11%	49	4.45	2019.0
4	大连理工大学	9	9.09%	156	17.33	2018.0
5	新加坡国立大学	7	7.07%	882	126.00	2018.3
6	中国石油大学（华东）	7	7.07%	60	8.57	2018.9
7	吉林大学	6	6.06%	111	18.50	2018.5
8	印度理工学院马德拉斯分校	6	6.06%	73	12.17	2019.0
9	中国地质调查局青岛海洋地质研究所	5	5.05%	80	16.00	2017.2
10	中国地质大学	4	4.04%	65	16.25	2018.5

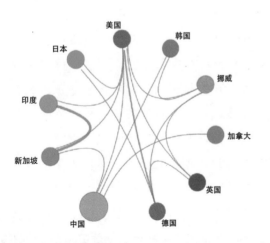

图 1.2.5 "天然气水合物开发关键技术与挑战"工程研究前沿主要国家间的合作网络

心论文比例接近 70%（见表 1.2.11），施引核心论文的主要产出机构包括中国科学院、大连理工大学和中国石油大学等（见表 1.2.12）。

1.2.4 矿山灾害隐患多元信息感知预警分析方法

随着煤炭产能需求大，浅部煤炭资源逐步减少，矿井开采深度、强度的不断增加，发生冲击地压、煤与瓦斯突出、火灾、突水等动力灾害事故的风险增大，这些灾害严重制约了煤矿安全高效生产，给矿工的生命安全带来严重威胁。对典型动力灾害在多相多场耦合条件下的形成过程及演化机制还认识不清，灾害前兆信息采集、传感、传输、挖掘辨识

表 1.2.11 "天然气水合物开发关键技术与挑战"工程研究前沿中施引核心论文的主要产出国家

序号	国家	施引核心论文数	施引核心论文比例	平均施引年
1	中国	796	51.39%	2019.3
2	美国	175	11.30%	2019.3
3	印度	94	6.07%	2018.9
4	新加坡	93	6.00%	2018.4
5	日本	83	5.36%	2019.1
6	韩国	70	4.52%	2018.8
7	俄罗斯	59	3.81%	2018.9
8	英国	54	3.49%	2019.7
9	加拿大	48	3.10%	2019.5
10	德国	41	2.65%	2019.4

表 1.2.12 "天然气水合物开发关键技术与挑战"工程研究前沿中施引核心论文的主要产出机构

序号	机构	施引核心论文数	施引核心论文比例	平均施引年
1	中国科学院	169	19.43%	2019.1
2	大连理工大学	129	14.83%	2019.3
3	中国石油大学	103	11.84%	2019.4
4	中国石油大学（华东）	97	11.15%	2019.4
5	新加坡国立大学	91	10.46%	2018.4
6	广东省新能源和可再生能源研究开发与应用重点实验室	80	9.20%	2019.1
7	吉林大学	43	4.94%	2019.4
8	中国地质大学	42	4.83%	2019.7
9	重庆大学	41	4.71%	2019.3
10	西南石油大学	41	4.71%	2019.4

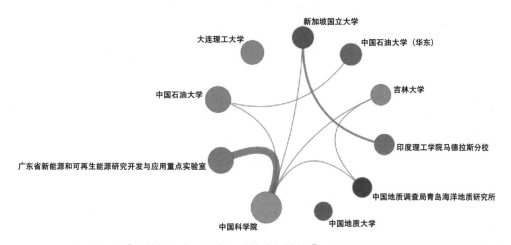

图 1.2.6 "天然气水合物开发关键技术与挑战"工程研究前沿主要机构间的合作网络

技术仍然落后，导致灾害风险辨识预警模块缺乏，灾害风险预警仍然较为困难。为满足煤矿典型动力灾害防控的重大需求，亟须开展煤矿典型动力灾害风险精准判识及监控预警机制与关键技术研究。

该领域的主要研究包含三个方面：一是典型灾害致灾机制的研究，主要包括煤矿冲击地压失稳灾变动力学机理与多场耦合致灾机制研究、煤与瓦斯突出灾变机理研究、高地温环境下煤自燃灾害孕育规律研究和突水灾害时空孕育演化规律研究；二是多元信息感知技术研究，主要借助矿山物联网及人－机－环状态关键技术及装备，实时、精准地感知及获取反映矿山灾害外部和内部各类致灾因子时空状态特征及内在关键信息的多元信息，提出科学、合理、有效的多元信息感知预警分析方法，研究煤矿典型动力灾害多参量前兆信息智能判识预警理论与技术；三是多元数据处理方法研究，即基于多元异构大数据，通过数据挖掘、人工智能和云计算等手段等融合多元海量信息，反演矿山灾害致灾时空演化规律，实现煤矿单一重大灾害、耦合灾害、衍生／次生灾害演化致灾全过程的前兆特征定量准确识别、风险动态捕获与自动预警，降低重大隐患风险，为提升矿山灾害监管监察的精准度和科学性提供支撑。

目前，世界主要产煤国家中，中国面临深部开采带来的安全威胁最为严重，投入研发力量较多。"矿山灾害隐患多元信息感知预警分析方法"工程研究前沿中，核心论文产出数量较多的国家是中国和美国，占比达 69.86%，篇均被引频次较高的国家为英国和意大利（见表 1.2.13）。核心论文产出量较高的机构是中国矿业大学、北京科技大学和西安科技大学（见表 1.2.14）。论文产出较多的国家中，中国、美国、澳大利亚合作较多（见图 1.2.7）。在发文量较多的机构中，中国矿业大学和北京科技大学间的合作最为紧密（见图 1.2.8）。施引核心论文的主要产出国家排名前两位分别是中国和美国，占比超过 60%，平均施引年集中在 2019 年（见表 1.2.15）。施引核心论文的主要产出机构排名前三位分别是中国矿业大学、中国科学院和山东科技大学，三者占比为 49.62%（见表 1.2.16）。

2　工程开发前沿

2.1　Top 12 工程开发前沿发展态势

能源与矿业工程领域研判的 Top 12 工程开发前沿见表 2.1.1。它们涵盖了能源和电气科学技术与工程、核科学技术与工程、地质资源科学技术与

表 1.2.13　"矿山灾害隐患多元信息感知预警分析方法"工程研究前沿中核心论文的主要产出国家

序号	国家	核心论文数	论文比例	被引频次	篇均被引频次	平均出版年
1	中国	221	58.93%	1 724	7.80	2018.2
2	美国	41	10.93%	353	8.61	2018.3
3	印度	20	5.33%	24	1.20	2017.6
4	澳大利亚	17	4.53%	269	15.82	2018.8
5	德国	14	3.73%	357	25.50	2017.1
6	加拿大	13	3.47%	147	11.31	2018.2
7	巴西	11	2.93%	188	17.09	2018.1
8	日本	10	2.67%	22	2.20	2017.2
9	英国	9	2.40%	322	35.78	2018.3
10	意大利	8	2.13%	226	28.25	2017.5

表 1.2.14 "矿山灾害隐患多元信息感知预警分析方法"工程研究前沿中核心论文的主要产出机构

序号	机构	核心论文数	论文比例	被引频次	篇均被引频次	平均出版年
1	中国矿业大学	41	10.93%	638	15.56	2018.2
2	北京科技大学	19	5.07%	92	4.84	2018.2
3	西安科技大学	18	4.80%	194	10.78	2018.1
4	中国科学院	14	3.73%	203	14.50	2018.2
5	山东科技大学	14	3.73%	120	8.57	2018.4
6	安徽理工大学	12	3.20%	49	4.08	2018.7
7	中南大学	7	1.87%	89	12.71	2018.0
8	中国地质大学	7	1.87%	50	7.14	2018.4
9	河南理工大学	7	1.87%	14	2.00	2017.7
10	武汉大学	6	1.60%	81	13.50	2018.7

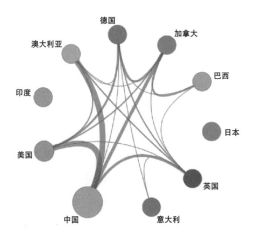

图 1.2.7 "矿山灾害隐患多元信息感知预警分析方法"工程研究前沿主要国家间的合作网络

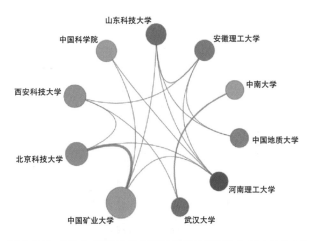

图 1.2.8 "矿山灾害隐患多元信息感知预警分析方法"工程研究前沿主要机构间的合作网络

表 1.2.15 "矿山灾害隐患多元信息感知预警分析方法"工程研究前沿中施引核心论文的主要产出国家

序号	国家	施引核心论文数	施引核心论文比例	平均施引年
1	中国	1 490	48.88%	2019.6
2	美国	354	11.61%	2019.4
3	伊朗	191	6.27%	2019.6
4	澳大利亚	156	5.12%	2019.4
5	印度	152	4.99%	2019.4
6	巴西	148	4.86%	2019.6
7	英国	144	4.72%	2019.3
8	韩国	120	3.94%	2019.3
9	加拿大	102	3.35%	2019.2
10	德国	96	3.15%	2019.0

表 1.2.16　"矿山灾害隐患多元信息感知预警分析方法"工程研究前沿中施引核心论文的主要产出机构

序号	机构	施引核心论文数	施引核心论文比例	平均施引年
1	中国矿业大学	298	28.11%	2019.6
2	中国科学院	125	11.79%	2019.2
3	山东科技大学	103	9.72%	2019.4
4	重庆大学	94	8.87%	2019.4
5	西安科技大学	76	7.17%	2019.8
6	维新大学	71	6.70%	2019.8
7	北京科技大学	65	6.13%	2019.8
8	中国矿业大学（北京）	60	5.66%	2020.2
9	武汉大学	58	5.47%	2019.2
10	安徽理工大学	58	5.47%	2020.0

工程、矿业科学技术与工程 4 个学科。其中，"高效低成本大功率碱性电解水制氢关键技术""大面积钙钛矿太阳能电池组件制备技术""全固态电池材料与技术"属于能源和电气科学技术与工程领域；"高温气冷堆生物质制氢机理关键技术和关键设备研发""智能核供热系统开发与核心技术""高性能大型超导磁体和聚变堆包层材料研发"属于核科学技术与工程领域；"智能高效钻具组合与钻完井技术""井下高效压裂液研发与压裂动态监测技术""地质体全场三维扫描测绘及成像技术"属于地质资源科学技术与工程领域；"抗高温随钻测量工具系统""大面积煤田火灾治理与生态修复关键技术""提高矿山微震定位精度的技术研发"属于矿业科学技术与工程领域。

各开发前沿涉及的核心专利在 2015—2020 年的公开情况见表 2.1.2。

（1）高效低成本大功率碱性电解水制氢关键技术

碱性水电解（AWE）作为最成熟的电解技术占据着市场主导地位，尤其适用于大规模水电解。AWE 采用氢氧化钾水溶液作为电解质，通过隔膜分离电解产生氢气和氧气。碱性工作环境下，可以使用非贵金属催化剂（如 Ni、Fe、Co、Mn 等），

降低了对贵金属催化剂的依赖，从而大大降低了成本。AWE 产生的氢气会携带碱液，导致氢气纯度比 PEM 电解水产生的低，需通过辅助设备进行去除，碱液也会腐蚀电解设备。此外，AWE 难以快速启动或变载，与可再生能源发电联用的适配性较差。为了有效地分离产生的氢气和氧气，防止混合，电解槽的设计及新型隔膜的开发至关重要。碱性阴离子固体电解质代替液体电解质和隔膜也是未来重要发展方向。AWE 作为清洁和可持续大规模制氢平台的研究不断深入，进一步突破关键材料和核心部件的批量制造技术，未来将为可再生能源的使用带来实际应用。

（2）高温气冷堆生物质制氢机理关键技术和关键设备研发

高温气冷堆生物质制氢是以高温气冷堆的高温工艺热为主要热源，以农林生物质为原料，实现大规模、稳定制备氢气。生物质制氢的诸多方法中，以甲烷为中间体的生物质加氢气化技术对反应堆工艺热利用效率最高，是今后核能生物质制氢技术的主要发展趋势。该技术由生物质加氢气化制甲烷、甲烷水蒸气重整制氢、重整反应高温气冷堆供热等过程组成，甲烷的强吸热重整过程所需热量由高温气冷堆供给。关键问题包括生物质制氢工艺与高温

表 2.1.1　能源与矿业工程领域 Top 12 工程开发前沿

序号	工程开发前沿	公开量	被引频次	平均被引频次	平均公开年
1	高效低成本大功率碱性电解水制氢关键技术	264	700	2.65	2017.9
2	高温气冷堆生物质制氢机理关键技术和关键设备研发	61	464	7.61	2016.4
3	智能高效钻具组合与钻完井技术	172	2 124	12.35	2016.4
4	抗高温随钻测量工具系统	69	782	11.33	2016.3
5	大面积钙钛矿太阳能电池组件制备技术	89	3 359	37.74	2016.6
6	全固态电池材料与技术	135	4 249	31.47	2016.8
7	智能核供热系统开发与核心技术	74	349	4.72	2017.2
8	高性能大型超导磁体和聚变堆包层材料研发	70	234	3.34	2017.1
9	井下高效压裂液研发与压裂动态监测技术	223	3 381	15.16	2016.4
10	地质体全场三维扫描测绘及成像技术	179	2 766	15.45	2016.6
11	大面积煤田火灾治理与生态修复关键技术	24	63	2.63	2016.4
12	提高矿山微震定位精度的技术研发	49	517	10.55	2017.4

表 2.1.2　能源与矿业工程领域 Top 12 工程开发前沿专利逐年公开量

序号	工程开发前沿	2015 年	2016 年	2017 年	2018 年	2019 年	2020 年
1	高效低成本大功率碱性电解水制氢关键技术	18	24	25	47	48	84
2	高温气冷堆生物质制氢机理关键技术和关键设备研发	6	5	9	10	11	6
3	智能高效钻具组合与钻完井技术	72	34	25	17	21	3
4	抗高温随钻测量工具系统	8	11	5	7	11	12
5	大面积钙钛矿太阳能电池组件制备技术	24	23	18	14	10	0
6	全固态电池材料与技术	26	37	31	26	15	0
7	智能核供热系统开发与核心技术	2	15	12	13	13	12
8	高性能大型超导磁体和聚变堆包层材料研发	7	7	8	8	14	14
9	井下高效压裂液研发与压裂动态监测技术	82	49	44	21	23	4
10	地质体全场三维扫描测绘及成像技术	49	42	35	30	23	0
11	大面积煤田火灾治理与生态修复关键技术	2	7	6	1	2	2
12	提高矿山微震定位精度的技术研发	5	6	13	13	12	0

气冷堆耦合技术研究、生物质气化和甲烷重整制氢的工艺优化、高效催化剂设计制备等。此外，核能制氢能源系统总体方案，全过程的流程模拟，能量利用率、碳转化率和碳排放等关键指标优化，技术经济和生命周期的分析也很重要。

（3）智能高效钻具组合与钻完井技术

智能高效钻具组合与钻完井技术是通过使用智能钻杆、智能钻机等智能钻井设备以及井下数据传输及连通系统建立地面与井下间的信息传输通道，使用井下信息采集系统对钻完井过程中的井下状况进行实时探测感知、信息传输，通过数据分析和反馈系统进行智能的分析决策，进而对井下相应的执行装备发出指令，从而实现钻井过程智能闭环控制和完井增产的钻完井优化技术。主要研究内容和技术方向可大致分为井下信息采集技术及装备、井下数据传输和连通系统及装备、决策调控系统及井下执行装置。目前已经研制出了智能钻机、智能钻头钻柱、智能导向、防黏滑工具、智能完井和压裂滑套等装备，以及井下信息采集及传输、远程智能钻井决策控制系统等与智能钻完井装备结合使用的系统。未来嵌入物联网、机器视觉、深度学习等技术的智能生产装备将大大降低生产成本，提高生产效率。

（4）抗高温随钻测量工具系统

在钻井过程中，通过随钻测量（MWD）、随钻测井（LWD）等各种测量工具获取井下地质参数、工程参数等信息，是认识井下环境、安全高效钻井的关键核心环节。中国深层（>4 500 m）、超深层（>6 000 m）油气资源量为 763 亿吨油当量，占油气资源总量的 35%，是未来油气增储上产的重要阵地。深层、超深层的地层温度常常超过 150 ℃，部分井甚至超过 200 ℃，现有随钻测量工具难以稳定运行，严重制约了深层、超深层油气的勘探开发，亟须研制能够在高温环境下长时间连续稳定运行的井下随钻测量工具系统。其主要技术研究方向有：低成本耐高温电子和传感元件、元器件高温封装技术、井下电路主动降温系统、耐高温井下信息高效传输技术等。抗高温随钻测量工具系统的研制将填补多项技术空白，提高中国高端装备技术水平，为向地球深部进军、拓展深层油气资源提供技术支撑，对筑牢中国能源安全的油气资源基础具有重要的现实与战略意义。

（5）大面积钙钛矿太阳能电池组件制备技术

采用低成本原料的铅卤钙钛矿太阳能电池的发展迅速，其光电转换效率认证记录已经提升至 25.5%，可以和商业化的晶体硅相媲美，并且凭借低成本优势有望实现商业化生产。除了稳定性，钙钛矿太阳能电池商业化的主要挑战是大面积钙钛矿太阳能电池组件制备，主要的技术挑战包括开发可扩展的钙钛矿吸光层的沉积技术以及相配套的钙钛矿器件中的电子传输层、空穴传输层和接触电极的制备。此外，需要研究钙钛矿太阳能电池模组的器件构型及制备工艺，探究集成程序对模块互连性能和模块运行的可靠性与稳定性的影响。研发密封剂和密封方法对于确保钙钛矿太阳能电池在工作条件下的耐用性也非常关键，不仅可以提高电池稳定性，还可以防止潜在的铅泄露。虽然目前大面积钙钛矿太阳能电池组件的制备技术研究的进展令人鼓舞，但在提高效率、提升稳定性和降低成本方面还需要进行更多的研究。在钙钛矿吸光层之外，高效稳定的空穴传输层及接触电极对于器件的效率和稳定性影响极大，是大面积钙钛矿太阳能电池组件制备的关键瓶颈。总之，大面积钙钛矿太阳能电池组件制备技术是实现低成本、高效率钙钛矿太阳能发电的工程开发前沿。

（6）全固态电池材料与技术

全固态电池即电池使用的所有组分均为固态的电池，其核心在于使用固态电解质替代易燃的液态/凝胶电解质，以此大大提高电池的安全性。全固态电池具有更高的能量密度，并且在制造时可直接使用现有的电池产业卷对卷工艺模式，不用注液，制成的电池形状任意可控，因此在制造工艺方面具有优越性。因此，全固态电池技术受到了学术界和产业界的高度关注。固态电解质可以分为聚合物固态电解质、无机固态电解质和复合固态电解质。聚合物固态电解质加工性能好，易于薄膜化，具有宽的电化学窗口但受限于较低的室温离子电导率和迁移数；无机固态电解质在离子电导率上已接近现有的液态电解液，但其稳定性差和与电极材料之间界面阻抗高严重阻碍了其应用；复合固态电解质结合了聚合物电解质和无机电解质的优点，如果能够进一步改善电解质与电极材料之间的固–固界面以及提高电极材料的负载量，则有望率先实现全固态电池产业技术的突破。

（7）智能核供热系统开发与核心技术

低温核供热堆是理想的燃煤替代能源，对实现"3060目标"至关重要。但目前过于保守的设计及数字化、智能化水平低下严重制约着核能供热系统的效率，进而影响核能供热的经济性。开发智能核供热站是进一步提高供热效率的有效措施，也是能源创新的必然途径。所谓智能核供热站的核心是数字化和智能化。数字化就是对象（核供热站）数字化（三维数字模型、设备功能、燃料与材料属性）、设计过程数字化、过程控制和实时信息数字化、业务处理和运行操作数字化、生产和经营管理数字化及经营决策数字化。智能化就是在数字化的基础上，通过引入大数据、云计算、物联网、现代控制、信息处理和通信等先进科学技术，实现对核供热站生产运营的智能化调度、管理和控制。核能工程属于高技术且受公众关注的工程技术，实现商用前必须选择较易实现核供热堆型进行示范。池式低温核供热堆具有以下特点：系统简单，供热系统及其物理过程（核、热、材、力）较容易实现建模；运维简便，易于实现智能自主运行；最重要的是其具有固有安全性，利于简化安全监管要求。亟须开发一套智能化池式低温核供热堆，实现设计全数字化、设备智能化、故障诊断及维修智能化，并与供热站内外部环境、设备、核燃料、热网相协调，最终实现在"无人干预，少人值守"环境下安全、经济、高效、环保的自主最优化运行。

（8）高性能大型超导磁体和聚变堆包层材料研发

中国聚变工程试验堆（CFETR）超导磁体系统包括中心螺管（CS）、极向场（PF）线圈、纵场（TF）线圈和校正场线圈（CC），其作用是产生磁场以驱动和约束等离子体、控制等离子体位形和垂直不稳定性。CFETR所有超导线圈均采用管内电缆导体（CICC）绕制，CICC内部通过4.5 K超临界氦冷却。预计CFETR超导磁体系统总质量将达1万吨以上。为了解决在CFETR中心螺管设计与运行过程中的关键科学问题，掌握大型Nb_3Sn磁体制造过程中的核心技术，中国科学院等离子体物理研究所已于2014年启动CFETR CS模型线圈的研发项目。为了实现CFETR II期的物理与工程目标，磁体系统在CS和TF线圈导体上产生的最高磁场可能达到15 T以上，此时使用Nb_3Sn导体无法满足要求，因此需要研发新型高温超导导体。随着高温超导材料技术的发展，未来CFETR CS线圈可能可以在高场区采用Bi-2212高温超导导体（工作温度为10~30 K，磁场强度为25~30 T），而在低场区采用Nb_3Sn低温超导导体。

CFETR包层由氚增殖包层和屏蔽包层构成。增殖包层是CFETR设计中最关键和最具技术挑战性的部件之一。对于增殖包层设计，经过物理与工程方面的考虑，目前有3种可选的技术方案，其中氦冷方案被确定为CFETR氚增殖包层的首选方案，而水冷方案和Li–Pb液态金属冷却方案为备选方案。为了获得更高的氚增殖率，必须优化增殖包层（及氚工厂）的设计。氚燃料回收再利用系统（氚工厂）由3个子系统构成。内循环系统包括氚回收、同位素分离和重新注入真空室3个过程。外循环包括氚萃取、分离、纯化等过程。第3个子系统包括氚屏蔽和含氚水除氚等过程。

（9）井下高效压裂液研发与压裂动态监测技术

高效压裂液是指在对储层进行压裂改造时使用的入井流体，通常由主剂与多种功能性助剂按一定比例配制而成，具备比常规压裂液更加优越的造缝、携砂和低伤害性能。近年来，智能压裂液、无水压裂液与压裂驱替一体化压裂液等新型压裂液体系因自身独特的性能受到了广泛关注。此外，为应对低油价挑战，在满足压裂需求的前提下，低成本压裂液占比逐年攀升。压裂动态监测技术是指在不影响压裂施工的情况下，实时测量作业地层内各项参数，并将测试结果实时送到地面进行处理，从而实现动态优化压裂参数设计的技术。压裂动态监测技术近年来发展快速，从微地震逐渐发展到分布式光纤、电法以及各种声波方法。未来应针对不同类型油藏发展匹配的压裂实时监测及解释技术，不断提高数据采集精度与处理效率，增强数据准确性和可靠性。

（10）地质体全场三维扫描测绘及成像技术

地质体全场三维扫描测绘及成像技术是利用装置扫描地质体的电场、磁场和电磁场、地震场、超声场等各类场，获取地质体电信号、磁信号、电磁信号、声呐信号、地震信号等天然和人工信号场的三维数据，构建起地质体全场图像，用于地层岩土体结构的解析、地下深部矿体三维位置的精确定位、三维找矿预测和评价以及为矿体开采提供基础数据。主要目标是针对地质体的三维扫描和成像，涉及三大技术：一是全场扫描装备，是获取电场、磁场、电磁场和超声波场等各类信号的综合型信号的设备；二是全场信号的处理，能够有效地对电场、磁场、电磁场、地震场等各类场信号进行综合处理，获取最有用的信号，以定性、定量地描述地质体的电、磁、地震、声呐等各类性质；三是利用全场数据反演地质体三维结构并成像，利用电信号、磁信号、地震信号、声呐信号等各类信号获取地下地质体的三维综合结构，对地质体的物性进行综合分析。利用同一时间段的全场数据能够以制约的方式更加精确地解析地下结构，从而实现找矿突破和为工程建设提供地质数据。该技术的未来发展方向是小型化、便携化、快速化、可供无人机使用，可以快速测定某个区域地下地质体三维物性结构，并能够快速成像，对于地下地质结构的反演和地质找矿具有重要意义。

（11）大面积煤田火灾治理与生态修复关键技术

煤田火灾是指发生在煤田煤层露头或浅部的影响煤田开发、储量损失大、严重污染环境、威胁生产安全的大面积火灾。煤田火区生态治理是一个世界性难题，传统主要采用剥离—打钻—注水/注浆—覆盖等手段，工程量巨大，浪费宝贵的水资源，还会使得原本脆弱的生态环境遭到二次破坏。此外，传统煤火治理手段仅考虑如何移除火区热能，而未考虑蕴藏高品质热量的资源化利用。据统计，全世界每年地下煤火燃烧产生的能源，相当于全球核电总容量的 2.5 倍，超过水力发电所产能量的总和。因此，大面积煤田火灾治理与生态修复关键技术是目前世界各国学者和工业界普遍关注的问题。

目前的主要研究热点集中在以下几个方面：① 煤火探测、监控和防治技术，实现高效精准防控与节能一体化；② "双碳"背景下煤田火区多相污染和碳排放数学模型与评估预测分析，以期发展碳减排、碳循环和碳利用技术；③ 火区生态修复关键技术体系，形成综合、高效、绿色的有中国特色的煤田火区治理与生态恢复体系。未来的发展重点是开展地下煤火碳减排、热能等资源化利用与生态修复的重大技术变革研究，引领煤火治理走向以生态系统良性循环和环境风险有效防控为重点的新道路。

（12）提高矿山微震定位精度的技术研发

通过微震监测，可以记录煤岩体破裂过程中产生的微震信号，并对微震震源进行精确定位。定位结果不但可以用于预测冲击地压发生的位置、时间和规模，也是评价水力压裂后的煤层裂缝形态和展布规律的主要参数。目前，通过布设微震监测系统获取微震活动规律，并计算震动的能量来判断冲击地压发生的可能性是广泛应用的方法。主要的技术方向包括：台网优化布置、微震波形识别、微震震源定位、震源机制分析和微震活动预测等，而微震波形识别和震源定位是其中最为关键的且性能亟须提升的两个核心技术。具有较强的抗噪性、消除速度模型等因素对微震定位的影响是未来研究发展趋势，将成为今后微震定位研究的主流方向之一。此外，为实现快速、准确的自动微震定位，还需要发展高质量的震相识别技术。

2.2 Top 4 工程开发前沿重点解读

2.2.1 高效低成本大功率碱性电解水制氢关键技术

氢气主要用于化学工业的石化工业和工业氨合成。近年来，化石能源消耗带来的环境问题越发严重，世界各国都将研究中心转向了以氢能为代表的新能源研发。电解水制氢，可以实现零碳排放的氢气闭环，被认为是最绿色和可持续的方法。AWE适用于大规模开发应用，通过使用非贵金属催化剂，有效降低电解水成本，系统寿命长达20年。日本在氢能的开发与利用方面研究最为深入，碱性电解水制氢相关专利在全世界占47.44%。中国和韩国也进行了较多研究，分别占23.08%及20.51%。除此之外，美国、捷克、印度及意大利也对碱性电解水进行了探究。然而，高成本限制了电解水制氢的广泛应用，因此，通过电解水制取廉价氢气，逐步取代化石燃料，存在巨大的挑战。一方面，可以通过利用太阳能、风能或潮汐能的可再生电力，为多余电力提供一种转化为化学燃料的途径，同时提高可再生能源的利用率；另一方面，需要进一步提高电解水的整体电化学效率，从而降低氢气生产成本。此外，AWE产生的气体会携带碱液，气体纯度相比于质子交换膜电解水产生的略低，需通过辅助设备进行去除，碱液也会腐蚀电解设备。此外，AWE难以快速启动或变载，与可再生能源发电联用的适配性较差。目前，AWE催化剂研究取得了很大进展，但开发具有低成本、高活性和大量暴露活性位点的理想电催化剂仍是一项艰巨的任务，同时，还应进一步研究高活性和稳定性的非贵金属催化剂，进一步降低电解成本。此外，为了有效地分离产生的氢气和氧气，防止混合，电解槽的设计及隔膜研究也具有实际意义。如今，随着可再生能源的充分利用，低成本生产清洁氢气成为目前的发展趋势。AWE作为清洁和可持续大规模制氢平台的研究不断深入，未来将为可再生能源的使用带来实际应用，成为未来绿色制氢工业的核心技术之一。

"高效低成本大功率碱性电解水制氢关键技术"工程开发前沿中，专利产出排名前三的国家分别为中国、日本和韩国，平均被引数分别为1.86、4.29和1.50，见表2.2.1。专利产出排名前三的机构分别为日本旭化成株式会社、中国科学院大连化学物理研究所和日本迪诺拉永久电极股份有限公司，见表2.2.2。

2.2.2 高温气冷堆生物质制氢机理关键技术和关键设备研发

在中国"碳达峰、碳中和"目标的背景下，氢

表 2.2.1 "高效低成本大功率碱性电解水制氢关键技术"工程开发前沿中专利的主要产出国家

序号	国家	公开量	公开量比例	被引数	被引数比例	平均被引数
1	中国	170	64.39%	316	45.14%	1.86
2	日本	56	21.21%	240	34.29%	4.29
3	韩国	14	5.30%	21	3.00%	1.50
4	美国	7	2.65%	16	2.29%	2.29
5	法国	3	1.14%	28	4.00%	9.33
6	意大利	2	0.76%	33	4.71%	16.50
7	印度	2	0.76%	13	1.86%	6.50
8	加拿大	2	0.76%	9	1.29%	4.50
9	英国	2	0.76%	6	0.86%	3.00
10	德国	2	0.76%	1	0.14%	0.50

表 2.2.2 "高效低成本大功率碱性电解水制氢关键技术"工程开发前沿中专利的主要产出机构

序号	机构	国家	公开量	公开量比例	被引数	被引数比例	平均被引数
1	日本旭化成株式会社	日本	20	7.58%	142	20.29%	7.10
2	中国科学院大连化学物理研究所	中国	15	5.68%	80	11.43%	5.33
3	日本迪诺拉永久电极股份有限公司	日本	10	3.79%	72	10.29%	7.20
4	赫普热力发展有限公司	中国	7	2.65%	6	0.86%	0.86
5	日本日立麦克赛尔株式会社	日本	6	2.27%	9	1.29%	1.50
6	复旦大学	中国	5	1.89%	25	3.57%	5.00
7	南通安思卓新能源有限公司	中国	5	1.89%	5	0.71%	1.00
8	同济大学	中国	5	1.89%	0	0.00%	0.00
9	日本东曹株式会社	日本	4	1.52%	33	4.71%	8.25
10	天津市大陆制氢设备有限公司	中国	4	1.52%	18	2.57%	4.50

能将在中国能源结构变革中占有重要地位。高温气冷堆输出蒸汽参数高，应用领域广，可以耦合清洁制氢装置实现大规模零排放制氢，被公认是最适合核能制氢的堆型。生物质是唯一含碳的可再生资源，具有碳中性的巨大优势。以生物质为原料、高温气冷堆工艺热为热源制备氢气的方法，具有能效高、净碳排放为零的优点。此外，生物质制氢可以减少目前生物质废弃物不当处理带来的大气污染，同时为农民增收，具有多重正面意义。生物质原料既可以选秸秆、林木枝丫柴等农林废弃物，也可以选择甘蔗渣、污泥、制药菌渣等工业生物质，以缓解单一生物质原料存在的季节性和运输半径的不利影响。

生物质制氢主要有生物发酵法和热化学法，其中能够有效利用核能供热的主要是热化学法。生物质热化学制氢又可以分为气化、热解和超临界水转化，其中生物质气化可最有效利用反应堆高温工艺热。以甲烷为中间体的生物质气化制氢法由生物质加氢气化制甲烷和甲烷重整制氢两步组成，可有效避开固体颗粒对氦热回路的磨损，是核能生物质制氢今后的主要发展趋势。关键技术问题包括生物质制氢工艺与高温气冷堆耦合技术研究，生物质气化和甲烷重整制氢的工艺优化、高效催化剂设计制备、

生物质原料连续进料等。此外，关键技术还包括全过程的流程模拟、技术经济和生命周期的分析等。需要研发的关键设备主要有加氢气化炉、甲烷重整反应器以及相应的高温气冷堆中间换热器。以甲烷为中间体的核能生物质制氢技术的各步骤中，生物质加氢气化制甲烷目前处在实验室（如清华大学、华东理工大学）研究阶段，还没有工业化的报道，但可以借鉴已完成中试示范的煤加氢气化技术（新奥集团），甲烷重整制氢技术可以参考石化和煤化工领域的相关成熟技术。

国际上开展过核能高温工艺热研究的主要国家包括德国、美国、日本、俄罗斯、英国、韩国、波兰等，但采用核能生物质气化制氢直接相关的研究文献报道很少，已有的研究是以煤作为原料，如德国的褐煤加氢核热工艺原型电厂（PNP）。在中间换热器的研制方面，如德国的PNP项目建造了KVK高温氦气回路，分别对螺旋管和U形管式10 MW中间换热器开展了950 ℃下的工程验证；日本JAEA自主开发高温合金，设计并制造了功率为10 MW的螺旋管式中间换热器，在试验回路上进行了950 ℃运行考验。

煤加氢气化技术从美国煤气工艺研究所（IGT）流化床工艺发展到日本的ARCH气流床气化工艺，

已经历了近半个世纪的时间。IGT 采用流化床进行煤加氢气化反应，Rockwell 公司采用气流床反应器，克服了 IGT 技术中的煤粉黏聚失流态化的不足，但氢气的预热需要消耗大量的氧气。日本大阪煤气公司与英国煤气公司联合开发的 BG-OG (British Gas and Osaka Gas company) 工艺采用带气体循环的气流床加氢气化反应器，不需要氧气和氢气部分燃烧预热氢气。在国外煤加氢气化技术的基础上，中国新奥公司开发了煤加氢气化联产甲烷和芳烃新技术，2011 年建成了 50 t/d 中试示范并长时间运行，目前正在建设 400 t/d 规模的示范工厂。生物质加

氢气化可以借鉴煤加氢气化的已有技术，加快工业化步伐。

清华大学预计到 2023 年完成制氢关键技术和中间换热器等关键设备研究，2025 年完成工业放大，启动产业化工程建设。

由表 2.2.3 可知，该方向核心专利产出数量较多的国家为中国、美国、加拿大等。其中，中国的专利占比达到 67.21%，美国的占比为 9.84%，加拿大的占比为 4.92%。

由表 2.2.4 可知，该方向核心专利产出数量较多的机构为美国 Sundrop 燃料公司、清华大学与中

表 2.2.3 "高温气冷堆生物质制氢机理关键技术和关键设备研发"工程开发前沿中专利的主要产出国家

序号	国家	公开量	公开量比例	被引数	被引频次数	平均被引数
1	中国	41	67.21%	86	18.53%	2.10
2	美国	6	9.84%	172	37.07%	28.67
3	加拿大	3	4.92%	114	24.57%	38.00
4	韩国	3	4.92%	3	0.65%	1.00
5	德国	2	3.28%	78	16.81%	39.00
6	荷兰	1	1.64%	11	2.37%	11.00
7	英国	1	1.64%	0	0.00%	0.00
8	印度	1	1.64%	0	0.00%	0.00
9	墨西哥	1	1.64%	0	0.00%	0.00
10	俄罗斯	1	1.64%	0	0.00%	0.00

表 2.2.4 "高温气冷堆生物质制氢机理关键技术和关键设备研发"工程开发前沿中专利的主要产出机构

序号	机构	国家	公开量	公开量比例	被引数	被引数比例	平均被引数
1	美国 Sundrop 燃料公司	美国	3	4.92%	71	15.30%	23.67
2	清华大学	中国	3	4.92%	2	0.43%	0.67
3	中国石油天然气股份有限公司	中国	3	4.92%	0	0.00%	0.00
4	江苏大学	中国	2	3.28%	10	2.16%	5.00
5	中山大学	中国	2	3.28%	4	0.86%	2.00
6	太原赛鼎工程有限公司	中国	2	3.28%	0	0.00%	0.00
7	加拿大 G4 Insights 公司	加拿大	1	1.64%	114	24.57%	114.00
8	德国波罗的海航运公司	德国	1	1.64%	63	13.58%	63.00
9	美国燃气技术研究院	美国	1	1.64%	49	10.56%	49.00
10	美国可持续资源联盟	美国	1	1.64%	30	6.47%	30.00

国石油天然气股份有限公司等，此外，江苏大学、中山大学和太原赛鼎工程有限公司也开展了相关研究。

2.2.3　智能高效钻具组合与钻完井技术

智能技术是科技革命的新引擎和核心驱动力，将智能技术应用于油气开发已成为石油行业的发展趋势之一。实现油气行业智能化，离不开智能化、自动化、高效的钻完井工具及系统。智能高效钻具组合与钻完井技术是通过使用智能钻杆、智能钻机等智能钻井设备以及井下数据传输及连通系统建立地面与井下间的信息传输通道，使用井下信息采集系统对钻完井过程中的井下状况进行实时探测感知、信息传输，通过数据分析和反馈系统进行智能的分析决策，进而对井下相应的执行装备发出指令，从而实现钻井过程智能闭环控制和完井增产的钻完井优化技术。主要研究内容和技术方向可大致分为井下信息采集技术及装备、井下数据传输和连通系统及装备、决策调控系统及井下执行装置。井下信息采集技术及装备可以为钻完井提供井下数据支撑，是智能高效钻具组合的"眼睛"。井下数据传输和连通系统及装备为地面和井下提供数据传输通道，辅助综合决策。决策调控系统及井下执行装置可以处理井下数据并综合决策，控制井下智能工具，最终实现智能钻完井。目前已经研制出了智能钻机、智能钻头钻柱、智能导向、防黏滑工具、智能完井和压裂滑套等装备以及井下信息采集及传输、远程智能钻井决策控制系统等与智能钻完井装备结合使用的系统。未来石油勘探开发生产装备的智能化水平将会越来越高，嵌入物联网、机器视觉、深度学习等技术的智能生产装备将大大降低生产成本，提高生产效率；钻完井数据处理解释将会更加智能、高效，数据挖掘和数理统计等分析技术在石油勘探开发领域的应用将会更加成熟，计算机视觉、云计算等技术可以更高效地分析、解释以及处理钻井过程产生的大量测井图像、地质图像、仪表数据；智

能钻完井相关的专业软件和信息系统更加成熟，认知智能、人机交互技术将被应用于智能钻完井系统，从而提供智能钻井决策，优化钻井方案，其与智能装备之间的互动与融合将会更加完善。

目前，如表 2.2.5 所示，该领域专利主要产自美国，公开量达到 151 件，公开量占比 87.79%。中国以 11 件专利排名第四，位于加拿大和荷兰之后，公开量占比 6.40%。被引数最多的国家为美国，超过 1 800，被引数占比为 88.75%；中国专利被引数为 91，占比 4.28%。专利的主要产出机构主要来自美国，产出数量排名前十的机构中，有 9 家为美国的油服公司，其中美国哈里伯顿公司和美国斯伦贝谢公司以 30 件专利并列第一。中国石油化工股份有限公司以 4 件专利排名第十，专利数量占比为 2.33%（见表 2.2.6）。注重领域合作的国家主要为美国、加拿大、法国、荷兰及德国等欧美国家，中国与美国之间也存在一定合作（见图 2.2.1）；美国油服公司之间的合作较为密切，相互合作最多的机构主要是美国斯伦贝谢公司和美国 Prad 科技公司（见图 2.2.2）。

2.2.4　抗高温随钻测量工具系统

在钻井过程中，为了管控钻井风险、保障钻井质量、提高钻井效率，需要尽可能多地获取井下环境的各种信息（地质参数、工程参数和工艺参数等），因此钻柱底部近钻头附近安装有各种测量工具，如 MWD 工具和 LWD 工具。这些工具上的电路系统包括各种电子元件或传感元件，以实现数据的采集、处理、存储和传输等功能。随着深海、深地、地热能源的加速开发，深井（>4 500 m）、超深井（>6 000 m）数量逐渐增多，钻井工程对井下测量工具的要求也越来越高，常规井下测量工具难以在高温、高压、高震动、高摩擦、高腐蚀、超小空间等恶劣工况环境下长时间连续稳定运行，其中高温环境是最大影响因素。深层、超深层地层温度常常超过 150 ℃，部分井甚至超过 200 ℃，电路器

表 2.2.5 "智能高效钻具组合与钻完井技术"工程开发前沿中专利的主要产出国家

序号	国家	公开量	公开量比例	被引数	被引数比例	平均被引数
1	美国	151	87.79%	1 885	88.75%	12.48
2	加拿大	16	9.30%	219	10.31%	13.69
3	荷兰	13	7.56%	148	6.97%	11.38
4	中国	11	6.40%	91	4.28%	8.27
5	法国	10	5.81%	121	5.70%	12.10
6	德国	10	5.81%	61	2.87%	6.10
7	挪威	2	1.16%	24	1.13%	12.00
8	沙特阿拉伯	2	1.16%	18	0.85%	9.00
9	阿拉伯联合酋长国	1	0.58%	4	0.19%	4.00
10	澳大利亚	1	0.58%	2	0.09%	2.00

表 2.2.6 "智能高效钻具组合与钻完井技术"工程开发前沿中专利的主要产出机构

序号	机构	国家	公开量	公开量比例	被引数	被引数比例	平均被引数
1	美国哈利伯顿公司	美国	30	17.44%	406	19.11%	13.53
2	美国斯伦贝谢公司	美国	30	17.44%	371	17.47%	12.37
3	美国贝克休斯公司	美国	17	9.88%	160	7.53%	9.41
4	美国 Prad 科技公司	美国	11	6.40%	170	8.00%	15.45
5	美国威德福能源服务有限公司	美国	10	5.81%	123	5.79%	12.30
6	美国爱普斯石油技术有限公司	美国	8	4.65%	129	6.07%	16.13
7	美国纳伯斯工业有限公司	美国	8	4.65%	116	5.46%	14.50
8	美国 Motive 钻井工程技术公司	美国	6	3.49%	72	3.39%	12.00
9	美国 Hunt Advanced 钻井工程技术公司	美国	4	2.33%	78	3.67%	19.50
10	中国石油化工股份有限公司	中国	4	2.33%	47	2.21%	11.75

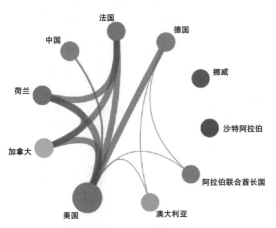

图 2.2.1 "智能高效钻具组合与钻完井技术"工程开发前沿主要国家间的合作网络

件在井下高温环境中极易发生失效。由高温引发的失效中断了钻井活动，需要起下钻更换电路系统，大大延长了钻井周期、增加了了钻井成本。因此，为了保证井眼质量、降低钻井成本，迫切需要研制抗高温随钻测量仪器系统。

高温、超高温地层钻井随钻测量工具研发一直是石油行业的巨大挑战，国内外油气公司和研究机构为此做出了大量工作并取得了一定的成果。美国斯伦贝谢公司配有抗高温多芯片模块的 TeleScope ICE 超高温高压随钻测量系统成功在 200 ℃的试验环境中连续工作 35 000 小时、承受 200 万次震动，

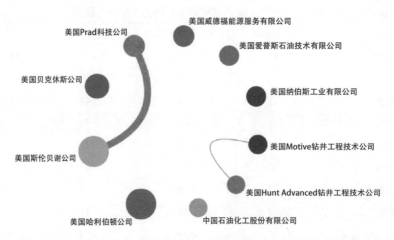

图 2.2.2 "智能高效钻具组合与钻完井技术"工程开发前沿主要机构间的合作网络

在长时间稳定工作的同时还能将多种井下测量信息高速传输到地面；美国哈利伯顿公司研发了抗高温的 Extreme 系列传感器（大于 175 ℃）和 Ultra 系列传感器（大于 230 ℃），其 Quasar Trio 随钻测量系统具有抗 200 ℃超高温的能力，获得了 2016 年"世界石油最佳钻井技术奖"；美国贝克休斯公司也已开发出能够在高温（大于 175 ℃）、强震动等恶劣环境中稳定工作的随钻测量工具系统。中国石油化工股份有限公司在井下电路主动降温系统方面开展了研究，中石化等公司也围绕耐高温随钻测量装置的研制进行了攻关，但整体而言与国外先进水平的差距较大。

抗高温随钻测量仪器系统以增强井下仪器电路系统的耐温性及研发主动降温装置为核心，以被动承受和主动调控相结合为手段，拓宽了系统的温度适用性，从而满足深层、超深层油气勘探开发井下高温环境中工程和地质参数的随钻测量要求。抗高温随钻测量仪器系统的关键部分包括抗高温井下传感器、抗高温电子元器件和高温封装技术等，其抗高温方式主要包括研发耐高温器件和为井下电路提供降温系统两种。在抗高温传感器方面，需要考虑传感器本体材料、锻接材料、铸融部件和焊料的选择，采用特殊焊接技术，确保传感器整体在高温下稳定工作；在抗高温电子元器件方面，需要选择在高温环境下性质更稳定的材料，分离和去除在高温、超高温条件下容易产生反应的化学物质；在高温封装技术方面，可以借鉴军事、航空方面的多芯片组件（MCM）等电子封装技术；在冷却系统方面，需要研究冷却板、变频冷却、隔热封装以及制冷剂技术等各种电子部件冷却技术在抗高温随钻测量仪器系统中的应用。

"抗高温随钻测量工具系统"工程开发前沿中，专利的主要产出国家为美国和中国，分别占 50.72% 和 37.68%，其他国家专利公开量比例均低于 5%（见表 2.2.7）；其中，美国的专利被引数最高，达 89.51%，远超其他国家。在专利产出机构方面（见表 2.2.8），美国斯伦贝谢公司、美国哈利伯顿公司、中国石油天然气股份有限公司和美国贝克休斯公司产出专利较多，其中美国哈利伯顿公司被引数最高。注重领域合作的国家有美国、荷兰和法国（见图 2.2.3），机构之间的合作研究集中在美国斯伦贝谢公司和美国 Prad 科技公司（见图 2.2.4）。

表 2.2.7 "抗高温随钻测量工具系统"工程开发前沿中专利的主要产出国家

序号	国家	公开量	公开量比例	被引数	被引数比例	平均被引数
1	美国	35	50.72%	700	89.51%	20.00
2	中国	26	37.68%	15	1.92%	0.58
3	沙特阿拉伯	3	4.35%	43	5.50%	14.33
4	英国	2	2.90%	9	1.15%	4.50
5	日本	2	2.90%	2	0.26%	1.00
6	马耳他	1	1.45%	13	1.66%	13.00
7	法国	1	1.45%	4	0.51%	4.00
8	荷兰	1	1.45%	4	0.51%	4.00

表 2.2.8 "抗高温随钻测量工具系统"工程开发前沿中专利的主要产出机构

序号	机构	国家	公开量	公开量比例	被引数	被引数比例	平均被引数
1	美国斯伦贝谢公司	美国	8	11.59%	85	10.87%	10.63
2	美国哈利伯顿公司	美国	7	10.14%	281	35.93%	40.14
3	中国石油天然气股份有限公司	中国	6	8.70%	5	0.64%	0.83
4	美国贝克休斯公司	美国	5	7.25%	41	5.24%	8.20
5	中国地质科学院探矿工艺研究所	中国	4	5.80%	1	0.13%	0.25
6	美国史密斯科技有限公司	美国	3	4.35%	49	6.27%	16.33
7	沙特阿美石油公司	美国	3	4.35%	43	5.50%	14.33
8	美国 FastCAP 系统公司	美国	2	2.90%	160	20.46%	80.00
9	美国 Prad 科技公司	美国	2	2.90%	65	8.31%	32.50
10	美国都福公司	美国	2	2.90%	43	5.50%	21.50

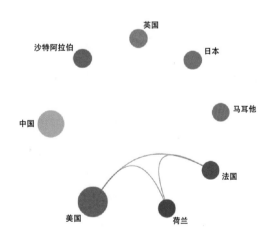

图 2.2.3 "抗高温随钻测量工具系统"工程开发前沿主要国家间的合作网络

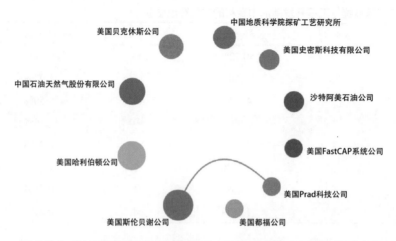

图 2.2.4　"抗高温随钻测量工具系统"工程开发前沿主要机构间的合作网络

领域课题组人员

课题组组长： 翁史烈　倪维斗　彭苏萍　顾大钊
课题组副组长： 黄　震　巨永林　刘　静
中国工程院能源与矿业工程学部办公室：
宗玉生　解光辉　孟思聪
Frontiers in Energy 编辑部：刘瑞芹
图书情报人员： 陈天天　陈　梦

能源和电气科学技术与工程学科组：
组　长： 翁史烈　岳光溪
秘书长： 巨永林　张　海
参加人： 代彦军　沈水云　沈文忠　王　倩
徐潇源　严　正　杨　立　张　海　章俊良
赵长颖　赵一新
执笔人： 代彦军　沈水云　徐潇源　严　正
杨　立　章俊良　赵一新

核科学技术与工程学科组：
组　长： 叶奇蓁　李建刚
秘书长： 苏　罡　高　翔

参加人： 张东辉　郭英华　柯国土　李　庆
焦拥军　郭　晴　周红波　杨　勇　田　林
执笔人： 宋丹戎　吴玉龙　王　毅　李恭顺

地质资源科学技术与工程学科组：
组　长： 赵文智　毛景文
秘书长： 张国生　刘　敏
参加人： 王　坤　王淑芳　李永新　董　劲
关　铭　侯　通　简　伟　刘　敏
执笔人： 李延河　王　坤　董　劲　关　铭
简　伟　姚佛军

矿业科学技术与工程学科组：
组　长： 袁　亮　李根生
秘书长： 周福宝　吴爱祥　张　农　宋先知
参加人： 江丙友　尹升华　时国庆　黄中伟
王海柱　梁东旭　张诚恺　宋国锋　王雷鸣
执笔人： 宋先知　刘晓斐　张诚恺　江丙友
时国庆　梁东旭　史波波　荣浩宇　许嘉徽
宋国锋

五、土木、水利与建筑工程

1 工程研究前沿

1.1 Top 10 工程研究前沿发展态势

  土木、水利与建筑工程领域 Top 10 工程研究前沿汇总见表 1.1.1，涉及水利工程、交通工程、土木建筑材料、建筑学、市政工程、城乡规划与风景园林、结构工程、工程力学、测绘工程和桥梁工程等学科方向。其中，"跨流域调水的生态环境效应""交通基础设施韧性提升""水源地水质污染控制与修复""面向智慧可持续城市的时空大数据感知方法"为专家提名前沿或者是基于数据挖掘前沿凝练而成的前沿，其他为数据挖掘前沿。各个前沿所涉及的核心论文自 2015 年至 2020 年的逐年发表情况见表 1.1.2。

  （1）跨流域调水的生态环境效应

  跨流域调水对于缓解水资源供需矛盾、优化水资源配置具有巨大的潜力与优势，由于改变了相关区域的水资源时空分布和水文情势，跨流域调水将引发复杂且影响持久的生态环境效应。不同于其他

水利工程，跨流域调水通常涉及两个或多个流域，对水量输出区域、输水沿线以及受水区域的生态环境影响各异。水量输出区的相关研究集中在调水引起的流量变化对下游区域河道形貌的改变以及对水生生物生境的影响；输水沿线的相关研究集中在基于模型分析原水水质在调水过程中的演变趋势与特征；受水区的相关研究则偏重水量增长对当地生态系统结构和功能的作用以及对地下水时空分布的影响。目前关于跨流域调水的生态环境效应研究依然局限于"点"和"线"的研究，连点成线、聚线成面，从流域角度综合考虑水资源管理和生态环境保护是该领域未来研究的重点与关键。从 2015 年至 2020 年，核心论文篇数为 26，被引频次为 842，篇均被引频次为 32.38。

  （2）交通基础设施韧性提升

  交通基础设施的韧性是指交通基础设施适应不断变化的外界环境，不断学习和自我调整，抵御各类灾害并快速恢复到正常服役状态，与外界环境的干扰共同进化。交通基础设施的韧性提升被认为是

表 1.1.1 土木、水利与建筑工程领域 Top 10 工程研究前沿

序号	工程研究前沿	核心论文数	被引频次	篇均被引频次	平均出版年
1	跨流域调水的生态环境效应	26	842	32.38	2018.2
2	交通基础设施韧性提升	29	646	22.28	2017.8
3	低碳长寿命水泥基材料	84	8 648	102.95	2017.4
4	碳中和背景下绿色建筑发展路径	135	5 496	40.71	2017.7
5	水源地水质污染控制与修复	46	1 828	39.74	2016.5
6	面向智慧可持续城市的时空大数据感知方法	22	987	44.86	2018.3
7	可恢复功能防震韧性结构体系	24	1 437	59.88	2018.1
8	柔性结构的流致振动及减振	22	567	25.77	2019.1
9	地理大数据知识图谱构建	15	414	27.60	2018.1
10	桥梁结构动力多荷载耦合灾变监测和机理分析	71	1 634	23.01	2018.0

表 1.1.2　土木、水利与建筑工程领域 Top 10 工程研究前沿核心论文逐年发表数

序号	工程研究前沿	2015 年	2016 年	2017 年	2018 年	2019 年	2020 年
1	跨流域调水的生态环境效应	3	4	1	4	5	9
2	交通基础设施韧性提升	3	3	4	7	10	2
3	低碳长寿命水泥基材料	13	19	11	18	10	13
4	碳中和背景下绿色建筑发展路径	20	14	28	21	30	22
5	水源地水质污染控制与修复	16	10	7	7	5	1
6	面向智慧可持续城市的时空大数据感知方法	1	2	2	6	8	3
7	可恢复功能防震韧性结构体系	0	5	3	5	7	4
8	柔性结构的流致振动及减振	1	0	1	3	6	11
9	地理大数据知识图谱构建	1	1	5	1	3	4
10	桥梁结构动力多荷载耦合灾变监测和机理分析	6	8	12	15	16	14

应对气候变化严峻挑战的重要举措之一，提升交通基础设施韧性和降低自然灾害等突发事件对人民交通出行的影响程度已成为交通领域的重大课题。主要研究方向包括：① 极端天气条件下交通基础设施恢复能力提升的理论框架；② 交通基础设施网络弹性评估与关键节点分析理论；③ 新型灾害模式下的韧性交通基础设施应急管理策略研究；④ 韧性交通基础设施的低影响建造与智能维养技术。当前发达国家已将基础设施韧性列为应对气候变化的下一代交通系统的重要组成部分，将智能化、低碳化、网络化、抗冲击和快速恢复等特性作为关键指标开展重点研究。从 2015 年至 2020 年，核心论文篇数为 29，被引频次为 646，篇均被引频次为 22.28。

（3）低碳长寿命水泥基材料

水泥行业碳排放约占中国碳排放总量的 10%，降低水泥生产与使用过程的碳排放是实现碳达峰、碳中和目标的重要途径。低碳长寿命水泥基材料是指基于低碳化设计理念、满足长寿命服役需求的水泥基材料。当前的主要研究内容包括：① 基于全寿命周期的碳足迹评测方法，实现水泥基材料生产和应用阶段碳排放的实时监控；② 通过减少水泥熟料用量、大掺量矿物掺合料、高效利用再生骨料

等技术降低水泥基材料的碳排放；③ 新型低碳胶凝材料的开发与应用；④ 基于服役性能提升与防护修复的水泥基材料延寿技术；⑤ 混凝土再碳化等二氧化碳利用技术。未来的发展趋势包括：建立水泥基材料全寿命周期的碳足迹评测方法与系统；形成针对水泥行业的高效碳捕获、利用与储存技术；开发以大宗固废材料、再生材料为主要原料的新型低碳胶凝材料，形成成套应用技术；研发低碳水泥基材料耐久性提升技术，延长水泥基材料的服役寿命。从 2015 年至 2020 年，核心论文篇数为 84，被引频次为 8 648，篇均被引频次为 102.95。

（4）碳中和背景下绿色建筑发展路径

绿色建筑是在全寿命期内节约资源、保护环境、减少污染，为人们提供健康、适用、高效的使用空间，最大限度地实现人与自然和谐共生的建筑。在碳达峰与碳中和目标的推动下，城乡建设领域正积极进行绿色低碳转型，主要研究方向包括：① 双碳目标导向下的绿色建筑设计原理与方法；② 低碳零碳建筑技术及基础设计参数；③ 低碳城乡规划设计原理与方法；④ 既有建筑绿色改造；⑤ 新型绿色建筑材料与构造体系；⑥ 建筑室内外空气品质与物理环境智能控制；⑦ 绿色建筑脱碳能源系统。绿色建筑的发展趋势是在城乡建设领域全面推行新

建绿色建筑的设计、施工与运行管理，对既有建筑进行包括近零/零能耗的绿色性能改造，大幅提升建筑能效、高比例使用可再生能源，尽早实现建设领域碳达峰和碳中和。从 2015 年至 2020 年，核心论文篇数为 135，被引频次为 5 496，篇均被引频次为 40.71。

（5）水源地水质污染控制与修复

水源地水质污染控制与修复主要是指水库、湖泊等饮用水水源的水质污染原位控制与修复。由于全球气候变化、极端天气频现和水动力条件改变，水源地水质呈现出年内季节性、年际周期性与差异性变化特点。有效控制高负荷径流污染、富营养化与藻类污染、内源污染等成为全球水源水质安全保障面临的难题。主要研究方向包括：① 水源地气候变化、温室效应等对污染物在气–土–水复合环境中迁移转化的影响机制，暴雨径流污染负荷削减的水动力学调控技术方法；② 混合充氧耦合好氧反硝化菌群脱氮、除磷、削减有机物、抑制藻类繁殖的强化生物技术，无机电子供体弥补有机碳源驱动好氧反硝化脱氮机理与体系构建；③ 强制混合充氧诱导水体持续自然混合改善水质、修复水体生态净化功能作用机制与条件，放线菌致嗅机理与嗅味控制技术；④ 混合充氧提升底层水温与溶解氧控制内源污染和持续修复污染沉积物的作用机理与技术。未来主要发展趋势是融合气候、水文、流域径流污染、水生物与生态学、沉积与地球化学、环境水力学等多学科知识，系统开展水源地水质污染成因与演变规律研究和物理–生物–生态–水动力等综合性控制关键技术研发。从 2015 年至 2020 年，核心论文篇数为 46，被引频次为 1 828，篇均被引频次为 39.74。

（6）面向智慧可持续城市的时空大数据感知方法

智慧城市已经超越了技术概念，扩展到以社会和经济可持续增长为目标的智慧可持续城市的概念。面向智慧可持续城市的时空大数据感知方法是以实现智慧可持续城市为发展目标，通过信息通信技术获取的时空大数据，实现对城市运行综合感知的方法，用于支持城市规划、建设、运维和服务。主要研究方向包括：① 提升智慧可持续城市的减灾、防灾能力，将社交媒体等产生的时空大数据视为实时传感器，用于实时判断洪水、飓风等灾害的影响，进行有效的灾害管理；② 提升智慧可持续城市的公共参与，使用时空大数据感知方法实现数字化公众参与，提升社会发展的可持续性；③ 深度学习等人工智能技术的应用，涉及智慧可持续城市的经济、社会、环境和治理等多个维度，集中关注在城市的能源、环境、健康、土地利用、安全、交通以及城市管理领域。智慧可持续城市目标下的结合人工智能的时空大数据感知方法仍是一个新兴领域，可为智慧可持续城市提升宜居性、生产力、创新力，支持更好的城市规划和城市治理。从 2015 年至 2020 年，核心论文篇数为 22，被引频次为 987，篇均被引频次为 44.86。

（7）可恢复功能防震韧性结构体系

传统基于延性设计理念的结构抗震设计方法通常采用主体构件和节点的损伤来达到良好的体系延性，相关设计方法常会导致震后结构损伤和残余变形过大而难以快速恢复正常使用功能。随着防震技术的不断发展，结构抗震设防目标逐渐从防倒塌升级为震后使用功能的快速恢复。可恢复功能防震结构是指应用摇摆、隔震、可更换耗能装置等技术，在遭受地震（设防或罕遇）作用时保持可接受的功能水平、震后不需修复或在部分使用状态下稍加修复即可恢复使用功能的结构，其基本要求是结构体系易于建造和维护，全寿命周期成本效益高。其主要研究方向包括：① 摇摆、可更换构件/部件结构等新型结构体系的低损伤设计理论；② 新型高性能阻尼器的耗能减震设计；③ 结构构件、节点及体系的震后韧性评估方法等。未来的主要发展趋势包括：涵盖吊顶、内隔墙、幕墙、设备等非结构体系和结构体系的整个建筑系统的可恢复功能设计和评估、社区和城市乃至区域的功能可恢复、可恢复功能结构体系与人工智能的交叉融合等。从2015年至2020年，核心论文篇数为24，被引频次为1437，篇均被引频次为59.88。

（8）柔性结构的流致振动及减振

柔性结构在工程实践中广泛存在，多为圆管形、翼形或钝体截面的细长结构，如海底管道、海洋平台立管、输电线路、高耸结构、大跨径桥梁的主梁及缆索等。柔性结构在风/水流作用下易发生涡振、抖振、颤振和驰振等不同形式的流致振动。由于涉及流体的层/湍流特征、边界层分离、涡脱以及剪切层影响，结构的质量、阻尼、刚度、边界条件，以及二者流固耦合作用，柔性结构的流致振动是高度复杂的非线性问题。此外，上游结构及其振动产生的尾流将影响下游流场，使柔性结构的动力学设计及振动控制更加复杂。相关的主要研究包括：① 圆形/非圆形截面的柔性结构的流致振动理论；② 基于计算流体力学及结构动力学的流固耦合分析方法；③ 柔性结构流致振动的主/被动控制方法。未来的发展趋势为：① 柔性结构涡振、驰振作用机理及非线性振动能量收集；② 多个串联柔性结构的流致振动及减振；③ 柔性结构在高雷诺数下的多尺度计算流体力学方法；④ 数据驱动的复杂流场特征提取及流固耦合作用分析。从2015年至2020年，核心论文篇数为22，被引频次为567，篇均被引频次为25.77。

（9）地理大数据知识图谱构建

地理大数据知识图谱是一种利用语义网络对地理概念、实体及其相互关系进行形式化描述的知识系统，能够提供系统的、深层次的结构化地理知识，是地理信息服务向地理知识服务拓展的关键，在地理知识理解、地学问题求解、时空预测决策等方面具有巨大的应用潜力。当前的主要研究内容有：① 地理知识表达模型，在一般知识表达的图模式基础上，融合地学知识中复杂的时空特征、计算属性及地学知识关系与规则，构建跨时空维度的

地学知识图谱表达模型；② 地学知识图谱构建方法，包括群智协同地学知识图谱构建和基于深度解析的多模态地学数据动态知识图谱构建；③ 地理知识推理，从地理知识图谱中的实体概念间关系出发，经过计算机推理，建立地理实体间的新关联，理解地学知识体系演化特征，发现地学新知识。从2015年至2020年，核心论文篇数为15，被引频次为414，篇均被引频次为27.60。

（10）桥梁结构动力多荷载耦合灾变监测和机理分析

桥梁运营过程中受到包括环境风、地脉动、车流、船撞、河流冲刷、泥石流、温度等多种荷载的作用，这些荷载的联合作用会引发桥梁结构发生丰富的动力灾变现象。观测和认识这些灾变行为不但具有实践指导意义而且具有科学价值。近年来的相关研究从单一荷载向多种荷载组合作用发展，主要研究方向包括：① 大跨长桥的风车桥耦合振动响应分析和观测；② 考虑桥墩冲刷后拱式桥和梁式桥的抗震和船撞安全性分析；③ 考虑突发地震下高速铁路桥梁行车脱轨安全性和驾乘舒适性分析和监测；④ 考虑温度荷载的热带亚热带刚构桥抗震风险分析；⑤ 洪水泥石流下山区桥梁的抗震动力安全性分析。今后的发展趋势是针对在役桥梁监测系统动力灾变涌现现象，认识结构灾变行为的发生机理、相变特征和诱发因素，为桥梁结构的全寿命性能调控和管养维护提供理论指导。从2015年至2020年，核心论文篇数为71，被引频次为1634，篇均被引频次为23.01。

1.2　Top 3 工程研究前沿重点解读

1.2.1　跨流域调水的生态环境效应

全球气候变化增加水资源时空分布不确定性，跨流域调水通过在两个或多个流域系统之间调剂水量余缺，有效解决产水和用水需求异地性矛盾，是优化水资源配置的重要工程措施之一，在全球取水

和供水系统中扮演日益重要的角色。但与此同时，此类工程调水距离长、调水规模大，对水量输出流域、输水沿线及受水流域生态环境影响各异，生态环境效应具有复杂性、综合性和滞后性的特点。

当前，该前沿的主要研究方向有：

1）水源区、输水区和受水区水文情势对水资源重新分配的响应及其影响，包括：① 调水引起的流量变化对河道形貌的改变及对水生生物生境的影响；② 水源区水量减少对下游区域水情的改变及引发的生态环境问题；③ 水资源重新分配对输水沿线和受水区地下水时空分布及化学特征的影响。

2）跨流域调水对水源区、输水区和受水区水生态系统生物多样性的影响，包括：① 水量和生境变化对当地生态系统结构和功能的作用效果与机制；② 调水引起的物种跨生物地理屏障迁移与入侵现象。

3）原水水质在跨流域调水过程中的演变趋势与特征，包括：① 基于水质－水量模型对原水长距离输送过程中水质演变特征的模拟及预测；② 关键污染物在输送过程中的迁移转化规律与机理；③ 引调水对受水区水体营养盐结构的影响及其生态效应。

"跨流域调水的生态环境效应"的核心论文共26篇（见表1.1.1），核心论文的篇均被引频次为32.38。核心论文产出排名前五的国家分别为中国、美国、英国、澳大利亚和伊朗（见表1.2.1），其中中国发表论文占比为42.31%，是该前沿的主要研究国家之一。篇均被引频次排名前五的国家为老挝、新西兰、新加坡、泰国和美国，其中中国作者所发表的论文篇均被引频次为33.55，略高于平均水平。从排名前十的核心论文产出国家合作网络（见图1.2.1）来看，论文数量排名前十的国家之间有较为密切的合作关系。

核心论文产出排名前五的机构分别为中国科学院、武汉大学、中国水利水电科学研究院、牛津大学和西安理工大学（见表1.2.2）。中国科学院的前沿方向是调水过程中污染物的迁移转化规律与特征；武汉大学的前沿方向是调水引起的水质水量变化趋势预测与模拟；中国水利水电科学研究院的前沿方向是水资源供给与河流生态系统保护间的冲突与平衡。从排名前十的核心论文产出机构合作网络（见图1.2.2）来看，各机构间有一定的合作关系。

施引核心论文产出前五的国家分别为中国、美国、印度、英国和澳大利亚（见表1.2.3），施引

表1.2.1 "跨流域调水的生态环境效应"工程研究前沿中核心论文的主要产出国家

序号	国家	核心论文数	论文比例	被引频次	篇均被引频次	平均出版年
1	中国	11	42.31%	369	33.55	2018.5
2	美国	8	30.77%	327	40.88	2017.9
3	英国	4	15.38%	91	22.75	2018.5
4	澳大利亚	3	11.54%	117	39.00	2017.3
5	伊朗	2	7.69%	63	31.50	2017.5
6	加拿大	2	7.69%	21	10.50	2020.0
7	老挝	1	3.85%	95	95.00	2019.0
8	新西兰	1	3.85%	95	95.00	2019.0
9	新加坡	1	3.85%	95	95.00	2019.0
10	泰国	1	3.85%	95	95.00	2019.0

表 1.2.2 "跨流域调水的生态环境效应"工程研究前沿中核心论文的主要产出机构

序号	机构	核心论文数	论文比例	被引频次	篇均被引频次	平均出版年
1	中国科学院	4	15.38%	94	23.50	2019.2
2	武汉大学	3	11.54%	87	29.00	2016.3
3	中国水利水电科学研究院	3	11.54%	65	21.67	2019.3
4	牛津大学	2	7.69%	55	27.50	2018.0
5	西安理工大学	2	7.69%	46	23.00	2019.5
6	长安大学	1	3.85%	111	111.00	2019.0
7	国际水资源管理研究所	1	3.85%	95	95.00	2019.0
8	新加坡科技设计大学	1	3.85%	95	95.00	2019.0
9	斯德哥尔摩环境研究所	1	3.85%	95	95.00	2019.0
10	越南水利大学	1	3.85%	95	95.00	2019.0

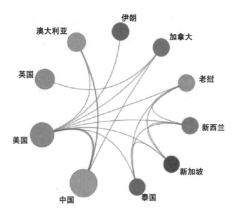

图 1.2.1 "跨流域调水的生态环境效应"工程研究前沿主要国家的合作网络

核心论文产出前五的机构分别为中国科学院、长安大学、河海大学、武汉大学和中国水利水电科学研究院（见表 1.2.4）。根据论文的施引情况来看，核心论文产出排名前五的国家的施引核心论文数也比较多，其中中国的发表论文数和施引论文数均排名第一，说明中国学者对该前沿的研究动态保持比较密切的关注和跟踪。

综合以上统计数据，在"跨流域调水的生态环境效应"研究前沿，与国外同行相比，中国学者略具优势，并逐步发展到领先地位。

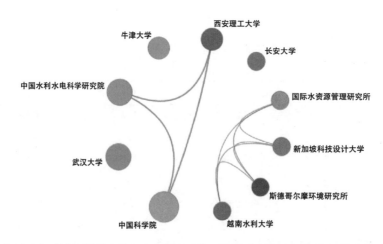

图 1.2.2 "跨流域调水的生态环境效应"工程研究前沿主要机构间的合作网络

表1.2.3 "跨流域调水的生态环境效应"工程研究前沿中施引核心论文的主要产出国家

序号	国家	施引核心论文数	施引核心论文比例	平均施引年
1	中国	377	38.59%	2019.6
2	美国	174	17.81%	2019.4
3	印度	84	8.60%	2019.8
4	英国	75	7.68%	2019.8
5	澳大利亚	65	6.65%	2019.1
6	伊朗	48	4.91%	2019.6
7	德国	35	3.58%	2019.2
8	巴西	33	3.38%	2019.6
9	荷兰	31	3.17%	2020.0
10	西班牙	29	2.97%	2019.6

表1.2.4 "跨流域调水的生态环境效应"工程研究前沿中施引核心论文的主要产出机构

序号	机构	施引核心论文数	施引核心论文比例	平均施引年
1	中国科学院	85	23.48%	2019.6
2	长安大学	54	14.92%	2019.7
3	河海大学	32	8.84%	2019.7
4	武汉大学	28	7.73%	2019.3
5	中国水利水电科学研究院	28	7.73%	2019.5
6	西安理工大学	25	6.91%	2019.8
7	密歇根州立大学	25	6.91%	2018.8
8	牛津大学	25	6.91%	2019.4
9	北京师范大学	23	6.35%	2018.9
10	墨尔本大学	21	5.80%	2018.7

1.2.2 交通基础设施韧性提升

交通基础设施是城市运行的骨架和基础。提升交通基础设施韧性能够避免昂贵的维修费用,也可以显著降低自然灾害对人民生活和福祉的影响程度。当前国内外的研究者已将交通韧性作为城市韧性的重要组成部分,提出韧性交通基础设施的四个主要特性,即抵抗力、可靠性、冗余性和恢复力。研究从单一交通设施的韧性设计逐步拓展到交通设施的网络韧性评估和系统性分析。

主要研究方向包括:

1)极端气候条件下交通基础设施韧性提升的理论框架。量化评估气候变化和自然灾害对不同区域交通基础设施的影响,开发交通基础设施灾害预警系统,建立突发自然灾害下的疏散模型以及经济损失预估模型。

2)交通基础设施网络韧性评估与关键节点分析理论。交通基础设施网络互联,单个交通资产无法对所有风险保持韧性。研究构建交通基础设施网络关键性和复杂性的评估模型,优化应急条件下的网络恢复策略,提出多目标下的网络决策支持系统。

3)新型灾害模式下的交通基础设施韧性。自动驾驶、无人机、车路协同等智能交通系统的广泛应用和城市网络化连接日益紧密，网络攻击、恐怖袭击、传染病蔓延等新型灾害模式不可忽略。基于多源信息融合技术，开展交通基础设施信息层的多层次韧性分析，研究智能交通系统在灾前预测、灾害响应和灾后救援中的应用方法。

4）交通基础设施的用户韧性。从政策层面，搭建基础设施灾前和灾后风险管理决策支持框架，建立交通基础设施灾前投资决策模型。从使用者层面，开发低影响智能建造技术和智能维养技术，构建自适应和自修复交通基础设施。

"交通基础设施韧性提升"的核心论文共29篇（见表1.1.1），核心论文的篇均被引频次为22.28。核心论文产出排名前五的国家分别为美国、中国、英国、哥伦比亚和希腊（见表1.2.5），其中中国发表论文占比为20.69%，是该前沿的最主要研究国家之一。篇均被引频次排名前五的国家分别为沙特阿拉伯、美国、英国、马来西亚和中国，其中中国作者所发表的论文篇均被引频次为16.00，说明中国学者在该前沿的研究工作也逐步受到了关注。从排名前十的核心论文产出国家合作网络（见图1.2.3）来看，中国和美国的合作相对频繁。

核心论文产出排名前五的机构分别为伊利诺伊大学、上海交通大学、俄克拉荷马大学、马里兰大学和香港理工大学（见表1.2.6）。近年来，伊利诺伊大学和上海交通大学的前沿科学领域主要是交通基础设施的脆弱性和恢复能力评价。从排名前十的核心论文产出机构合作网络（见图1.2.4）来看，机构之间的合作较为稀疏。

施引核心论文产出前五的国家分别为美国、中国、英国、伊朗和加拿大（见表1.2.7），施引核心论文产出前五的机构分别为代尔夫特理工大学、香港理工大学、伊利诺伊大学、清华大学和德黑兰大学（见表1.2.8）。根据论文的施引情况来看，核心论文产出排名前五的国家的施引核心论文数也比较多。

综合以上统计数据，在"交通基础设施韧性提升"研究前沿，中国学者发表论文数和施引论文数均排名第二，说明中国学者对该领域前沿动态保持比较密切的跟踪，但国际合作较少。

1.2.3 低碳长寿命水泥基材料

水泥混凝土是世界上用量最大的人工材料，中国水泥用量占全球产量的近60%，其 CO_2 排放量约占中国排放总量的10%，因此降低水泥生产与应用过程的碳排放是实现碳达峰和碳中和目标的重要途径。水泥生产的过程碳排放主要来自生产过程中

表1.2.5 "交通基础设施韧性提升"工程研究前沿中核心论文的主要产出国家

序号	国家	核心论文数	论文比例	被引频次	篇均被引频次	平均出版年
1	美国	16	55.17%	489	30.56	2017.5
2	中国	6	20.69%	96	16.00	2017.2
3	英国	2	6.90%	37	18.50	2017.0
4	哥伦比亚	2	6.90%	24	12.00	2019.0
5	希腊	2	6.90%	17	8.50	2017.0
6	沙特阿拉伯	1	3.45%	32	32.00	2015.0
7	马来西亚	1	3.45%	18	18.00	2019.0
8	法国	1	3.45%	11	11.00	2019.0
9	荷兰	1	3.45%	11	11.00	2019.0
10	挪威	1	3.45%	11	11.00	2019.0

表 1.2.6 "交通基础设施韧性提升"工程研究前沿中核心论文的主要产出机构

序号	机构	核心论文数	论文比例	被引频次	篇均被引频次	平均出版年
1	伊利诺伊大学	2	6.90%	101	50.50	2017.5
2	上海交通大学	2	6.90%	34	17.00	2017.0
3	俄克拉荷马大学	1	3.45%	123	123.00	2016.0
4	马里兰大学	1	3.45%	117	117.00	2015.0
5	香港理工大学	1	3.45%	32	32.00	2015.0
6	沙特国王大学	1	3.45%	32	32.00	2015.0
7	密苏里科技大学	1	3.45%	32	32.00	2015.0
8	堪萨斯大学	1	3.45%	32	32.00	2015.0
9	兰卡斯特大学	1	3.45%	32	32.00	2015.0
10	华盛顿大学	1	3.45%	24	24.00	2015.0

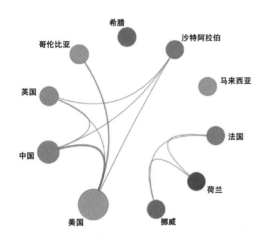

图 1.2.3 "交通基础设施韧性提升"工程研究前沿主要国家间的合作网络

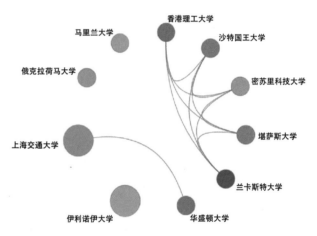

图 1.2.4 "交通基础设施韧性提升"工程研究前沿主要机构间的合作网络

表 1.2.7 "交通基础设施韧性提升"工程研究前沿中施引核心论文的主要产出国家

序号	国家	施引核心论文数	施引核心论文比例	平均施引年
1	美国	210	32.71%	2019.3
2	中国	187	29.13%	2019.5
3	英国	51	7.94%	2019.3
4	伊朗	31	4.83%	2019.0
5	加拿大	30	4.67%	2019.7
6	澳大利亚	24	3.74%	2019.4
7	法国	23	3.58%	2019.2
8	意大利	23	3.58%	2019.2
9	印度	22	3.43%	2019.3
10	韩国	22	3.43%	2019.7

表 1.2.8 "交通基础设施韧性提升"工程研究前沿中施引核心论文的主要产出机构

序号	机构	施引核心论文数	施引核心论文比例	平均施引年
1	代尔夫特理工大学	14	12.50%	2019.7
2	香港理工大学	14	12.50%	2019.6
3	伊利诺伊大学	11	9.82%	2019.6
4	清华大学	10	8.93%	2020.1
5	德黑兰大学	10	8.93%	2019.4
6	同济大学	10	8.93%	2020.3
7	大连海事大学	9	8.04%	2020.8
8	华中科技大学	9	8.04%	2019.4
9	北京交通大学	9	8.04%	2020.7
10	浙江大学	8	7.14%	2020.0

的燃煤消耗产生 CO_2 以及石灰石原料分解产生的 CO_2。目前，窑炉筒体保温、余热回收利用、协同资源处置等系列节能减排技术已经在水泥行业得到了大规模普及利用，单纯依靠工艺技术及装备水平改造实现进一步节能减排的空间有限。因此需基于低碳化设计理念，突破传统水泥的制备与使用理念，研发原料来源广泛、绿色环保且能满足长寿命服役的新型低碳长寿命水泥基材料。

低碳长寿命水泥基材料的主要研究方向包括：

1）水泥混凝土全寿命服役周期的碳足迹评测方法，全面分析水泥基材料生产和应用阶段的碳排放情况，形成环保、节能、减碳和成本等多维分析模型。

2）水泥基材料低碳化利用技术，通过使用大掺量矿物掺合料来减少水泥中熟料用量，利用废弃混凝土制备再生骨料，提高混凝土的力学性能减少构件尺寸与混凝土用量等手段来降低现有水泥混凝土的碳排放。

3）新型低碳胶凝材料的开发与应用，充分利用尾矿、冶金矿渣、建筑垃圾等大宗固废材料，通过多元活化技术，开发包括煅烧高岭土尾矿–石灰石复合胶凝体系、碱激发胶凝材料等在内的新型低碳胶凝材料体系。

4）基于服役性能提升与防护修复的水泥基材料延寿技术，通过提升水泥基材料的耐久性能，并采用系统防护修复技术，延长混凝土构筑物的服役寿命，减少全寿命周期内水泥的消耗量。

5）混凝土再碳化技术与碳捕获、利用与储存技术，包括通过既有建筑结构中混凝土的再碳化行为来吸收空气中二氧化碳，以及通过化学吸收、吸附、富氧燃烧等方式捕获水泥生产过程中产生的二氧化碳，通过地质封存、海洋封存等形式进行长期存储或直接用于含碳化硬化胶凝材料混凝土制品的制备与养护中。

"低碳长寿命水泥基材料"的核心论文 84 篇（见表 1.1.1），核心论文的篇均被引频次为 102.95。核心论文产出排名前五的国家分别为中国、英国、澳大利亚、印度和美国（见表 1.2.9），其中中国发表论文占比为 35.71%，是该前沿的主要研究国家之一。篇均被引频次排名前五的国家分别为英国、印度、美国、巴西和中国，其中中国作者所发表的论文篇均被引频次为 99.10，说明中国学者在该前沿的研究工作还有进一步上升的空间。从排名前十的核心论文产出国家合作网络（见图 1.2.5）来看，国际有较为密切的合作关系，中国和澳大利亚之间的合作相对频繁。

核心论文产出排名前五的机构分别为湖南大学、香港理工大学、同济大学、马来西亚理工大学和谢菲尔德大学（见表1.2.10）。湖南大学前沿领域集中在新型低碳胶凝材料的开发与利用，尤其是在地聚合物方向成果显著；香港理工大学和同济大学的前沿领域主要集中在再生骨料的处理与利用，以及水泥混凝土全生命服役周期的碳足迹评测方法。从排名前十的核心论文产出机构合作网络（见图1.2.6）来看，除马来西亚理工大学、西悉尼大学和里斯本大学外，其他机构之间合作相对频繁。

施引核心论文产出前五的国家分别为中国、美国、澳大利亚、印度和英国（见表1.2.11），施引核心论文产出前五的机构分别为同济大学、武汉理工大学、香港理工大学、湖南大学和深圳大学（见表1.2.12）。根据论文的施引情况来看，核心论文产出排名前五的国家的施引核心论文数也比较多，其中中国的发表论文数和施引论文数均排名第一，说明中国学者对该前沿的研究动态保持比较密切的关注和跟踪。

综合以上统计数据，在"低碳长寿命水泥基材料"研究前沿，与国外同行相比，中国学者逐步发展到领先地位。

表 1.2.9 "低碳长寿命水泥基材料"工程研究前沿中核心论文的主要产出国家

序号	国家	核心论文数	论文比例	被引频次	篇均被引频次	平均出版年
1	中国	30	35.71%	2 973	99.10	2017.5
2	英国	12	14.29%	2 130	177.50	2017.2
3	澳大利亚	11	13.10%	1 073	97.55	2016.5
4	印度	7	8.33%	1 159	165.57	2017.3
5	美国	7	8.33%	1 120	160.00	2016.7
6	加拿大	6	7.14%	425	70.83	2017.5
7	马来西亚	6	7.14%	291	48.50	2018.5
8	巴西	5	5.95%	749	149.80	2017.4
9	韩国	4	4.76%	383	95.75	2016.5
10	葡萄牙	4	4.76%	382	95.50	2016.8

表 1.2.10 "低碳长寿命水泥基材料"工程研究前沿中核心论文的主要产出机构

序号	机构	核心论文数	论文比例	被引频次	篇均被引频次	平均出版年
1	湖南大学	9	10.71%	1 339	148.78	2016.8
2	香港理工大学	6	7.14%	573	95.50	2015.8
3	同济大学	5	5.95%	269	53.80	2018.2
4	马来西亚理工大学	5	5.95%	259	51.80	2018.4
5	谢菲尔德大学	4	4.76%	941	235.25	2017.2
6	里斯本大学	4	4.76%	382	95.50	2016.8
7	中南林业科技大学	3	3.57%	473	157.67	2015.3
8	深圳和华国际工程与设计有限公司	3	3.57%	473	157.67	2015.3
9	西悉尼大学	3	3.57%	285	95.00	2017.7
10	香港科技大学	3	3.57%	259	86.33	2017.0

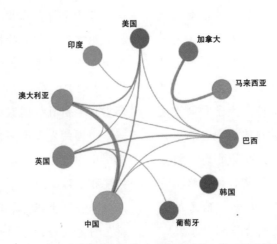

图 1.2.5 "低碳长寿命水泥基材料"工程研究前沿主要国家间的合作网络

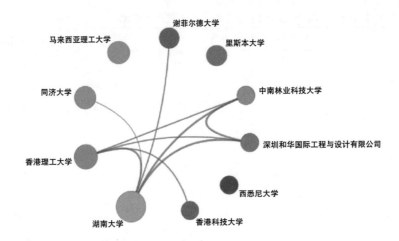

图 1.2.6 "低碳长寿命水泥基材料"工程研究前沿主要机构间的合作网络

表 1.2.11 "低碳长寿命水泥基材料"工程研究前沿中施引核心论文的主要产出国家

序号	国家	施引核心论文数	施引核心论文比例	平均施引年
1	中国	1 896	37.23%	2019.5
2	美国	564	11.08%	2019.4
3	澳大利亚	468	9.19%	2019.3
4	印度	431	8.46%	2019.5
5	英国	327	6.42%	2019.2
6	西班牙	284	5.58%	2019.3
7	马来西亚	252	4.95%	2019.2
8	巴西	250	4.91%	2019.4
9	韩国	209	4.10%	2019.2
10	意大利	206	4.05%	2019.2

表 1.2.12 "低碳长寿命水泥基材料"工程研究前沿中施引核心论文的主要产出机构

序号	机构	施引核心论文数	施引核心论文比例	平均施引年
1	同济大学	141	13.61%	2019.7
2	武汉理工大学	120	11.58%	2019.3
3	香港理工大学	114	11.00%	2019.3
4	湖南大学	106	10.23%	2019.1
5	深圳大学	103	9.94%	2019.8
6	东南大学	96	9.27%	2019.1
7	里斯本大学	91	8.78%	2019.2
8	哈尔滨工业大学	77	7.43%	2019.6
9	马来西亚理工大学	65	6.27%	2019.2
10	西安建筑科技大学	62	5.98%	2019.6

2 工程开发前沿

2.1 Top 10 工程开发前沿发展态势

土木、水利与建筑工程领域的 Top 10 工程开发前沿及统计数据见表 2.1.1，涉及结构工程、市政工程、测绘工程、交通工程、土木建筑材料、岩土及地下工程、城乡规划与风景园林、水利工程等学科方向。其中，"村镇智能化一体式污水处理装置""时速 600 km/h 以上高速磁浮基础设施建造技术""多重灾害下水工结构安全保障技术""复杂交通网络韧性监测、评估与优化技术"是专家提名前沿或者基于数据挖掘前沿凝练而成的前沿，其他是数据挖掘前沿。各个前沿所涉及的专利自 2015 年至 2020 年的逐年公开量见表 2.1.2。

（1）建筑结构智能建造技术

建筑工程智能建造技术是指新一代信息技术与建筑工程建造相融合而形成的建造创新技术，即利用以"三化"（数字化、网络化和智能化）和"三算"（算据、算法和算力）为特征的信息技术，在实现工程建造要素资源数字化的基础上，通过规范化建模、网络化交互、可视化认知、高性能计算以及智能化决策支持等技术，实现数字链驱动下的建筑工程立项策划、规划设计、施工生产、运维服务、循环消纳的一体化集成与高效率协同，不断拓展建筑工程建造价值链、改造产业结构生态链，向用户交付以人为本和绿色可持续的智能化建筑工程产品与服务。其主要技术方向包括：① 建筑工程数字建模和仿真交互技术；② 建筑工程泛在感知与宽带物联技术；③ 建筑工程工厂制造和机器施工技术；④ 建筑工程人工智能与辅助决策技术；⑤ 建筑工程绿色低碳和生态环保关键技术。目前智能建造技术已成为建筑工程技术发展的大势所趋，发展重点是充分挖掘和广泛利用以大数据智能、人机混合增强智能、类脑智能等为代表的人工智能技术在主动感知、自主学习、分析推理和知识应用方面的独特优势，推动建筑工程的传统建造向智能建造加速转变。从 2015 年至 2020 年，专利公开量为 107，引用量为 625，平均被引数为 5.84。

（2）村镇智能化一体式污水处理装置

村镇智能化一体式污水处理装置是指适用于小规模分散式生活污水处理且可对工艺智能监控调的一体式装置，是实现广大农村地区生活污水的广泛收集、分散高效处理和集中集约管理的有效途径。主要技术方向包括：① 重力势能、风能、太阳能驱动的村镇一体化污水处理装置，生物生态耦合的污水净化及回用技术和组合工艺；② 基

表 2.1.1　土木、水利与建筑工程领域 Top 10 工程开发前沿

序号	工程开发前沿	公开量	引用量	平均被引数	平均公开年
1	建筑结构智能建造技术	107	625	5.84	2018.3
2	村镇智能化一体式污水处理装置	82	106	1.29	2017.7
3	室内外一体化高精度定位导航系统	85	425	5.00	2017.8
4	时速 600 km/h 以上高速磁浮基础设施建造技术	54	17	0.31	2019.4
5	固废物在土木工程中高效资源化应用技术	339	598	1.76	2018.2
6	地下空间工程工业化建造技术	132	234	1.77	2017.4
7	全域全要素的数字孪生城市感知和仿真技术	137	371	2.71	2018.8
8	多重灾害下水工结构安全保障技术	24	75	3.13	2017.3
9	复杂交通网络韧性监测、评估与优化技术	274	1 599	5.84	2017.3
10	混凝土裂缝智能感知与生物修复技术	88	1 419	16.13	2016.6

表 2.1.2　土木、水利与建筑工程领域 Top 10 工程开发前沿专利逐年公开量

序号	前沿名称	2015 年	2016 年	2017 年	2018 年	2019 年	2020 年
1	建筑结构智能建造技术	12	7	15	23	32	18
2	村镇智能化一体式污水处理装置	3	7	21	28	14	8
3	室内外一体化高精度定位导航系统	11	8	15	14	15	20
4	时速 600 km/h 以上高速磁浮基础设施建造技术	0	0	3	3	17	31
5	固废物在土木工程中高效资源化应用技术	20	34	34	54	79	107
6	地下空间工程工业化建造技术	9	23	35	28	14	17
7	全域全要素的数字孪生城市感知和仿真技术	3	5	8	24	44	52
8	多重灾害下水工结构安全保障技术	7	0	0	5	8	2
9	复杂交通网络韧性监测、评估与优化技术	25	32	35	35	58	53
10	混凝土裂缝智能感知与生物修复技术	24	23	14	19	8	0

于光学和电学的廉价可靠的水质在线智能传感器和远程数据传输及控制系统；③ 基于活性污泥数学模型耦合人工智能深度学习算法的污水工艺运行状态诊断和预测预警模型；④ "无人值守–云诊断–云预警–机动维护"的污水处理装置智能维护模式。未来的发展趋势是融合水污染控制工程、微生物学、仪器科学、人工智能、物联网等多学科知识，研发低耗高效易维护云管理的村镇智能化一体式污水处理装置及运行和管理模式。从 2015 年至 2020 年，专利公开量为 82，引用量为 106，平均被引数为 1.29。

（3）室内外一体化高精度定位导航系统

室内外一体化高精度定位导航系统将支持室外场景的技术手段和支持室内场景的技术手段集成于同一个终端，为用户提供室内外位置信息服务。它是测绘工程领域的开发前沿之一，在仓储物流、智慧养老、特种医院、智慧工厂、社区矫正、商场管理等场景中有广泛的应用需求。当前的主要技术方向包括：① 室内外组合定位技术，实现不同空间场景下的一体化无缝高精度定位；② 多传感器信息融合技术，通过融合惯性测量设备、卫星导航设备、磁传感器、视觉设备等多传感器定位信息，提

高室内外定位精度；③低功耗定位信号发送与接收装置，通过低功率广域网络（LPWAN）技术实现定位和通信信号的低功耗传输，提高定位导航系统的续航及待机时间。从 2015 年至 2020 年，专利公开量为 85，引用量为 425，平均被引数为 5.00。

（4）时速 600 km/h 以上高速磁浮基础设施建造技术

高速磁浮基础设施建造技术用于确保时速 600 km/h 以上高速磁浮交通系统安全稳定运行，涉及基础设施设计、施工和养护维修等多个方面。目前，时速 600 km/h 以上的高速磁浮列车已经下线，但满足工程化要求的中长距离线路基础设施建造技术尚不成熟，直接制约着高速磁浮交通技术的发展，需从基础理论和试验验证两方面开展系统研究。高速磁浮列车与基础设施耦合作用机制是基础设施建造技术的基础理论支撑，涉及结构动力学、电磁控制理论、超导电动磁力作用等多个学科领域。此外，高速磁浮基础设施还面临环境复杂、安全风险大等严峻挑战，而传统轮轨交通基础设施相应的配套技术很难满足要求。主要技术方向包括：①高速磁浮列车–基础设施耦合动力学理论；②高速磁浮列车基础设施综合试验平台；③复杂服役环境下高速磁浮基础设施结构及材料服役性能演化机理及应对措施；④高速磁浮基础设施智能动态检测方法及养护维修技术。未来主要发展趋势为基础设施建造关键技术中长线工程化验证、高速磁浮列车基础设施长期服役性能及演化规律、基础设施性能智能化检测及监测技术等。从 2015 年到 2020 年，专利公开量为 54，引用量为 17，平均被引数为 0.31。

（5）固废物在土木工程中高效资源化应用技术

固体废弃物（简称固废物）指各类生产活动中丧失原有利用价值的固态废物。钢铁、煤炭、有色、化工、建筑、采矿、农业、垃圾处置等行业产生的各类废弃物都可以用于制备建材产品，实现高效资源化利用。这类技术既有助于固体废弃物的无害化处置，也能够减少土木工程领域对于各类资源的消

耗，是实现循环经济与可持续发展的重要途径。根据固体废弃物的理化性质，其在土木工程中的资源化利用途径大致可分为：①硅铝质固废物，可作为混凝土掺和料、水泥混合材、水泥烧成替代原料（生料），也可用于制备碱激发材料等新型胶凝材料；②硫酸钙质固废物，可用于配制水泥，或制备建筑板材、砂浆；③淤泥、渣土、尾矿等低钙、惰性固废物，可用于路基回填或制备砌体材料；④混凝土废弃物或其他块状固废物，可作为混凝土骨料；⑤植物纤维质固废物，可用于制造建筑板材。从固废物处置的角度，这类技术的发展方向主要在于提高固废物的处置效率与产品的环境安全性，其中的热点问题有：提高低活性固废物的化学活性、开发新的资源化利用方法、在资源化利用过程中实现固废物中有害成分的无害化等。而从水泥、混凝土及建筑行业的角度，这类技术中的关键问题包括：建立有效的理论实现材料的高性能化、在行业内部实现高品质资源的优化配置等。从 2015 年至 2020 年，专利公开量为 339，引用量为 598，平均被引数为 1.76。

（6）地下空间工程工业化建造技术

建筑工业化是以构件预制化生产、装配式施工为生产方式，以设计标准化、构件部品化、施工机械化、管理信息化为特征，实现建筑产品节能、环保、全寿命周期价值最大化的可持续发展的新型建筑生产方式。随着地下空间开发需求日增和装配式建筑技术发展，地下空间工程工业化成为建筑工业化的重要组成部分，从传统盾构区间隧道推广到整体装配式地铁车站、装配式综合管廊、装配式竖井停车库等更加复杂的多功能地下结构体系。主要技术方向包括：①复杂地下结构体系构件的标准化和系列化；②适应复杂地下建造条件的预制地下结构体系施工技术和智能装备；③抵御极端灾害的预制地下结构体系韧性提升；④适应预制装配式地下结构防水、抗震新材料研发；⑤支撑地下空间工程产业化的信息技术；⑥地下建造环境的

透明化技术和地下工程精细分析方法。该技术将走向更为复杂的大空间地下工程应用。从 2015 年至 2020 年，专利公开量为 132，引用量为 234，平均被引数为 1.77。

（7）全域全要素的数字孪生城市感知和仿真技术

基于复杂综合技术体系构建的城市数字孪生体是信息维度上的虚拟城市，是与实体城市共同生存、虚实交融的城市未来发展形态，是以数据驱动治理的线上、线下互促的城市智能化运行模式。其主要特征是城市全要素数字化与虚拟化、全状态实时化与可视化、城市运行管理协同化与智能化，覆盖全域、全要素的感知、检测、预警、仿真、计算与决策体系。空间上，数字孪生城市技术的发展方向是国家–区域–城市–社区–建筑全域覆盖，要素上，从物理建筑要素感知与仿真扩展至自然气象、经济社会、农业生态等全要素。以智慧城市建设、城市信息模型（CIM）、城市与社区中枢大脑等应用，配合物联网、边缘计算、深度学习、主动感知分析技术等是目前全域全要素数字孪生的关键技术。主要技术方向包括：① 以人为本理念价值导向下，利用多源大数据精准预测人口与活动特征，打造智能便捷的数字化公共服务体系，构建充满活力的数字生活服务生态；② 服务现代治理，通过数据赋能，推动城市管理精细化、智能化和高质量化发展；③ 维护城市韧性安全，通过多源一体化智能感知技术，实现各元系统三维拓扑和物理信息的全域感知和全域透明，通过分布式、多层级的城市数字孪生模型，开展全寿命周期数字化，提升城市防灾减灾安全管理水平。从 2015 年至 2020 年，专利公开量为 137，引用量为 371，平均被引数为 2.71。

（8）多重灾害下水工结构安全保障技术

水工结构运全寿命周期行过程中可能遭遇极端降雨、强震等多种重大自然灾害，进而引发河道巨型滑坡、泥石流等次生地质灾害，导致库区涌浪、堰塞坝溃决洪水等，造成多种致灾因子叠加，严重影响工程安全，可能诱发流域尺度的系统性风险，危及梯级水库群。多重灾害下水工结构安全保障技术旨在针对地震活跃、地质灾害和气象灾害高发地区，提升水工结构应对多重灾害的能力，降低系统风险。主要技术方向包括：① 地震–地质–洪水灾害连锁效应的时空特点和评价方法；② 巨灾风险评估与防控技术及方法；③ 考虑超标准洪水、强震、特大地质灾害叠加效应的场景数值模拟技术和风险推演方法；④ 流域水工程群多维安全调控和风险调度平台。从 2015 年至 2020 年，专利公开量为 24，引用量为 75，平均被引数为 3.13。

（9）复杂交通网络韧性监测、评估与优化技术

韧性表征系统对内外部风险的抵御、吸收、自适应和恢复等全周期的应对能力。交通系统是城市运行系统的重要组成部分，交通网络是承载出行需求的载体，也是重要的生命线系统。《交通强国建设纲要》要求"完善多层次网络布局，优化存量资源配置，增强系统弹性"。城市出行需求强度高，多方式网络耦合强。交通系统内外的扰动和冲击事件频发，经大规模、强关联、多方式网络的传播效应，极易产生区域性、网络化的瘫痪和失效。扰动和冲击事件对网络的影响具有全局性，而现有应对措施具有事后性、局部性。因此，考虑事件对网络全周期的影响，构建韧性交通网络已成为交通工程、城市科学等领域的前沿热点，其核心是实现对网络的全局监测、精准评估、协同优化，主要技术方向包括：① 海量要素级观测数据的监测部署策略和监测方法，准确及时辨识网络异常状态、触发动态调控机制；② 网络韧性精准评估及自恢复力推演技术，提高对异常状态的敏感性、指向性、预判性；③ 全周期协同优化多方式网络韧性，在事前，设计具有合理冗余、稳健鲁棒的交通网络，在事后，优化多主体恢复资源的时空配置，提升网络恢复能力。针对失效事件难预防、系统演化难预测、事后

恢复效率低的难题，需要充分利用大数据、人工智能、物联网等技术，研发大数据和知识融合驱动的复杂交通网络韧性分析与优化技术体系，形成韧性仿真推演与决策评估平台。从 2015 年至 2020 年，专利公开量为 274，引用量为 1 599，平均被引数为 5.84。

（10）混凝土裂缝智能感知与生物修复技术

混凝土裂缝智能感知与生物修复技术是指利用基体内预埋的自修复功能单元，对裂缝开展的尖端应力或变形，以及水、有害离子、空气等通过裂缝快速传播引起的环境变化主动响应，并仿照生物体释放或制造功能物质对裂缝或环境进行修复的技术。通过自修复功能单元响应、修复与评价等关键核心技术的研发，实现混凝土抗渗性能、力学性能等的自主修复，保障工程的耐久与安全。主要技术方向包括：① 裂缝及微环境变化响应机制；② 裂缝自修复功能单元设计及与混凝土基体高效融合技术；③ 响应与修复过程的模拟与监测技术；④ 自修复效果评估方法；⑤ 实际服役条件下混凝土裂缝响应与修复技术开发。目前发展重点是优化自修复单元与混凝土的亲和性，提升自修复功能单元在混凝土中的稳定性和长效性，探索高效修复的自修复单元的结构形式及响应机制，开展混凝土生物自修复技术的实际应用。从 2015 年至 2020 年，专利公开量为 88，引用量为 1 419，平均被引数为 16.13。

2.2 Top 3 工程开发前沿重点解读

2.2.1 建筑结构智能建造技术

传统的建筑工程建造具有生产方式粗放、劳动效率低下、资源消耗庞大等突出问题，开展内涵集约式发展已成为当务之急。当前，以物联网、大数据、云计算、人工智能和区块链等为代表的新一代信息技术加速向各行业全面渗透，正在深刻变革着建筑工程科学与技术的发展，以"智能建造"为代表的未来建筑工程时代业已临近。

建筑工程智能建造技术的核心是建筑工程全产业链的信息互联互通技术，即通过建筑信息模型（BIM）技术提供基础信息的创造、集成、管理、展示与服务，通过物联网技术提供生产、物流、施工和服役过程中的信息感知、采集、传输和反馈，通过人工智能技术提供全生命周期各个环节的信息处理、决策和操作，最终实现建筑工程的标准化设计、工业化生产、机械化施工、一体化装修、信息化管理、智能化应用和绿色化消纳。目前建筑工程智能建造技术的研发方向有：

1）建筑工程智能设计，包括智能设计理论方法、智能设计关键技术、基于数字孪生的智能设计模式。

2）建筑工程智能施工，包括可持续与绿色施工技术、模块化和精细施工技术、人工智能与决策技术、机器人系统与自动化技术、技术集成与信息建模。

3）建筑工程智能运维，包括智能感知和数采技术、环境友好型结构养护技术、结构的精准加固维修技术、大型工程改造与协同技术。

4）建筑工程智能消纳，包括智能分类回收技术，清洁增值利用、高效安全转化和精深加工技术，精准管控决策技术。

"建筑结构智能建造技术"工程开发前沿的核心专利共 107 篇，平均被引数为 5.84（见表 2.1.1）。核心专利产出排名前三的国家分别为中国、日本和美国（见表 2.2.1）。中国为申请专利量最多的国家，占比达到了 75.70%，平均被引数为 5.17，是该工程开发前沿的重点研究国家之一。

核心专利产出排名前五的机构分别为中国建筑集团有限公司、中国中冶集团、厦门华蔚物联网科技有限公司、澳大利亚 Fastbrick Ip 有限公司和中国交通建设股份有限公司（见表 2.2.2）。

2.2.2 村镇智能化一体式污水处理装置

村镇智能化一体式污水处理装置主要是指适用

表 2.2.1 "建筑结构智能建造技术"工程开发前沿中专利的主要产出国家

序号	国家	公开量	公开量比例	被引数	被引数比例	平均被引数
1	中国	81	75.70%	419	67.04%	5.17
2	日本	8	7.48%	26	4.16%	3.25
3	美国	6	5.61%	102	16.32%	17.00
4	德国	3	2.80%	38	6.08%	12.67
5	澳大利亚	3	2.80%	25	4.00%	8.33
6	韩国	2	1.87%	0	0.00%	0.00
7	加拿大	1	0.93%	15	2.40%	15.00
8	俄罗斯	1	0.93%	0	0.00%	0.00

表 2.2.2 "建筑结构智能建造技术"工程开发前沿中专利的主要产出机构

序号	机构	国家	公开量	公开量比例	被引数	被引数比例	平均被引数
1	中国建筑集团有限公司	中国	8	7.48%	67	10.72%	8.38
2	中国中冶集团	中国	3	2.80%	33	5.28%	11.00
3	厦门华蔚物联网科技有限公司	中国	3	2.80%	33	5.28%	11.00
4	澳大利亚 Fastbrick IP 有限公司	澳大利亚	3	2.80%	25	4.00%	8.33
5	中国交通建设股份有限公司	中国	3	2.80%	14	2.24%	4.67
6	德国斯棱曼公司	德国	2	1.87%	18	2.88%	9.00
7	中国电力建设集团有限公司	中国	2	1.87%	12	1.92%	6.00
8	常州伟泰科技股份有限公司	中国	2	1.87%	8	1.28%	4.00
9	中国中铁股份有限公司	中国	2	1.87%	4	0.64%	2.00
10	美国 Armatron Systems 公司	美国	1	0.93%	36	5.76%	36.00

于镇乡村等小规模分散式生活污水处理且可对工艺智能监控调的一体式装置，处理规模 5 ~ 500 m³/d。受散居模式和经济、技术条件限制，广大农村地区仍普遍存在污水散乱排放、管网铺设率低、集中处理率低的问题，现有污水处理设施运行率低、运行成本高、故障率高、维护难。如何实现广大农村生活污水的广泛收集、分散高效处理、集中集约管理是当前亟待解决的棘手问题，把污水处理装置作为一个智能终端将是一种可能的出路。

村镇智能化一体式污水处理装置的主要技术方向包括：

1）因地制宜地研发重力势能、风能、太阳能驱动的村镇一体化污水处理装置（维护方便、稳定性高、故障率低），生物生态耦合的污水净化及回用技术和组合工艺。

2）研发基于光学和电学的廉价可靠水质在线智能传感器，构建远程数据传输及控制系统。

3）构建基于活性污泥数学模型耦合人工智能深度学习算法的污水工艺运行状态预测预警模型，构建污水处理装置故障智能诊断模型。

4）构建分散式污水处理装置云管理平台及区域中心，建立"无人值守－云诊断－云预警－机动维护"的污水处理装置智能维护新模式。

未来的发展趋势是融合水污染控制工程、微生物学、仪器科学、人工智能、物联网等多学科知识，研发低耗高效易维护云管理的村镇智能化一体式污水处理装置及运行和管理模式。

"村镇智能化一体式污水处理装置"工程开发

前沿的核心专利共82篇，平均被引数为1.29（见表2.1.1）。核心专利产出排名前三的国家分别为中国、韩国和俄罗斯（见表2.2.3）。中国机构或个人所申请的专利占比达到了92.68%，是该工程开发前沿的重点研究国家之一，平均被引数为1.12。

核心专利产出排名前五的机构分别为湖南子宏生态科技股份有限公司、滁州友林科技发展有限公司、福建省致青生态环保有限公司、韩国斗山工程机械有限公司和武汉益锦祥生物环保有限公司（表2.2.4）。湖南子宏生态科技股份有限公司专利将活性污泥工艺与过滤工艺集成，其特色和先进性在于利用发明的三相分离区既实现泥水的稳定高效分离，又实现污泥无能耗的自动回流；滁州友林科技发展有限公司专利集成了活性污泥和生物膜及氧化和絮凝工艺，发明的多孔珍珠岩微粉与粉煤灰微粉和膨润土粉组合的絮凝剂活化组分，实现了污水高效除磷和脱色的深度处理；福建省致青生态环保

有限公司专利是针对高浓度废水的一体化装置，将上流式厌氧污泥床（UASB）和膜生物反应器（MBR）整合形成A/O并集成了光催化氧化提高出水质量，污泥均自动进入厌氧产沼气，通过沼气的产电实现装置的自给能。从专利公开趋势看，该领域研究最早在1989年，于2015年专利数量逐年增长，到2018年达到顶峰，然后开始呈现下降趋势，说明从2018年开始该技术领域有待新的重大突破。

2.2.3 室内外一体化高精度定位导航系统

室内外一体化高精度定位导航系统支持室外场景的技术手段和支持室内场景的技术手段集成于同一个终端，为用户提供室内外位置信息服务，在仓储物流、智慧养老、特种医院、智慧工厂、社区矫正、商场管理等场景中有广泛的应用需求。

当前发展的主要技术方向包括：

1）室内外组合定位技术，包括室外全球导航

表2.2.3 "村镇智能化一体式污水处理装置"工程开发前沿中专利的主要产出国家

序号	国家	公开量	公开量比例	被引数	被引数比例	平均被引数
1	中国	76	92.68%	85	80.19%	1.12
2	韩国	4	4.88%	10	9.43%	2.50
3	俄罗斯	1	1.22%	7	6.60%	7.00
4	美国	1	1.22%	4	3.77%	4.00

表2.2.4 "村镇智能化一体式污水处理装置"工程开发前沿中专利的主要产出机构

序号	机构	国家	公开量	公开量比例	被引数	被引数比例	平均被引数
1	湖南子宏生态科技股份有限公司	中国	2	2.44%	1	0.94%	0.50
2	滁州友林科技发展有限公司	中国	1	1.22%	15	14.15%	15.00
3	福建省致青生态环保有限公司	中国	1	1.22%	8	7.55%	8.00
4	韩国斗山工程机械有限公司	韩国	1	1.22%	7	6.60%	7.00
5	武汉益锦祥生物环保有限公司	中国	1	1.22%	5	4.72%	5.00
6	中国航天系统科学与工程研究院	中国	1	1.22%	4	3.77%	4.00
7	美国普雷斯比专利信托	美国	1	1.22%	4	3.77%	4.00
8	瑞盛环境股份有限公司	中国	1	1.22%	4	3.77%	4.00
9	深圳市碧园环保技术有限公司	中国	1	1.22%	4	3.77%	4.00
10	北京华清博雅环保工程有限公司	中国	1	1.22%	3	2.83%	3.00

卫星系统（GNSS）与室内超宽带（UWB）组合的一体化定位系统，室外 GNSS 和室内地磁组合的一体化定位系统，室外 GNSS 和室内惯导组合的一体化定位系统，室外 GNSS 和室内移动网络基站定位组合的一体化定位系统等多种不同的组合方式。通过组合使用室内精准定位技术与室外精准定位技术实现不同空间场景下的一体化无缝高精度定位。

2）多传感器信息融合技术，通过融合 GNSS、惯性测量设备、磁传感器和视觉设备等多传感器信息和伪卫星信号、地图约束等多源定位信息，提高室内外定位精度。

3）低功耗定位信号发送与接收装置，通过 LPWAN 技术实现定位和通信信号的低功耗传输，提高定位导航系统的续航及待机时间。

"室内外一体化高精度定位导航系统"工程开发前沿的核心专利共 85 篇，平均被引数为 5.00（见表 2.1.1）。核心专利产出排名前三的国家分别为中国、英国和韩国（见表 2.2.5），其中中国机构或个人所申请的专利占比达到了 91.76%，在专利数量方面比重较大，是该工程开发前沿的重点研究国家之一，平均被引数为 5.12，略高于平均水平。

核心专利产出排名前五的机构分别为中国电子科技集团公司、中国航天系统科学与工程研究院、阿里巴巴集团控股有限公司、桂林电子科技大学和深圳市中舟智能科技有限公司（见表 2.2.6）。中国电子科技集团公司着重于研究室内外组合定位技术和多源融合定位技术；中国航天系统科学与工程研究院偏重研发卫星定位信号转发接收装置，为全飞行器系统室内测试任务提供转发的卫星定位信

表 2.2.5　"室内外一体化高精度定位导航系统"工程开发前沿中专利的主要产出国家

序号	国家	公开量	公开量比例	被引数	被引数比例	平均被引数
1	中国	78	91.76%	399	93.88%	5.12
2	英国	2	2.35%	10	2.35%	5.00
3	韩国	2	2.35%	0	0.00%	0.00
4	开曼群岛	1	1.18%	12	2.82%	12.00
5	美国	1	1.18%	4	0.94%	4.00
6	奥地利	1	1.18%	0	0.00%	0.00

表 2.2.6　"室内外一体化高精度定位导航系统"工程开发前沿中专利的主要产出机构

序号	机构	国家	公开量	公开量比例	被引数	被引数比例	平均被引数
1	中国电子科技集团公司	中国	3	3.53%	12	2.82%	4.00
2	中国航天系统科学与工程研究院	中国	3	3.53%	1	0.24%	0.33
3	阿里巴巴集团控股有限公司	中国	2	2.35%	27	6.35%	13.50
4	桂林电子科技大学	中国	2	2.35%	15	3.53%	7.50
5	深圳市中舟智能科技有限公司	中国	2	2.35%	13	3.06%	6.50
6	广东工业大学	中国	2	2.35%	13	3.06%	6.50
7	杭州电子科技大学	中国	2	2.35%	7	1.65%	3.50
8	长沙海格北斗信息技术有限公司	中国	2	2.35%	6	1.41%	3.00
9	深圳市城市交通规划设计研究中心有限公司	中国	2	2.35%	4	0.94%	2.00
10	北京航天长征飞行器研究所	中国	2	2.35%	1	0.24%	0.50

号；阿里巴巴集团控股有限公司则着重于车载室内外一体化高精度定位导航系统的研发。从排名前十

的核心专利产出机构合作网络（见图 2.2.1）来看，机构之间的合作较为稀疏。

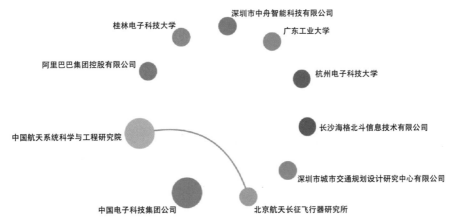

图 2.2.1 "室内外一体化高精度定位导航系统"工程开发前沿的主要机构间合作网络

领域课题组人员

课题组组长： 崔俊芝　张建云　顾祥林
专家组：
院士：

江　亿　欧进萍　杨永斌　张建云　刘加平[①]
缪昌文　杜彦良　钮新强　彭永臻　郑健龙
王复明　张建民　吴志强　岳清瑞　吕西林
马　军　冯夏庭　朱合华　胡亚安　唐洪武
刘加平[②]

专家：

艾剑良　蔡春声　蔡　奕　陈　鹏　陈　庆
陈求稳　陈先华　陈　欣　陈以一　陈志光
达良俊　戴晓虎　董必钦　樊健生　高　军
高　亮　葛耀君　顾冲时　郭劲松　韩　杰
黄廷林　黄子硕　贾良玖　蒋金洋　姜　屏
蒋正武　焦文玲　金君良　李安桂　李　晨
李建斌　李益农　李峥嵘　林波荣　凌建明

刘　超　刘　芳　刘　京　刘曙光　刘彦伶
马　腾　钮心毅　潘海啸　任伟新　邵益生
沈　迪　沈　尧　史才军　史良胜　舒章康
孙　剑　孙　智　谈广鸣　谭忆秋　谭　峥
童小华　汪洁琼　汪双杰　王本劲　王国庆
王建华　王　伟　王亚宜　王元战　夏圣骥
肖飞鹏　肖　洋　肖　忠　徐俊增　严金秀
杨　敏　杨庆山　杨仲轩　姚俊兰　叶　蔚
余钟波　袁　烽　张　辰　张　锋　张　松
张　旭　张云升　郑百林　郑　刚　仲　政
周伟国　周　翔　朱　能　朱兴一　庄晓莹

执笔组：

刘加平[②]　陈　鹏　陈求稳　董必钦　高　亮
郭劲松　黄廷林　贾良玖　蒋正武　刘　超
刘　芳　钮心毅　沈　尧　孙　剑　孙　智
王本劲　王　伟　向　衍　肖飞鹏　杨　柳
姚俊兰　周新刚

① 西安建筑科技大学。
② 东南大学。

六、环境与轻纺工程

1　工程研究前沿

1.1　Top 10 工程研究前沿发展态势

环境与轻纺工程领域（以下简称环境领域）所研判的 Top 10 工程研究前沿见表 1.1.1，涉及环境科学工程、气象科学工程、海洋科学工程、食品科学工程、纺织科学工程以及轻工科学工程 6 个学科方向。其中，各个前沿 2015 年至 2020 年的逐年核心论文发表情况见表 1.1.2。

（1）土壤碳库对全球气候变化响应机制

土壤碳库是指土壤生态系统中有机质、凋落物以及地上和地下生物量等碳素的储存库。不仅能为陆地生态系统中各类生命体提供足够的养分，而且还发挥着与大气、水体等生态系统交换碳素等资源的功能，在全球生态循环系统中扮演着非常重要的角色。然而，近年来，随着全球气候变化加剧，引发的台风、洪涝、干旱以及热浪等气候灾难频次不断增加，进而加重了生态环境的负担和恶化程度，

特别是作为生态循环系统重要组成部分的土壤碳库，其所受到的影响也不容小视。加之，土壤中的环境因子复杂多变，异质性较强，在由气候变化导致的光照、温度、湿度等条件改变时，土壤生态系统中各类环境因素的响应机制对于土壤碳库的构成和稳定性就显得十分重要。此外，土壤碳库也是碳素汇聚的主要场所，对减轻碳排放，改善全球气候变化情况具有一定作用。在全球碳达峰、碳中和的大背景下，明确土壤碳库对全球气候变化响应机制已经成为研究热点并取得了不错的进展。目前来看，该研究方向的热点论文主要集中于不同土壤类型中碳库对气候变化的响应过程，比如草地生态系统、农田土壤等。但是关于土壤中不同环境因子对气候变化的响应过程和机制的研究还相对较少，同时，全球尺度范围的研究工作也比较匮乏。因此，进一步加强从宏观大尺度和微观因素等多角度解析土壤碳库与全球气候变化之间的响应机制，对缓解气候变化影响、实现碳中和目标等研究工作具有非常重要的意义。

表 1.1.1　环境与轻纺工程领域 Top 10 工程研究前沿

序号	工程研究前沿	核心论文数	被引频次	篇均被引频次	平均出版年
1	土壤碳库对全球气候变化响应机制	50	3 034	60.68	2018.2
2	大气挥发性有机物低温氧化催化剂研究	113	11 662	103.20	2016.7
3	市政污水资源化能源化技术	248	20 775	83.77	2016.6
4	臭氧和气溶胶复合污染对人体健康的影响研究	7	2 423	346.14	2017.7
5	复合型极端气候事件与灾害风险研究	1 008	46 867	46.50	2016.8
6	碳中和与碳达峰目标下的气候变化研究	1 070	104 283	97.46	2016.7
7	海洋微型生物碳泵储碳理论研究	22	2 045	92.95	2016.1
8	超浸润生物质基复合纤维的制备与功能化应用研究	55	4 681	85.11	2016.7
9	个性化营养健康食品靶向设计及智能配餐技术	1 168	12 473	10.68	2017.6
10	纳米碳基增强聚合物复合材料的设计与研发	1 570	111 460	70.99	2017.0

表 1.1.2　环境与轻纺工程领域 Top 10 工程研究前沿逐年核心论文发表数

序号	工程研究前沿	2015 年	2016 年	2017 年	2018 年	2019 年	2020 年
1	土壤碳库对全球气候变化响应机制	0	0	10	23	14	3
2	大气挥发性有机物低温氧化催化剂研究	29	28	22	21	10	3
3	市政污水资源化能源化技术	69	63	48	36	21	11
4	臭氧和气溶胶复合污染对人体健康的影响研究	0	0	3	3	1	0
5	复合型极端气候事件与灾害风险研究	261	240	181	181	95	50
6	碳中和与碳达峰目标下的气候变化研究	267	254	224	188	101	36
7	海洋微型生物碳泵储碳理论研究	7	7	6	2	0	0
8	超浸润生物质基复合纤维的制备与功能化应用研究	12	14	11	12	6	0
9	个性化营养健康食品靶向设计及智能配餐技术	181	150	210	172	227	228
10	纳米碳基增强聚合物复合材料的设计与研发	322	350	299	327	184	88

（2）大气挥发性有机物低温氧化催化剂研究

挥发性有机物（VOCs）不仅本身是一类主要的大气污染物，而且是大气复合污染的重要前体物和参与物，VOCs 污染控制对提升大气环境质量具有重要意义。催化氧化是治理挥发性有机物（VOCs）污染的主要技术，催化剂是决定 VOCs 催化氧化性能的核心。近年来，低温高效的 VOCs 氧化需求对催化剂性能提出了更高的要求，VOCs 低温氧化催化剂研究成为环境催化领域的研究前沿之一。该前沿初期研究主要集中于甲醛的氧化，近两年以甲苯等芳烃为目标物的催化剂研究受到更多关注，该类催化剂研究以不断降低 VOCs 氧化反应的活化能为主要目标。低温催化氧化 VOCs 催化剂活性组分主要包括贵金属（Pd、Pt、Au 等）和金属氧化物，还包括金属有机框架化合物（MOFs）等新型催化剂。大多数研究重点利用界面效应、形貌效应、缺陷效应、尺寸效应等原理实现催化剂性能提升，其中通过金属 – 载体相互作用调控催化剂活性是重点研究的策略之一。目前多篇论文报道了通过 Pt/ZrO_2、Co_3O_4 等催化剂研制已实现甲醛的室温完全转化，而甲苯等芳烃类 VOCs 的完全分解所需温度仍较高，相关催化剂效能仍有提升空间。此外，常与 VOCs 共存的含卤、含硫等化合物对催化剂普遍

有毒化作用，如何通过改进催化剂提高其抗毒化性能是该前沿的重要发展方向。

（3）市政污水资源化能源化技术

长期以来，以活性污泥法为代表的好氧生物处理技术在市政污水处理中发挥了积极作用。然而，受工艺原理本身限制，传统好氧活性污泥法存在高药耗、高能耗、低资源回收等问题。随着国际社会对于碳减排及可持续发展的关注，开发高效的城市污水资源化和能源化技术，成为水处理领域的重要研究方向。

污水中有机质、氮磷及水作为重要有价资源，在污水处理过程中被消耗或排放，造成资源的大量浪费，与当今社会节能减排、节约资源的发展战略相矛盾。因此，上述资源的转化、分离与回收对于构建可持续水处理具有重要意义。有机质的回收技术包括污水直接厌氧消化技术、污泥厌氧发酵产酸技术、厌氧膜生物反应器技术等；氮磷资源的回收则包括微藻生物质转化技术、鸟粪石氮磷回收技术等。膜分离是水资源再生与有用物质回收的重要工艺，当前研究主要聚焦在膜材料改性以及膜污染原位控制技术等方面。上述技术的核心思想是将污水中有用物质通过精细化筛分和高效定向增值转化，实现污水资源的安全、高效利用，支撑城市水循环

系统的可持续发展。

污水处理过程中节能降耗与能量回收是水处理领域的另一研究重点，相关技术包括：短程硝化－厌氧氨氧化脱氮技术、精准曝气技术、污泥厌氧消化产沼气技术、污泥直接焚烧发电技术、污水源热泵技术等。通过降低曝气能耗、回收利用污水中的有机质能与出水余热等方式达到污水厂能源自给的目标。

市政污水处理系统是多因素共同作用的复杂过程，受当地自然条件、污水量、进出水水质、运行维护水平等影响较大。如何在污水处理过程中，"因地制宜"地应用污水资源化和能源化技术，是未来需要研究的重点。

（4）臭氧和气溶胶复合污染对人体健康的影响研究

来自天然源和人为源排放的氮氧化物（NO_x）和挥发性有机物（VOCs）等污染物在阳光照射下能够发生一系列复杂的反应，产生臭氧（O_3）等氧化性很强的产物，在此过程中也生成了各种二次颗粒物（气溶胶）。高浓度臭氧可和二次气溶胶污染并存，形成大气复合污染。中国城市群区域广泛存在着大气复合污染，臭氧和二次颗粒物在大气复合污染过程中大量生成，VOCs与NO_x是两者生成的共同前体物，大气强氧化性是反应的驱动力。

针对O_3和气溶胶（特别是PM2.5）单独暴露的健康效应，已有较多研究。研究表明，O_3和PM2.5的暴露均会对人体健康造成不利影响，损害呼吸系统、心血管系统、神经系统、免疫系统、胚胎发育，增加致癌、致畸、致突变的风险。大气复合污染中，O_3和PM2.5的浓度表现出强烈的正相关性，两者可同时超过规定的标准限值。统计研究表明，O_3高暴露可能增强PM2.5对总死亡、呼吸系统疾病的效应；同样，PM2.5高暴露可能增强O_3对呼吸系统疾病死亡的效应。然而，目前O_3和PM2.5对健康影响的交互作用的程度和机制尚不明确。因此，应进一步加强对大气复合污染下臭氧和

气溶胶对人体健康影响的共同作用的研究，为臭氧和气溶胶的协同治理提供科学支持。

（5）复合型极端气候事件与灾害风险研究

近些年来，一类致灾性更强的极端事件——复合型事件，如风暴潮－强降水、高温－干旱、高温－高湿等，开始引起人们的高度关注。传统的极端天气气候事件多采用单一的天气气候要素的极端值来定义极端事件。复合事件是两个或更多的气候要素同时或连续达到极端条件，这些不同变量的极端事件相互结合，能够大大增强其破坏性；或者，这些气候要素单独发生并没有极端性，而当其共同发生时，会导致严重的影响。例如与降水或者极端暖事件等相结合的复合型事件，是具有高致灾、高影响的极端天气气候事件，它们在气候变暖背景下的频次和强度的变化直接影响能源的需求、交通运输的中断和农作物的产量，并且容易造成严重的经济和生命损失。然而，目前针对复合型极端事件对能源、交通、建筑、农业、旅游等社会生活的方方面面造成不同程度影响的机制和反馈过程的理解还缺乏定量的、系统的观测和试验数据的支持，未来还需要更多的观测和试验研究，以提高对气候变化关键问题的认识和灾害风险管理水平。

（6）碳中和与碳达峰目标下的气候变化研究

2020年，习近平总书记向国际社会郑重宣布，中国将采取更加有力的政策和措施，力争2030年前二氧化碳排放达到峰值，努力争取2060年前实现碳中和。围绕碳达峰目标和碳中和愿景，需要加强国际气候变化形势跟踪与分析，参与国家相关气候战略制定。研究碳达峰、碳中和等国家战略对气候变化研究的意义和影响，加强气候变化对经济发展、产业结构布局、空间规划等的影响以及气候系统多圈层相互作用与异常影响过程机理等多方面的研究；还需要发展和完善气候变化检测归因、卫星遥感监测应用和全球温室气体、多种气候变量监测方法等技术；研发包括生态环境和人类活动多圈层耦合的地球系统模式和高分辨率精细化区域气候模

式；开展面向粮食安全、水资源、生态环境、海平面、人体健康、基础设施等重点方向的灾害风险定量化、动态化评估。构建具有气候恢复力的可持续城市化发展路径，保障气候安全。同时开展大规模可再生能源开发的气候生态效应研究，切实提升可再生能源气候服务水平，助力碳达峰目标和碳中和愿景实现。

（7）海洋微型生物碳泵储碳理论研究

海洋微型生物碳泵 (MCP) 为理解海洋中惰性溶解有机碳 (RDOC) 生成和相关微生物过程提供了一个概念框架。海洋微型生物碳泵是将活性溶解有机碳转化为惰性溶解有机碳储存在海洋里，这也解释了海洋中巨大溶解有机碳库存在的原因和机制。目前的主要研究方向包括：海洋微型生物碳泵介导的惰性溶解有机碳解析方法及其分子特征，海洋微生物与溶解有机碳的相互作用机制，病毒及原生生物介导的碳循环对海洋有机碳的影响，以及微型生物类群的能量代谢特征与储碳效率等。未来海洋微型生物碳泵的研究需要进一步阐明微生物在不同分类和功能水平上调节有机碳的过程，以及相关群落变化和营养动态，也需要进一步探究微生物功能类群代谢、吸收、胞内转化惰性有机碳的机制。

（8）超浸润生物质基复合纤维的制备与功能化应用研究

超浸润材料是指液滴与材料表面之间的接触角高于 150°（超疏液）或小于 10°（超亲液）的一类具有特殊润湿行为的新兴材料，其广泛应用于自清洁、油水分离、微液滴操控、防雾和防覆冰等领域。传统的超浸润材料存在生产成本高、生物降解性差和制备工艺复杂等缺点，因此，开发廉价易得的环境友好型材料是超浸润材料领域的重要研究方向。

生物质具有来源广泛、可再生、低污染和安全性高等特点，是自然界中储量丰富的天然高分子材料。生物质富含羟基、羧基和氨基等活性官能团，有利于进行材料润湿性能的精准调控。因此，生物质被视为易于大规模生产的绿色环保型超浸润材料

的理想基材。目前，已有部分研究通过改性纤维素、胶原、蚕丝蛋白等具有独特结构的生物质而成功开发了具有超浸润性质的生物质基复合纤维材料。然而，超浸润生物质基复合纤维的实际工业化应用仍面临着诸多挑战。未来，将重点研究超浸润生物质基复合纤维在极端条件下的耐腐蚀性和长期使用稳定性，并进一步扩大其功能性与应用范围。

（9）个性化营养健康食品靶向设计及智能配餐技术

个性化营养健康食品靶向设计及智能配餐是给国民提供精准营养支持的基础。目前，国外发达国家在非消化道靶向技术、高通量检测技术方面的起点相对较高。对此，中国应及早地将本领域研发工作的关口前移，积极主动地将营养专业体系与新兴前沿技术相结合，充分发挥中国自主的 5G 技术、智能传感技术、高通量多蛋白芯片检测技术、PLC 触摸屏控制技术、智能机器人学习计算等技术优势。基于膳食营养和人体健康大数据，建立针对不同年龄、遗传背景和健康状态人群的膳食干预模型，开发可以满足其营养健康需求的智能配餐系统及适用工具；建立食品 3D 打印成套技术体系，开发、制造营养成分明确、质构与感官特征优良的食物原料，设计并生产个性化的膳食补充剂；实现个性化营养配方食品的智能制造，安全、有效地满足消费者个性化的营养健康诉求。

（10）纳米碳基增强聚合物复合材料的设计与研发

纳米碳基增强聚合物复合材料是近几年兴起的一种新型增强材料。碳基纳米材料不仅具有碳材料的固定特性，而且具有高导电性、管状结构、长径比大，以及低密度、高比强度、强耐腐蚀和耐高温抗氧化等优点。因此，碳基纳米材料成为聚合物复合材料的理想填料。将碳基纳米材料与聚合物复合可充分发挥碳基纳米纤维优异的物理化学性质以及聚合物基体低密度、流动性好、易成型加工的优点，进而获得具有特殊性能或者性能更优异的纳米碳基

增强聚合物复合材料。纳米碳基聚合物复合材料在信息材料、生物医用材料、隐身材料、催化剂、高性能结构材料、多功能材料等诸多方面有着广阔的应用前景。目前，纳米碳基增强聚合物复合材料的制备方法主要有溶剂蒸发法、溶液制膜法、化学接枝法和原位聚合法等。今后的研究方向主要集中在纳米碳材料在基体中的分散及其在聚合物基体中的相态结构、复合材料结构与性能的关系、对性能的理论预测、新型制备技术等。

1.2 Top 3 工程研究前沿重点解读

1.2.1 土壤碳库对全球气候变化响应机制

土壤碳库是全球生态系统中最大的碳库，同时也是大气圈层、岩石圈层等生态系统之间的纽带，因此，国际社会在研究全球气候变化的同时，也重点关注土壤碳库对全球气候变化的响应机制。

目前来看，根据已有的土壤碳库变化情况研究成果和结论，已经能够在一定条件下预测和评估土地耕作与利用方式、农业生产措施以及全球气候变化等人类活动加剧的情况下，土壤碳库"源"和"汇"的响应变化。然而，由于土壤具有异质性、复杂性、多变性等特征，不同区域、不同类型以及不同环境因子对土壤碳库组成的影响可能并不一致。因此，当前国际上的研究重点主要集中在不同土壤类型中，气候变化与土壤碳库间的响应机制和作用过程。而且，因土壤类型的不同，其基本理化性质和环境因子也会不同，其中，土壤有机质与气候变化之间的相互作用就显得十分重要，有机质作为土壤有机碳的主要"仓库"之一，在全球碳素循环中起着重要的作用。一方面，有机质的分解过程会加强土壤呼吸过程，向大气中释放二氧化碳，导致全球气候变暖；另一方面，有机质又可以吸附和固存土壤中的有机碳。除了土壤有机质以外，土壤环境中的各类微生物群落组成和活性等特征与土壤碳库对气候变化响应的过程也紧密

相关，所以这些环境因子的变化情况也是目前国际社会的重点研究方向。

明确土壤中环境因子尤其是有机质、微生物群落等指标变化情况，是探究土壤碳库对全球气候变化响应机制的前提条件，可以采取微观、宏观以及全球尺度模拟计算等研究方法。宏观研究主要是指开展小区试验、大田试验等，通过调整温度、湿度、有机碳储量等试验条件，来获知土壤碳库在特定环境中对气候变化的响应过程和作用机制。微观研究主要是指采用 X 射线衍射仪、扫描电镜、透射电镜、核磁共振波谱仪等，对土壤有机碳的微观形貌和结构进行分析测定，以便从微观视角解析宏观条件下气候变化对土壤碳库的影响过程。

为了更好地预测和评价土壤碳库对全球气候变化的响应机制，国际上许多国家和研究机构都在大尺度的模型构建方面开展了不少工作。

由表 1.2.1 可知，该研究方向的核心论文主要产出国家为美国、英国、澳大利亚、中国、加拿大。其中：美国的核心论文数居于首位，占比为 50.00%；英国次之，占比为 28.00%。美、英两国的核心论文数总和占比接近全球论文数的 80%。

由表 1.2.2 可知，该研究方向的核心论文产出数量较多的机构是中国国家大气研究中心、康奈尔大学、詹姆斯·库克大学、加州理工学院、美国太平洋西北国家实验室、剑桥大学，这些机构的核心论文数均超过了 4 篇。

由图 1.2.1 可知，较为注重该研究领域国家间合作的有美国、中国、德国、加拿大、澳大利亚、英国。美国的发表论文数量最多，主要是与中国和英国进行合作发表。

由图 1.2.2 可知，中国国家大气研究中心、康奈尔大学、詹姆斯·库克大学、加州理工学院、美国太平洋西北国家实验室等机构有合作关系。

在表 1.2.3 中：施引核心论文产出最多的国家是美国，施引核心论文比例高达 25.82%；中国次之，为 22.14%；英国位列第三，为 10.04%。

表 1.2.1 "土壤碳库对全球气候变化响应机制"工程研究前沿中核心论文的主要产出国家

序号	国家	核心论文数	论文比例	被引频次	篇均被引频次	平均出版年
1	美国	25	50.00%	1 703	68.12	2018.0
2	英国	14	28.00%	780	55.71	2018.6
3	澳大利亚	11	22.00%	1 008	91.64	2018.4
4	中国	11	22.00%	589	53.55	2018.1
5	加拿大	10	20.00%	512	51.20	2018.4
6	法国	7	14.00%	729	104.14	2018.6
7	德国	6	12.00%	403	67.17	2018.5
8	韩国	4	8.00%	267	66.75	2018.5
9	挪威	4	8.00%	240	60.00	2018.2
10	芬兰	3	6.00%	179	59.67	2018.3

表 1.2.2 "土壤碳库对全球气候变化响应机制"工程研究前沿中核心论文的主要产出机构

序号	机构	国家	核心论文数	论文比例	被引频次	篇均被引频次	平均出版年
1	国家大气研究中心	中国	6	12.00%	288	48.00	2017.7
2	康奈尔大学	美国	5	10.00%	261	52.20	2017.2
3	詹姆斯·库克大学	澳大利亚	4	8.00%	325	81.25	2018.5
4	加州理工学院	美国	4	8.00%	213	53.25	2017.0
5	美国太平洋西北国家实验室	美国	4	8.00%	213	53.25	2017.0
6	剑桥大学	英国	4	8.00%	190	47.50	2018.2
7	塔斯马尼亚大学	澳大利亚	3	6.00%	403	134.33	2018.7
8	悉尼科技大学	澳大利亚	3	6.00%	224	74.67	2018.3
9	香港科技大学	中国	3	6.00%	184	61.33	2019.0
10	中国科学院	中国	3	6.00%	178	59.33	2017.3

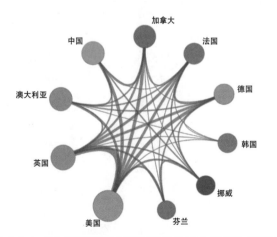

图 1.2.1 "土壤碳库对全球气候变化响应机制"工程研究前沿主要国家间的合作网络

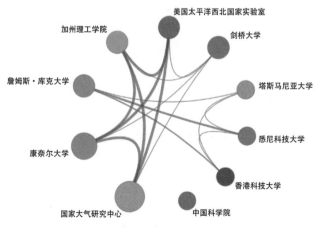

图 1.2.2 "土壤碳库对全球气候变化响应机制"工程研究前沿主要机构间的合作网络

在表 1.2.4 中，施引核心论文产出最多的机构是中国科学院，施引核心论文比例为 32.79%，中国科学院大学的施引核心论文比例也达到了 13.73%。

通过以上的数据分析结果可知，美国、英国在土壤碳库对全球气候变化的响应机制方面的核心论文产出及施引数量均处于世界前列，中国研究机构的施引核心论文数量相对较多。

1.2.2 复合型极端气候事件与灾害风险研究

在全球变暖的背景下，气候变化引起的极端天气气候事件（厄尔尼诺、干旱、洪涝、雷暴、冰雹、风暴、高温天气和沙尘暴等）出现频率与强度明显上升，给社会、经济和人民生活造成了严重的影响和损失。未来随着气温的进一步升高，极端天气气候事件将更加频繁。除了常规性的强降水、高温、热浪等的变化外，复合型极端事件发生的概率也会增加。近年来，沿海地区以风暴潮、海洋巨浪、潮汐洪水等为特征的极端海平面事件频繁发生，这些海洋极端事件再叠加如强降水和强台风事件所造成的复合性灾害事件将更为常见。

表 1.2.5 是"复合型极端气候事件与灾害风险

表 1.2.3 "土壤碳库对全球气候变化响应机制"工程研究前沿中施引核心论文主要产出国家

序号	国家	施引核心论文数	施引核心论文比例	平均施引年
1	美国	3 185	25.82%	2018.9
2	中国	2 731	22.14%	2019.2
3	英国	1 239	10.04%	2018.9
4	德国	1 049	8.50%	2018.9
5	澳大利亚	754	6.11%	2019.1
6	法国	729	5.91%	2018.9
7	加拿大	695	5.63%	2019.0
8	意大利	560	4.54%	2018.9
9	西班牙	554	4.49%	2019.0
10	瑞士	452	3.66%	2018.9

表 1.2.4 "土壤碳库对全球气候变化响应机制"工程研究前沿中施引核心论文主要产出机构

序号	机构	国家	施引核心论文数	施引核心论文比例	平均施引年
1	中国科学院	中国	970	32.79%	2019.1
2	中国科学院大学	中国	406	13.73%	2019.2
3	国家大气研究中心	中国	213	7.20%	2019.0
4	南京信息工程大学	中国	212	7.17%	2019.0
5	哥伦比亚大学	美国	206	6.96%	2018.9
6	美国国家海洋和大气管理局	美国	172	5.81%	2018.7
7	苏黎世联邦理工学院	瑞士	168	5.68%	2018.9
8	北京师范大学	中国	163	5.51%	2018.8
9	华盛顿大学	美国	158	5.34%	2018.8
10	科罗拉多州立大学	美国	151	5.10%	2018.7

研究"核心论文的主要产出国家。可以发现,无论是论文比例还是被引频次,美国均排名第一,其他国家与美国有不小的差距,说明美国在这方面具有较强的研究优势。中国在核心论文公开量上排名第二,英国排名第三。从篇均被引频次来看,中国的排名靠后,加拿大核心论文数虽然较少,但是篇均被引频次排名第一,这也从侧面说明发表同行公认的高水平核心论文的重要性。在主要国家合作网络中(见图1.2.3),各个国家都与美国有着广泛的合作,与英国和中国的合作也较多。

表1.2.6是该工程研究前沿中核心论文的主要

产出机构。核心论文排名第一的机构在中国,为中国科学院。由主要机构间的合作网络(见图1.2.4)可以看出,中国科学院与哥伦比亚大学、哈佛大学、东京大学等多个机构都有合作关系,且这10个机构之间的合作也很密切。

在施引核心论文的国家排名中,中国排名第二,与排名第一的美国仍有一定的差距,英国排名第3(见表1.2.7);中国科学院在施引核心论文的机构排名中位列第二,其次是哥伦比亚大学和华盛顿大学(见表1.2.8)。由此可以看出,美国在"复合型极端气候事件与灾害风险研究"方面不仅领先

表1.2.5 "复合型极端气候事件与灾害风险研究"工程研究前沿中核心论文的主要产出国家

序号	国家	核心论文数	论文比例	被引频次	篇均被引频次	平均出版年
1	美国	328	32.54%	16 905	51.54	2016.8
2	中国	210	20.83%	9 989	47.57	2017.1
3	英国	158	15.67%	8 967	56.75	2016.8
4	澳大利亚	100	9.92%	6 045	60.45	2016.8
5	德国	90	8.93%	5 387	59.86	2016.9
6	意大利	89	8.83%	5 090	57.19	2017.1
7	荷兰	84	8.33%	5 116	60.90	2017.0
8	日本	78	7.74%	3 910	50.13	2016.2
9	瑞士	52	5.16%	3 525	67.79	2017.1
10	加拿大	47	4.66%	3 542	75.36	2017.0

表1.2.6 "复合型极端气候事件与灾害风险研究"工程研究前沿中核心论文的主要产出机构

序号	机构	核心论文数	论文比例	被引频次	篇均被引频次	平均出版年
1	中国科学院	42	4.17%	2 113	50.31	2016.6
2	阿姆斯特丹自由大学	30	2.98%	2 070	69.00	2016.8
3	哥伦比亚大学	28	2.78%	1 727	61.68	2016.8
4	哈佛大学	23	2.28%	1 888	82.09	2017.3
5	东京大学	23	2.28%	1 672	72.70	2016.2
6	北京师范大学	22	2.18%	1 171	53.23	2016.7
7	伦敦大学学院	19	1.88%	1 369	72.05	2016.2
8	科罗拉多大学	17	1.69%	962	56.59	2016.3
9	欧盟	17	1.69%	900	52.94	2017.5
10	苏黎世联邦理工学院	16	1.59%	1 557	97.31	2017.1

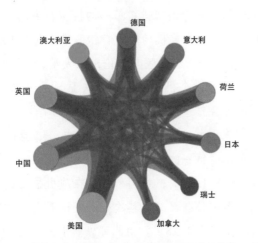 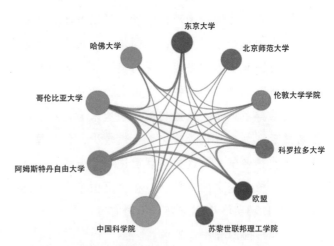

图 1.2.3 "复合型极端气候事件与灾害风险研究"工程研究前沿主要国家间的合作网络

图 1.2.4 "复合型极端气候事件与灾害风险研究"工程研究前沿主要机构间的合作网络

表 1.2.7 "复合型极端气候事件与灾害风险研究"工程研究前沿中施引核心论文的主要产出国家

序号	国家	施引核心论文数	施引核心论文比例	平均施引年
1	美国	1 068	23.00%	2017.9
2	中国	884	19.04%	2018.1
3	英国	547	11.78%	2017.9
4	澳大利亚	375	8.08%	2018.1
5	德国	367	7.90%	2017.9
6	意大利	282	6.07%	2017.8
7	荷兰	282	6.07%	2017.9
8	法国	234	5.04%	2017.9
9	加拿大	211	4.54%	2018.2
10	伊朗	202	4.35%	2018.3

表 1.2.8 "复合型极端气候事件与灾害风险研究"工程研究前沿中施引核心论文主要产出机构

序号	机构	国家	施引核心论文数	施引核心论文比例	平均施引年
1	中国科学院	中国	159	18.71%	2018.0
2	哥伦比亚大学	美国	89	10.47%	2018.1
3	华盛顿大学	美国	83	9.76%	2018.2
4	哈佛大学	美国	78	9.18%	2017.9
5	牛津大学	英国	76	8.94%	2018.2
6	杜丹大学	越南	71	8.35%	2018.9
7	墨尔本大学	澳大利亚	63	7.41%	2018.2
8	斯坦福大学	美国	60	7.06%	2017.9
9	阿姆斯特丹自由大学	荷兰	59	6.94%	2017.5
10	苏黎世联邦理工学院	瑞士	57	6.71%	2017.8

于全球，而且与其他国家有着密切的合作，同时中国科学院在该领域的研究机构中也处于领先的地位，应继续保持该前沿的相关研究状态。

1.2.3 超浸润生物质基复合纤维的制备与功能化应用研究

超浸润现象广泛存在于自然界中，是固体材料润湿性能的一种极端行为，包括超疏液和超亲液。超疏液是指液体在固体材料表面接触角大于150°时所表现出的润湿性能，常见的超疏液材料有超疏水材料、超疏油材料和超双疏材料等；超亲液是指液体在固体材料表面接触角小于10°时所表现出的润湿性能，常见的超亲液材料有超亲水材料和超亲油材料等。超浸润材料基于其在表面及界面的特殊功能特性，在自清洁、油水分离、微液滴操控、防雾和防覆冰等领域发挥着巨大作用。传统的超浸润材料在实际应用中已取得一定的效果，但也显示出其存在的一些弊端，如生产成本高、生物降解性差和制备工艺复杂等。随着科学技术的进步与材料使用性能要求的提高，许多新材料开始应用于超浸润材料的制备，使得廉价易得、环境友好型的超浸润材料得到迅猛发展。

生物质是指通过光合作用产生的各种有机体，包括植物、动物、微生物及其产生的废弃物质等，具有来源广泛、可再生、低污染和安全性高等特点。生物质作为一种天然高分子材料，富含羟基、羧基、氨基等活性官能团，可进行多种化学反应，并使得进一步调控生物质的表面浸润性成为可能。因此，生物质的上述特点为大规模开发绿色环保型超浸润材料提供了良好基础。目前，已有部分研究通过一系列物理、化学方法对生物质进行结构和化学性质调控，成功制备了具有超浸润性质的生物质基复合材料。其中，通过对具有独特结构的生物质（胶原、蚕丝蛋白和纤维素等）进行可控设计和制备，如引入特殊结构、调控材料表面自由能等方式，

成功开发了具有优异使用性能的超浸润生物质基复合纤维。

超浸润生物质基复合纤维可被加工成气凝胶、膜材料及粉末状填料等多种形式，并可采用多种方式进行油水分离、生物传感和微流控等应用。然而，在实际应用过程中发现，超浸润生物质基复合纤维仍面临着诸多挑战，如材料的耐腐蚀性和长期使用稳定性较差，难以在恶劣环境下维持高使用寿命等。在未来，仍需继续深入研究并优化超浸润生物质基复合纤维的制备，并扩展其功能化应用范围。

通过对"超浸润生物质基复合纤维的制备与功能化应用研究"的研究前沿核心论文的解读发现，该工程前沿的篇均被引频次高达85.11次（见表1.1.1）。表1.2.9是该工程研究前沿中核心论文的主要产出国家，其中，中国以核心论文比例65.45%、被引频次3 135次排名第一，占据领跑地位，表明该工程前沿受到了我国专家学者们的重点研究。然而，中国在"篇均被引频次"中却落后于西班牙、美国和土耳其。从主要产出国家合作网络（见图1.2.5）中可以发现，中国和美国之间的合作联系最为密切，同时，其余各国之间的合作也较为频繁，而德国在该方面具有较强的自主研发能力。

在产出机构方面，如表1.2.10所示，排名前十的产出机构中有7个是来自中国的科研机构，分别为中国科学院、苏州大学、江苏大学、四川大学、河南师范大学、华南理工大学和郑州大学，这进一步说明中国研究者们对这一研究前沿的高度热情。其中，篇均被引频次排名前三的机构为河南师范大学、华南理工大学和中国科学院。从各产出机构的合作网络（见图1.2.6）中可以看出，大多数机构都与其他机构有所合作，少部分机构主要依靠自主研发。

从该研究前沿的施引核心论文排名来看，中国

表 1.2.9 "超浸润生物质基复合纤维的制备与功能化应用研究"工程研究前沿中核心论文的主要产出国家

序号	国家	核心论文数	论文比例	被引频次	篇均被引频次	平均出版年
1	中国	36	65.45%	3 135	87.08	2016.9
2	美国	8	14.55%	768	96.00	2017.2
3	印度	5	9.09%	382	76.40	2016.8
4	土耳其	3	5.45%	274	91.33	2016.7
5	新加坡	3	5.45%	249	83.00	2017.3
6	加拿大	3	5.45%	243	81.00	2017.0
7	瑞典	3	5.45%	229	76.33	2016.3
8	西班牙	2	3.64%	214	107.00	2017.5
9	埃及	2	3.64%	165	82.50	2018.0
10	德国	2	3.64%	150	75.00	2015.5

表 1.2.10 "超浸润生物质基复合纤维的制备与功能化应用研究"工程研究前沿中核心论文的主要产出机构

序号	机构	国家	核心论文数	论文比例	被引频次	篇均被引频次	平均出版年
1	中国科学院	中国	4	7.27%	439	109.75	2016.5
2	苏州大学	中国	4	7.27%	335	83.75	2017.2
3	江苏大学	中国	4	7.27%	303	75.75	2017.2
4	威斯康星大学	美国	3	5.45%	253	84.33	2016.3
5	南洋理工大学	新加坡	3	5.45%	249	83.00	2017.3
6	四川大学	中国	3	5.45%	190	63.33	2016.3
7	河南师范大学	中国	2	3.64%	278	139.00	2015.5
8	华南理工大学	中国	2	3.64%	226	113.00	2018.5
9	田纳西大学	美国	2	3.64%	207	103.50	2019.0
10	郑州大学	中国	2	3.64%	207	103.50	2019.0

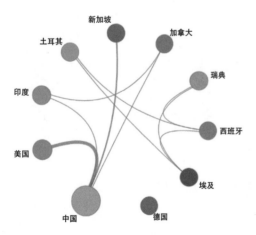

图 1.2.5 "超浸润生物质基复合纤维的制备与功能化应用研究"工程研究前沿主要国家间的合作网络

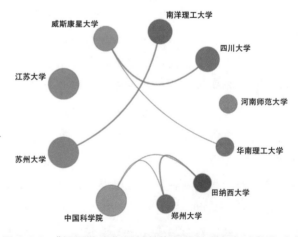

图 1.2.6 "超浸润生物质基复合纤维的制备与功能化应用研究"工程研究前沿主要机构间的合作网络

仍然处于世界领先地位（见表 1.2.11），且各国的研究机构的施引核心论文数量持基本相当的水平（见表 1.2.12）。

综上所述，中国在"超浸润生物质基复合纤维的制备与功能化应用研究"这一工程研究前沿中不仅领先于全球各国，且与许多国家都有着密切的合作。在未来，各研究机构还要继续深入开展相关领域的研究工作，保持该前沿的研究状态，推动全世界相关行业的技术发展。

表 1.2.11 "超浸润生物质基复合纤维的制备与功能化应用研究"工程研究前沿中施引核心论文的主要产出国家

序号	国家	施引核心论文数	施引核心论文比例	平均施引年
1	中国	4	26.67%	2017.8
2	瑞士	2	13.33%	2016.5
3	印度	1	6.67%	2017.0
4	日本	1	6.67%	2017.0
5	英国	1	6.67%	2017.0
6	新加坡	1	6.67%	2017.0
7	比利时	1	6.67%	2019.0
8	墨西哥	1	6.67%	2017.0
9	西班牙	1	6.67%	2017.0
10	德国	1	6.67%	2018.0

表 1.2.12 "超浸润生物质基复合纤维的制备与功能化应用研究"工程研究前沿中施引核心论文主要产出机构

序号	机构	国家	施引核心论文数	施引核心论文比例	平均施引年
1	印度理工学院坎普尔分校	印度	1	9.09%	2017.0
2	日本产业技术综合研究所	日本	1	9.09%	2017.0
3	谢菲尔德大学	英国	1	9.09%	2017.0
4	南洋理工大学	新加坡	1	9.09%	2017.0
5	苏州大学	中国	1	9.09%	2017.0
6	西北师范大学	中国	1	9.09%	2016.0
7	南京林业大学	中国	1	9.09%	2019.0
8	根特大学	比利时	1	9.09%	2019.0
9	西安交通大学	中国	1	9.09%	2019.0

2 工程开发前沿

2.1 Top 10 工程开发前沿发展态势

环境与轻纺工程领域组所研判的 Top 10 工程开发前沿（见表 2.1.1）涉及环境科学工程、气象科学工程、海洋科学工程、食品科学工程、纺织科学工程以及轻工科学工程 6 个学科方向。其中，各工程开发前沿 2015 年至 2020 年的逐年核心专利公开量情况见表 2.1.2。

（1）大气氧化性和臭氧污染防治

大气氧化性指大气通过氧化反应清除污染物的过程与能力。而臭氧浓度的增高将导致大气氧化性

表 2.1.1 环境与轻纺工程领域 Top 10 工程开发前沿

序号	工程开发前沿	公开量	引用量	平均被引数	平均公开年
1	大气氧化性和臭氧污染防治	1 000	5 956	5.96	2017.6
2	CO_2 地质储存环境风险防控技术	1 000	21 153	21.15	2014.2
3	资源能源回收的下一代污水处理厂	1 000	3 535	3.54	2017.2
4	碳中和背景下的跨介质复合污染深度减排技术	252	1 849	7.34	2013.7
5	海洋仿生防污技术	1 000	4 296	4.30	2016.5
6	服务于碳中和的生态模型研发	1 000	46 968	46.97	2012.1
7	界面式太阳能海水淡化技术	422	4 294	10.18	2016.0
8	新型功能性天然纤维素纤维开发	1 000	1 952	1.95	2020.0
9	食品微生物群落调控技术	1 000	6 916	6.92	2010.5
10	环境友好塑料包装材料和制品开发	1 000	2 306	2.31	2017.5

表 2.1.2 环境与轻纺工程领域 Top 10 工程开发前沿的逐年核心专利公开量

序号	工程开发前沿	2015 年	2016 年	2017 年	2018 年	2019 年	2020 年
1	大气氧化性和臭氧污染防治	66	88	123	165	187	267
2	CO_2 地质储存环境风险防控技术	127	111	79	83	72	15
3	资源能源回收的下一代污水处理厂	121	120	147	183	162	170
4	碳中和背景下的跨介质复合污染深度减排技术	10	15	20	17	15	24
5	海洋仿生防污技术	171	159	161	151	126	115
6	服务于碳中和的生态模型研发	35	57	56	83	79	80
7	界面式太阳能海水淡化技术	41	39	49	45	58	57
8	新型功能性天然纤维素纤维开发	0	80	0	0	0	626
9	食品微生物群落调控技术	34	73	55	50	46	52
10	环境友好塑料包装材料和制品开发	46	143	200	268	233	68

增强，促进了二次颗粒物生成，从而加剧空气污染。中国城市群区域广泛存在着大气复合污染，强氧化性是形成大气复合污染的驱动力，臭氧和二次 PM2.5 在大气复合污染过程中大量产生，同根同源。因此，臭氧和二次污染的有效控制，需要开展基于大气氧化性调控的污染防治。

开展基于大气氧化性调控的臭氧污染防治，需要准确定量分析城市–区域–全国等不同空间尺度上的臭氧来源，实行区域联防联治；厘清复杂的气象过程以及污染物的输送过程，制定合理有效的污染前体物减排策略，提高臭氧污染防治的科学性和

精准性，实行污染控制时要开展多污染物协同控制。此外，由于当前对于敏感区臭氧污染的时空变化特征及影响因素的相关研究还较为薄弱，因此需要强化典型地区臭氧污染的二次形成过程与机理研究，系统探究臭氧的时空分布情况、主控因子、影响因素，准确定量不同空间尺度上的臭氧污染形成机制，加强区域传输通道和敏感区识别以及前体物减排动态调控的科学支撑。

（2）CO_2 地质储存环境风险防控技术

CO_2 捕获、利用和储存 (CCUS) 技术的出现、发展和实施有望减少进入大气层的温室气体数量。

世界各地都在使用CO_2储存，储存方式可大致分为自然储存方式和人工储存方式。自然储存包括陆地封存，而人工储存包括地质构造中的储存。几种利用和储存CO_2的模式包括陆地固存、海洋固存和地质储存。其中，地质储存是应用最广泛的封存技术，在这一过程中，CO_2储存在地下地质结构中，如咸水层、枯竭的油气储层和不可开采的煤层。CO_2的储存能力、容纳能力和注入能力取决于目标地层的地质和岩石物理性质。实施CO_2地质储存工程，最重要的是保证埋存的有效性安全性和持久性，一旦发生CO_2泄露，将会影响人群及生态环境安全，导致地下水污染，还有可能发生地面变形，甚至诱发地震。为了减少CO_2地质储存泄漏产生的对人体健康、土壤植被、地下水等环境影响，开展CO_2地质储存环境风险评价及防控研究非常必要。

CO_2地质储存最主要的环境风险是由于含水层超压、废弃井、断层和裂缝等存在引发的泄漏。在CO_2储存的开发、实施和监测阶段进行的大多数建模和监测研究主要是为了避免气体泄漏到大气、地下水蓄水层、浅层土壤带和上覆资源层中，并确保气体的安全封存。CO_2储存项目涉及准确的选址、特征描述（储存能力估计、羽流建模）和监测，以避免泄漏的环境风险。通过测量、监测、建模和验证可有力防控项目环境风险。CO_2储存的后注入阶段，监测羽流的泄漏运动至关重要，可以及早发现泄漏，从而确保环境和地下水不会受到释放气体的威胁。基于地层中的压力累积监测，可实现泄露风险的模拟预测与验证。质量平衡验证也是进行环境泄露风险防范的重要方面。通过跟踪注入的CO_2量，以确保它们储存在确定的区域和符合此类项目开始前规定的排放配额。对CO_2的监测可以根据空间或时间进行分类。在空间基础上，根据CO_2影响的区域对其进行监测。在此基础上，可将其分为大气监测、近地表监测和地下监测（涉及断层、井、储层和密封层）。在时间的基础上，监测可以分为注射

阶段和注射后阶段。

（3）资源能源回收的下一代污水处理厂

市政污水处理行业是中国的耗能大户。当前，中国已建市政污水处理厂3 500多座，年耗电量超过100亿千瓦时，占全国总能耗的2%以上，且占比将持续增加。随着中国碳减排与可持续发展政策的持续推进，污水处理厂的目标正在从单纯地去除水中污染物向可持续污水处理的方向革新转变。

污水中的"水"是其中最宝贵的资源之一，通过将污水进行再生处理，可提供大量的再生水，弥补城市水资源的不足。美国早在20世纪60年代就提出了"21世纪水厂"的概念，并在部分地区实现了污水处理后直接饮用回用。新加坡则提出了"新生水（NEWater）"的概念，将污水处理厂作为再生水厂的前处理单元，实现了生活污水循环利用。

污水中的能量与营养物回收则是下一代污水处理厂关注的另一个重点目标。污水中有机物作为能量载体，将其转化富集后可用于弥补运行能耗，而污水本身所蕴含的热量也可通过水源热泵等技术向外界输出大量热/冷能，实现能量中和型污水处理过程。污水中的营养物质（主要是磷）在处理过程中可得到有效回收，以最大程度地延缓磷资源的匮乏。针对可持续污水处理厂的设计，荷兰于2008年提出了"NEWs"的概念，倡导下一代污水厂应作为营养物、能源和再生水三位一体的生产工厂。

当前，中国以"污水处理概念厂"为代表的新一代污水处理厂，通过探索污水热能利用、污泥沼气发电、短程脱氮除磷等技术，在实现污水处理等基本功能的同时，努力实现能源、水资源和营养物质回收利用的整体目标。在此过程中，除了相关水处理技术的开发，如何建立健全市政污水处理行业的可持续发展标准体系，提高市场对于污水资源的接受度，是未来需要关注的重点。

（4）碳中和背景下的跨介质复合污染深度减排技术

应对气候变化是人类共同的事业。《巴黎协定》就控制全球温升不超过 2 ℃并努力控制在 1.5 ℃以下的应对气候变化目标达成共识，实现这一目标需要世界各国都必须加大控制和减排温室气体的力度，到 2050 年全球要实现二氧化碳的近零排放，甚至要实现净零排放。在碳中和背景下，防治污染不能仅限于治理或削减，而是需要以低碳转型为目标，跨介质综合考虑污染物深度减排路径和技术支撑，建设一个系统工程。

为实现这一目标，需要有革命性的技术突破。除进一步强化普遍关注的需求侧管理和能效技术、新能源和可再生能源开发技术外，特别需要关注当前技术还不太成熟、成本较高，但对深度脱碳可发挥关键作用的战略性技术。需要在信息技术、新材料、高端装备等产业集成创新，互相支持，综合推动能源领域为主的各项工业领域实现全产业链变革，从源头实现污染物深度减排。

（5）海洋仿生防污技术

仿生防污技术是指利用仿生学原理和化学生态学的方法开发的新型无毒仿生防污涂料与方法，是近年来新型环境友好型防污涂料研究最为活跃的一类，它可以替代目前应用较多的对环境有害的传统防污涂料，发展前景非常广阔。

仿生防污技术主要的技术方向包括：① 寻找并利用合适的生物防污剂，在不破坏环境及其他非目标生物的前提下防止污损生物附着；② 通过设计特殊的表面和本体材料特性来模仿具有防污能力的生物特征，使浸水材料表面附着力尽可能降到最低，从而使之不易被污损生物附着，最终达到防止海洋污损的目的。

另外，前沿方向还包括根据海洋工程设备所处环境、服役形式，挑选合适的生物体作为生物原型，采取适当的研究方法探究生物原型与特定环境、特定服役方式的生物污损问题的关联因素。此外，用化学生态学方法寻找天然防污剂或开发新型防污材料也是未来仿生防污技术的研究热点。同时，加强基础研究与应用研究的结合和转化，促进化学、生物学、生态学、环境科学等各门学科在海洋污损生物研究中的应用与合作是未来仿生防污技术的重要趋势。

（6）服务于碳中和的生态模型研发

对陆地生态系统而言，碳平衡能力就是生态系统对大气中碳的吸收固定能力，即净生态系统生产力（NEP），指净初级生产力（NPP）减去异养生物呼吸消耗（土壤呼吸）的光合产物后剩余的部分。NEP 可用来衡量生态系统与大气之间的净碳通量。其表达式为 NEP=(GPP–Ra)–Rh=NPP–Rh，其中，Rh 为异养生物呼吸消耗量（土壤呼吸）。NEP 表示生态系统尺度上碳的净贮存量，其数值可以为正，也可以为负。当 NEP 大于 0 时，表示该生态系统为 CO_2 之汇，生态系统从大气中吸收碳；反之则为源，生态系统向大气排放碳。

以生物地球化学模型 CEVSA 为例，CEVSA 模型是基于植物光合作用和呼吸作用以及土壤微生物活动等过程对植被、土壤和大气之间能量转换以及水/碳/氮循环变化进行模拟。CEVSA 模型实现了生理过程（如气孔传导，光合，呼吸和蒸腾作用等）、植物整体（对光、水、碳和氮平衡吸收及其对碳和氮在根茎叶之间的分配和初级生产力的影响）和生态系统（植被–土壤–大气系统水碳氮循环相互作用及其对净生态系统生产力影响）多尺度过程的耦合，模拟生态系统对环境变化的动态响应。利用气候观测数据、气候模式预测数据以及气候变化预估数据来驱动生态模型，输出结果包括 NPP、NEP、LAI（叶面积指数）、土壤 C、植被 C 等，来模拟、监测、评估以及预估生态系统的碳变化，可为碳排放提供基础数据，服务于碳中和目标。

（7）界面式太阳能海水淡化技术

界面式太阳能海水淡化是一种新型的光热转化机制，通过材料设计及光学、热学有效调控，将太

阳能充分吸收并将能量局域化应用到气－液界面，从而有效提高光－蒸汽能量转化效率。界面式太阳能海水淡化技术具有系统材料制备简单、结构紧凑、系统创新明显等优点，在效率和成本上都有极大的优势，特别适用于偏远山区和海岛地区电力缺乏的家庭生活淡水制备。

光热转化材料是影响太阳能驱动界面蒸发系统蒸发性能的关键因素，根据光热转化材料的不同，界面式太阳能海水淡化技术的主要技术方向包括：碳基材料光热蒸发系统、金属等离子材料光热蒸发系统和复合材料光热蒸发系统。其中，碳材料具有资源丰富、便宜和环保等特性，且碳基纳米颗粒拥有良好的宽波段太阳吸光度和高效的光热转换效率，碳材料已经作为一种廉价吸光材料广泛用于界面式太阳能海水淡化技术中。

目前，光热材料在结构设计上实现了高效的光吸收，但将他们实际进行太阳能蒸发和太阳能蒸馏仍存在以下障碍：① 许多光热材料在处理实际海水方面的长期功效都没得到证实；② 现有的研究往往只侧重光热材料和蒸发系统的优化，而忽略了收集系统的研究；③ 太阳光入射角在一天中不断改变，实际系统在户外的高效率运行面临极大考验；④ 实验室阶段系统比较精小，规模化生产仍然面临严峻考验。目前，已经有很多研究者开始转向保证蒸汽高效凝结和收集、蒸汽潜热回收利用技术研发，未来界面式太阳能海水淡化技术的应用范围将不断扩大。

（8）新型功能性天然纤维素纤维开发

随着纺织科技的不断发展及绿色、环保生态等概念的提出，人们对纺织品的性能要求越来越高，天然纤维素纤维凭借其优良的性能得到了越来越多的关注。天然纤维素纤维是以纤维素为主要组成物质的一类天然纤维，其来源于植物，故又被称为植物纤维，天然纤维素纤维具有良好的环境相容性，其开发应用对当今资源利用和环境保护具有重要意义。

功能性纺织产品是指具有超出常规纺织产品的保暖、遮盖和美化功能外，还具有其他特殊功能的纺织产品。其按功能性可分为舒适型、医用卫生保健型、生态型、防护型、智能型等功能性纺织产品。近年来，具有高附加值的功能性天然纤维素纤维纺织产品得到了非常快速的发展，其功能性也不断出新。集生态环保、多功能复合、智能化、人性化、个性化、健康化为一体的新型功能性天然纤维素纤维纺织产品的开发，必然将拥有十分可观的发展前景。

（9）食品微生物群落调控技术

食品微生物群落调控技术是针对食醋、酱油、白酒等传统发酵食品，综合采用组学技术解析发酵过程微生物组成及其主要风味物质的代谢网络，明确微生物群落演替主要驱动因子，阐明主要功能微生物演替机制；解析主要风味物质代谢网络的动态变化及其影响因素，重点分析主要功能微生物在驱动因子作用下的代谢网络变化及其对发酵过程和产品风味的影响；在深入分析功能微生物代谢特征的基础上，优选优良功能微生物重构核心发酵微生物菌群，针对主要风味物质，利用驱动因子开发创新发酵调控关键技术，通过对发酵过程的控制实现微生物代谢的调控，从而调控产品风味品质。开发多维纯种微生物液态发酵技术，提高发酵效率，改善产品品质。

（10）环境友好塑料包装材料和制品开发

塑料包装材料和制品是废弃塑料污染物的主要来源之一，其在自然环境中难以降解，对人体健康及自然环境构成了潜在威胁。从生产源头出发，开发绿色、低碳、环保、可降解的环境友好塑料并应用于包装材料和制品，是解决废弃塑料产品污染问题的重要突破口，也是包装行业发展的新趋势。

环境友好塑料根据其降解原理可分为光降解塑料、生物降解塑料及复合降解塑料。光降解塑料是指在塑料中加入光敏剂或在塑料分子链中引入光敏基因，利用自然紫外线照射实现塑料的光降解。生物降解塑料可在微生物的作用下，分解为水、二氧化碳等无害物质。复合降解塑料则同时具备光降解和生物降解特性。基于环境友好塑料开发的包装材料和制品已成功应用于食品、装饰品及建材的包装应用。然而，当前开发的环境友好塑料包装材料和制品仍然面临着成本高、力学性能差和降解可控性差等缺点，因此，如何进一步优化环境友好塑料包装材料和制品的开发是实现这一技术推广的重要研究方向。

2.2 Top 3 工程开发前沿重点解读

2.2.1 大气氧化性和臭氧污染防治

基于多年来持续推进的大气污染防治工作，中国一次污染物排放和一次 PM2.5 的浓度即得到了有效控制，但臭氧和二次 PM2.5 反而有所上升：大气污染物中，二氧化氮浓度持平；臭氧浓度上涨 21%，涨幅明显；臭氧浓度超标的城市大幅增加，2019 年，337 个城市中，臭氧超标城市达到 30.6%。

作为造成区域大气复合污染的重要因素之一，对流层臭氧来自挥发性有机物（VOCs）和氮氧化物（NO_x）在太阳光照射下发生光化学反应的产物，是典型二次污染物。大气氧化性指大气通过氧化反应清除污染物的过程与能力。而臭氧浓度的增高将导致大气氧化性增强，促进二次颗粒物生成，从而加剧空气污染。当对流层臭氧尤其是近地面臭氧超过自然水平时，会对人体健康、生态系统、气候变化等方面产生显著的负面影响，而臭氧和二次污染的有效控制，需要开展基于大气氧化性调控的污染防治。

臭氧的大气寿命较长，可以远距离传输，形成区域性污染；臭氧生成机理复杂，与前体物之间存在复杂的非线性响应关系；臭氧前体物来源复杂、种类繁多、活性差异大，精准控制难度大。因此，控制臭氧污染必须厘清不同区域间的相互贡献，实

行区域联防联治，需要明确复杂的气象过程以及污染物的水平输送和垂直输送过程，制定合理有效的氮氧化物（NO_x）和挥发性有机物（VOCs）减排策略，明确控制重点，不断提高臭氧污染防治的科学性和精准性。目前国际上尚无臭氧污染防治的成功先例可循，对于臭氧和二次污染防治，要从科学、技术和政策三个方面协同发力，加强对臭氧和二次污染物的形成机理、传输机制、演化变化等方面的研究，开展基于大气氧化性调控的污染防治。

从国际范围来看，"大气氧化性和臭氧污染防治"核心专利的主要产出国家中（见表 2.2.1），中国专利公开量排在第一位，但平均被引数仅有 1.53。美国核心专利公开量仅次于中国，位于第二位。德国、法国、日本、瑞士等国家的专利公开量小于中国，但平均被引数均超过中国。这表明，中国在大气氧化性和臭氧污染防治方面的研究与创新数量在不断上升，但影响力仍需提高、研究的开创性有待提高。在该工程前沿国家间合作网络方面（见图 2.2.1），不同国家的国际合作程度差异性较大，美国作为国际间合作度最高的国家，与德国、法国、中国、瑞士都展开了积极的学术合作，此外德国与法国也有学术合作。而中国学者除与美国学者合作以外，核心专利以独立产出为主。

在该工程开发前沿中核心专利的主要产出机构方面（见表 2.2.2），南京大学的核心专利公开量为 14 项，排在第一位，核心专利平均被引数为 1.50。中国该前沿核心专利的主要产出机构主要为大学，依次为南京大学、华南理工大学、浙江大学与北京工业大学，而美国的主要产出机构以商业公司为主。被引数比例前两位分别为美国 3M 创新有限公司与美国 Xyleco 公司，分别为 11.18% 与 15.25%，其核心专利公开量排名分别为第二与第七名。中国机构中也有中国石油化工股份有限公司与佛山科学技术学院，分别产出了 11 项公开的核心专利，但被引数比例分别为 0.08% 与 0.00%，影响力仍需进一步提升。国际主要产出机构在"大气氧化性和臭氧

表2.2.1 "大气氧化性和臭氧污染防治"工程开发前沿中核心专利的主要产出国家

序号	国家	公开量	公开量比例	被引数	被引数比例	平均被引数
1	中国	782	78.20%	1 200	20.15%	1.53
2	美国	91	9.10%	4 126	69.27%	45.34
3	韩国	34	3.40%	77	1.29%	2.26
4	印度	28	2.80%	2	0.03%	0.07
5	德国	16	1.60%	435	7.30%	27.19
6	法国	12	1.20%	182	3.06%	15.17
7	日本	10	1%	206	3.46%	20.60
8	巴西	5	0.50%	26	0.44%	5.20
9	俄罗斯	5	0.50%	2	0.03%	0.40
10	瑞士	4	0.40%	65	1.09%	16.25

表2.2.2 "大气氧化性和臭氧污染防治"工程开发前沿中核心专利的主要产出机构

序号	机构	公开量	公开量比例	被引数	被引数比例	平均被引数
1	南京大学	14	1.40%	21	0.35%	1.50
2	美国3M创新有限公司	13	1.30%	666	11.18%	51.23
3	德国林德公司	12	1.20%	255	4.28%	21.25
4	华南理工大学	12	1.20%	20	0.34%	1.67
5	中国石油化工股份有限公司	11	1.10%	5	0.08%	0.45
6	佛山科学技术学院	11	1.10%	0	0.00%	0.00
7	美国Xyleco公司	10	1.00%	908	15.25%	90.80
8	浙江大学	8	0.80%	43	0.72%	5.38
9	北京工业大学	8	0.80%	32	0.54%	4.00
10	德国巴斯夫股份公司	7	0.70%	535	8.98%	76.43

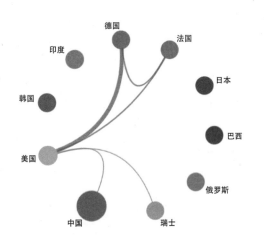

图2.2.1 "大气氧化性和臭氧污染防治"工程开发前沿主要国家间的合作网络

污染防治"核心专利方面均不存在合作关系。今后,中国在该研究前沿领域可进一步深化与国际机构的合作,除美国外,还可与德国、法国、日本、瑞士等核心专利影响力较大的国家加强合作。在技术开发方面也应破除"唯数量论",增加科研产出影响力的相关评估,以激励科研机构注重研究的质量与影响力,促进大学机构与企业之间的产学研结合,促进学科领域的长足发展。

2.2.2 海洋仿生防污技术

海洋生物污损是指海水中人工设施表面上,海洋污损生物大量聚集生长和繁殖并对之产生不利影响的现象。自人类开展海洋活动以来，海洋生物污损就一直影响并制约着人类对海洋资源的开发和利用。据不完全统计，每年全球因海洋生物污损造成的经济损失高达上百亿美元。海洋生物污损问题给海洋经济的发展带来了许多危害。随着环保观念的日益提升，传统防污技术已日渐不能满足要求，利用海洋生物的天然防污本领开发新型、高效、环保的防污技术是海洋防污领域重要趋势之一。

仿生防污技术是指利用仿生学原理和化学生态学的方法开发的新型无毒仿生防污涂料与方法。它可以替代目前应用较多的对环境有害的传统防污涂料，发展前景非常广阔。

目前，仿生防污技术大都处于研究阶段，但也取得了一定的应用，而且主要集中在微结构防污涂料方面。这方面的工作，主要集中在美国、日本、欧洲等发达国家和地区。例如美国佛罗里达大学研制的 Gator Sharkote 环保防污涂层、瑞典科学家研制的"谢阿克特"船用防污涂料等，均是微结构防污涂料的杰出代表。此外，美国华盛顿大学、不来梅科技大学等也以鲨鱼皮为仿真对象，开发出相应的有机保护涂料；日本关西涂料公司构建了模拟黏液分泌型仿生防污涂料。

单因素仿生存在广谱性不足等问题。生物防污功能并不是由单一生物因素所决定，而是由两种或两种以上的因素相互作用、相互影响的结果，这种作用机制称为生物耦合。与单因素仿生技术相比，多因素耦合仿生的手段更贴近生物原型的功能原理，是仿生防污技术目前发展的主要趋势。另外，高效的仿生防污剂与日趋成熟的可控释放防污涂料也是目前发展的趋势。

表 2.2.3 是"海洋仿生防污技术"工程开发前沿中核心专利的主要产出国家。中国在核心专利公开量上排名第一，与其他国家相比在数量上有较大的优势。中国在被引数和被引数比例上均低于日本，排名第二，在平均被引数排名第九。美国、德国和丹麦等国家的专利在公开量上远低于中国，但平均被引数都远高于中国。这表明，中国在"海洋仿生防污技术"方面的研究和创新数量不断上升，但影响力仍需提高，研究的开创性有待提高。图 2.2.2 是"海洋仿生防污技术"工程研究前沿主要国家间的合作网络，除了美国和日本以外，国际合作较为缺乏，中国仅与美国之间存在合作。这表明，中国在该领域应进一步推进与其他国家的交流合作。

表 2.2.4 是"海洋仿生防污技术"工程开发前沿中核心专利的主要产出机构。其中，有 9 个机构

表 2.2.3 "海洋仿生防污技术"工程开发前沿中核心专利的主要产出国家地区

序号	国家	公开量	公开量比例	被引数	被引数比例	平均被引数
1	中国	640	64.00%	1 148	26.72%	1.79
2	日本	211	21.10%	1 614	37.57%	7.65
3	韩国	52	5.20%	22	0.51%	0.42
4	美国	26	2.60%	335	7.80%	12.88
5	德国	13	1.30%	740	17.23%	56.92
6	法国	10	1.00%	85	1.98%	8.50
7	丹麦	9	0.90%	172	4.00%	19.11
8	荷兰	9	0.90%	85	1.98%	9.44
9	挪威	7	0.70%	24	0.56%	3.43
10	以色列	6	0.60%	44	1.02%	7.33

来自日本或中国，日本中途化工株式会社、日东电工株式会社和中国船舶重工集团公司占据核心专利产出数量的前三位，平均被引数排名前三位的机构分别是日本中途化工株式会社、丹麦海虹老人涂料有限公司的日本 AGC 株式会社。"海洋仿生防污技术"工程研究前沿主要机构间更倾向于独立开发，缺乏机构间的合作关系，因此，中国和日本的机构在这领域仍有较大的合作空间。

2.2.3 新型功能性天然纤维素纤维开发

功能性纺织产品是指具有超出常规纺织产品的保暖、遮盖和美化功能外，还具有其他特殊功能的纺织产品。按功能性可分为舒适型、医用卫生保健型、生态型、防护型、智能型等功能性纺织产品。其中，舒适型产品的功能特点主要表现为柔软弹性、凉爽、保暖、吸湿快干、防水防风、透湿透气、机洗免烫等。医用卫生保健型产品的功能特点主要表现为电疗磁疗、抗菌除臭、防霉防污、防过敏性、远红外线、芳香性、高吸水、护肤润肤等。生态型产品的功能特点主要表现为在生产及使用过程中对环境无污染、对使用者无危害、微生物可降解、可循环使用等。防护型产品的功能特点主要表现为防紫外线、阻燃、防静电、防电磁辐射等。智能型产

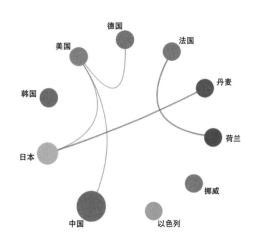

图 2.2.2 "海洋仿生防污技术"工程研究前沿主要国家间的合作网络

品的功能特点主要表现为蓄热调温、变色、形状记忆、自发光、定位跟踪、仿生、监测等。这些特殊功能可以单独表现在一件产品上，也可以几种功能叠加表现为具有复合功能的纺织产品。社会的发展、科技的进步、生活水平的提升，都让消费者对纺织产品提出越来越高的要求，而对纺织产品的功能性要求需要通过创新开发来实现。近年来，中国在纺织品功能性发展的研究投入在全世界名列前茅，新型功能性天然纤维素纤维开发技术不断创新。如表 2.2.5 所示，近年来的技术核心专利中，中国公开量高达 725 项，占所有公开专利的 72.50%，其次

表 2.2.4 "海洋仿生防污技术"工程开发前沿中核心专利的主要产出机构

序号	机构	公开量	公开量比例	被引数	被引数比例	平均被引数
1	日本中途化工株式会社	34	3.40%	591	13.76%	17.38
2	日东电工株式会社	33	3.30%	170	3.96%	5.15
3	中国船舶重工集团公司	26	2.60%	66	1.54%	2.54
4	浙江海洋学院	21	2.10%	45	1.05%	2.14
5	日本夏普株式会社	15	1.50%	35	0.81%	2.33
6	中国水产科学研究院淡水渔业研究中心	14	1.40%	28	0.65%	2.00
7	日本 AGC 株式会社	13	1.30%	79	1.84%	6.08
8	丹麦海虹老人涂料有限公司	10	1.00%	62	1.44%	6.20
9	日本古野电气株式会社	10	1.00%	26	0.61%	2.60
10	沪东中华造船（集团）有限公司	9	0.90%	12	0.28%	1.33

为日本和美国，公开量分别为 106 项和 59 项，中国新型功能性天然纤维素纤维开发技术专利总量远高于日本、美国等发达国家。从被引频次上看（见表 2.2.5），中国专利平均被引数仅为 0.21，远低于美国、日本、瑞士等发达国家，新型功能性天然纤维素纤维开发技术原创仍较少，创新不足，影响力不够；从专利相关度来看（见图 2.2.3），美国、日本和瑞士的关联度较强，而中国与法国间有合作关系。从排名前十的核心专利产出机构看（见表 2.2.6），其中排名前三的机构分别为日本花王株式会社、韩国 GK 科技有限公司和日本旭化成株式会社，他们均为日韩的机构。中国的东华大学和新乡市护神特种织物有限公司分别排在第四位和第五位，但是专利的被引数都为 0。从该开发前沿各机构间的合作网络可以看出，该开发前沿在各机构间不存在研发合作关系，产业化程度较低，针对新型功能性天然纤维素纤维开发技术产－学－研合作仍有很大空间。我们应该进一步加强和其他国家、机构的交流合作，进一步提升中国在这一领域的创新能力。

表 2.2.5 "新型功能性天然纤维素纤维开发"工程开发前沿中核心专利的主要产出国家

序号	国家	公开量	公开量比例	被引数	被引数比例	平均被引数
1	中国	725	72.50%	153	7.84%	0.21
2	日本	106	10.60%	231	11.83%	2.18
3	美国	59	5.90%	908	46.52%	15.39
4	韩国	40	4.00%	2	0.10%	0.05
5	德国	17	1.70%	88	4.51%	5.18
6	瑞士	12	1.20%	340	17.42%	28.33
7	法国	11	1.10%	1	0.05%	0.09
8	瑞典	9	0.90%	36	1.84%	4.00
9	印度	5	0.50%	2	0.10%	0.40
10	奥地利	4	0.40%	0	0.00%	0.00

表 2.2.6 "新型功能性天然纤维素纤维开发"工程开发前沿中核心专利的主要产出机构

序号	机构	公开量	公开量比例	被引数	被引数比例	平均被引数
1	日本花王株式会社	13	1.30%	0	0.00%	0.00
2	韩国 GK 科技有限公司	9	0.90%	1	0.05%	0.11
3	日本旭化成株式会社	9	0.90%	0	0.00%	0.00
4	东华大学	8	0.80%	0	0.00%	0.00
5	新乡市护神特种织物有限公司	8	0.80%	0	0.00%	0.00
6	法国欧莱雅化妆品集团公司	7	0.70%	1	0.05%	0.14
7	宜宾惠美纤维新材料股份有限公司	7	0.70%	0	0.00%	0.00
8	美国菲利普莫里斯公司	6	0.60%	262	13.42%	43.67
9	日本帝人株式会社	6	0.60%	6	0.31%	1.00
10	日本信州大学	6	0.60%	0	0.00%	0.00

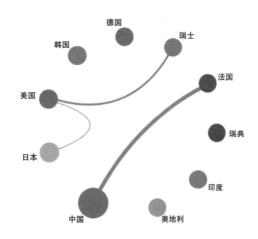

图 2.2.3 "新型功能性天然纤维素纤维开发"工程开发前沿主要国家间的合作网络

领域课题组人员

领域课题组组长： 郝吉明　曲久辉
专家组：

贺克斌	魏复盛	张全兴	杨志峰	张远航
吴丰昌	朱利中	潘德炉	丁一汇	徐祥德
侯保荣	张偲	蒋兴伟	孙宝国	庞国芳
孙晋良	俞建勇	陈克复	石碧	瞿金平
岳国君	陈坚			

工作组：

黄霞	鲁玺	胡承志	李彦	许人骥
胡敏	裴元生	陈宝梁	潘丙才	席北斗
徐影	宋亚芳	白雁	马秀敏	李洁

王　静　刘元法　刘东红　范蓓　覃小红
黄　鑫

办公室：

王小文　李淼鑫　朱建军　张向谊　张姣

执笔组成员：

黄霞	鲁玺	胡承志	李彦	潘丙才
单超	席北斗	姜永海	贾永锋	檀文炳
古振澳	盛雅琪	王猷珂	徐楠	李晓
郑菲	许人骥	徐影	石英	王知泓
白雁	李洁	马秀敏	吕元蛟	马峥
王静	范浩然	覃小红	张弘楠	黄鑫
肖涵中				

七、农业

1　工程研究前沿

1.1　Top 10 工程研究前沿发展态势

农业领域工程研究前沿 Top 10 主要有：① 关于动植物生产的分子生物学机制和机理的研究，如动物高产优质性状遗传分子基础、作物杂交育种的分子生物学机制、水产动物杂交育种的分子生物学机制、园艺作物响应逆境障碍分子机制研究；② 关于农业领域新兴前沿的环境生态和人工智能的研究，如重要人兽共患病跨种间传播机制、土壤微生物组及其生态功能、农业机器人运动控制与柔性作业；③ 关于提升动植物产品质量及绿色生产投入品的研究，如分子靶标与绿色农药分子设计、作物产量和品质协同提升技术、非传统食物（饲料）蛋白质生产的理论与技术。自 2017 年发布研究前沿以来，对生物基因的研究一直是农业科学家的关注点，尤其是近年来兴起的 CRISPR/Cas9，这项颠覆性技术被应用于基因编辑和功能性基因的挖掘。环境的可持续发展则是宏观农业研究的重点，如全球

气候变化、生物多样性及农业生产的应变性。人类健康是农业的高级目标，在新型冠状病毒肺炎肆虐之际，对动物病毒的研究成为兽医科学的重要任务。

农业领域工程研究前沿的核心论文数区间为 8~204 篇，平均为 87 篇；篇均被引频次区间为 279~12 410 次，平均为 3 239 次；核心论文出版年度以 2016 年、2017 年和 2018 年为主（见表 1.1.1 和表 1.1.2）。

（1）重要人兽共患病跨种间传播机制

人兽共患病（Zoonoses）特指一类从脊椎动物跨种传播感染人的传染病，约占人类传染病的 60%。全球重要的人兽共患病有 200 余种，危害严重的有 30 多种，75% 以上的新发和再发人类传染病源自动物。进入 21 世纪以来，人兽共患病暴发有加快、加重趋势。在 175 种新发传染病中，75.4% 是人兽共患传染病，一些重大人兽共患病相继暴发，如重症急性呼吸综合征（2003）、H1N1 甲型流感（2009）、中东呼吸综合征（2012）、H7N9 禽流感（2013）、寨卡病毒感染 (2015) 以及

表 1.1.1　农业领域 Top 10 工程研究前沿

序号	工程研究前沿	核心论文数	被引频次	篇均被引频次	平均出版年
1	重要人兽共患病跨种间传播机制	20	1 416	70.80	2017.3
2	作物杂交育种的分子生物学机制	147	2 318	15.77	2016.6
3	分子靶标与绿色农药分子设计	103	1 375	13.35	2018.1
4	农业机器人运动控制与柔性作业	170	12 410	73.00	2018.3
5	水产动物杂交育种的分子生物学机制	8	407	50.88	2016.4
6	动物高产优质性状遗传分子基础	204	1 506	7.38	2018.5
7	土壤微生物组及其生态功能	80	8 549	106.86	2016.8
8	作物产量和品质协同提升技术	17	279	16.41	2018.2
9	园艺作物响应逆境障碍分子机制研究	17	390	22.94	2017.9
10	非传统食物（饲料）蛋白质生产的理论与技术	100	3 738	37.38	2016.5

全球工程前沿 Engineering Fronts

表 1.1.2　农业领域 Top 10 工程研究前沿核心论文逐年发表数

序号	工程研究前沿	2015 年	2016 年	2017 年	2018 年	2019 年	2020 年
1	重要人兽共患病跨种间传播机制	4	2	5	5	1	3
2	杂交育种的分子生物学机制	28	16	20	32	23	2
3	分子靶标与绿色农药分子设计	13	11	7	15	31	28
4	农业机器人运动控制与柔性作业	2	17	24	34	63	30
5	水产动物杂交育种的分子生物学机制	3	2	2	0	0	1
6	动物高产优质性状遗传分子基础	10	17	23	38	43	73
7	土壤微生物组及其生态功能	13	21	20	19	6	1
8	作物产量和品质协同提升技术	1	1	3	5	4	3
9	园艺作物响应逆境障碍分子机制研究	2	3	2	2	4	4
10	非传统食物（饲料）蛋白质生产的理论与技术	31	26	18	17	7	1

当前全球大流行的新型冠状病毒肺炎（2019）等。同时老病复发，造成新的流行，如布病、结核、登革热、埃博拉、狂犬病、弓形虫病等。目前，人兽共患病已对人类生存和社会经济稳定构成重大威胁，成为影响全球公共卫生安全的首要挑战。阐明人兽共患病跨种间传播机制已成为当前亟待解决的热点和难点问题，其核心科学问题主要有：① 病原感染和适应新宿主的遗传变异与演化规律；② 病原在新宿主体内有效复制和感染的分子机制；③ 病原跨种间传播的生态学基础。随着大数据和高精尖技术的发展，可以从微观和宏观角度实现，全方位解析重要人兽共患病的跨种间传播机制，做好前瞻性和储备性研究工作；可从动物源头对人兽共患病进行监测预警与防控，为实现防控关口前移提供强有力的物质和技术支撑，为政策制定提供依据。当前，开展重要人兽共患病特别是动物源头人兽共患病跨种间传播机制与防控研究，是摆在各国科研工作者面前重大而紧迫的任务。

（2）作物杂交育种的分子生物学机制

杂种优势通常是指两个或两个以上遗传组成不同的亲本杂交，其杂种一代在生长势、生活力、适应性和产量等性状上优于双亲的现象。目前，全球已在大多数的粮食作物、经济作物、蔬菜以及林果等作物上，成功利用杂种优势，培育出优势杂交种。虽然杂种优势现象的发现和应用已经有一个多世纪，但其遗传学和分子生物学机制依然没有形成共识。随着近年来测序技术的发展和基因组学的飞速进步，为揭示杂种优势形成分子机制带来了新机遇。对不同作物的多个杂交组合进行大规模高通量测序和多组学数据挖掘，结合田间杂种优势表现，综合利用基因组学、数量遗传学、分子生物学和生物信息学等手段，系统鉴定控制作物重要性状杂种优势形成的关键位点，为杂种优势形成遗传基础解析提供重要的信息。一些研究还通过分析杂交种和亲本之间基因存在丢失（PAV）、基因表达、表观遗传修饰、基因调控网络的差异，发现杂交种基因的非加性表达是杂种优势形成的重要分子机制。通过对杂种优势遗传位点的挖掘、分子机制的阐析，科研人员可以对杂种优势进行预测，有效地指导杂交育种亲本选配，大大提高了育种效率。未来，通过分子设计育种、基因编辑等策略，可以实现对杂种优势相关基因进行定向改造，为作物杂种优势利用提供新策略和途径。

（3）分子靶标与绿色农药分子设计

分子靶标是指病虫害生物体内的一种生物大分子（受体、蛋白质、酶、核酸等），在某一个关键

155

生物学过程中发挥重要作用，并且可以与农药分子结合，从而严重干扰或中止该生物学过程。分子靶标的生物学特性决定了农药分子的作用机制，是农药创制的核心。通过挖掘人畜没有、而对病虫害生长发育至关重要的原创性分子靶标，可以开发出针对这种分子靶标而设计绿色农药分子，为农药产业从传统有毒转型到安全可持续发展带来重大影响。在靶标研究中，获得原子水平的靶标结构信息以及靶标分子与活性小分子之间的相互作用机制是关键，也是难点。农药分子设计技术是指如何针对特定的分子靶标快速发现成药性质优、环境相容性好、生物活性高的新化合物。它包括苗头化合物的发现、从苗头到先导的优化、成药性优化、抗性预测、毒性预测、代谢途径预测、高通量筛选、分子抗性检测等。农药分子设计技术可以大幅度减少需要合成和筛选的化合物数量，降低研发成本，提高新农药创制效率。

（4）农业机器人运动控制与柔性作业

农业机器人运动控制与柔性作业是实现在自然环境下的农业装备全部或部分替代人或辅助人高效、便捷、安全、可靠地完成农业生产任务的一项关键技术。通过农业机器人运动控制与柔性作业的研究可以实现更加智能化的农业机器人非结构场景感知、高精度定位识别、智能避障、高质低损作业。农业机器人运动控制与柔性作业核心的科学问题是：非结构化的自然环境中作业目标对象的高精度感知、识别和定位，包括表型特征识别、场景识别定位等；通过多传感器信息融合技术构建路径规划决策，如运动路径优化、作业姿态优化、作业次序优化；基于深度学习和人工智能给出农业机器人的运动控制和柔性作业的决策；通过天、地、空的绝对与相对定位和图像信息处理等技术，提取出导航路径信息与横向偏离，提供即时定位与地图构建，实现自动避障。进一步还包括：深化强人工智能决策技术、多机协同技术、人机共融技术、触觉反馈技术、遥操作技术、沉浸式显示的虚拟和增强现实

技术等。农业机器人运动控制与柔性作业技术的研究，可以增强农业机器人柔性作业的检测、跟踪和目标识别等的可靠性及实时性，增强柔性作业的感知和执行能力，提高运动控制的灵活性和精确度，扩展时间和空间覆盖率，提高作业精度，实现高效高质低损作业，具有重大的工程意义。

（5）水产动物杂交育种的分子生物学机制

杂交育种是水产动物育种的重要技术之一。通过将遗传背景不同的亲本进行杂交可获得具有生长速度快、抗病和抗逆性强等优势性状的杂交子代和品系。采用杂交育种技术，已经成功培育了多个具有生产优势的水产新品种，为我国水产种业发展提供了丰富的种质资源。杂交育种的核心科学问题是要从源头上揭示杂种优势产生的机制，明确杂种优势产生的共性规律，并利用这些规律指导杂交育种工作。在新形成的杂交子代和品系中，遗传变异驱使的性状变化是适应性的选择。鉴定杂交基因组特征以及优势性状的控制位点，解析关键性状基因的表达和调控机制，进而构建基因组到表型的关联是明确杂交优势分子机制的前提。异源基因组相互作用导致遗传变异的规律是什么？不同杂交组合中基因组变异的共性规律和差异是什么？异源基因组在杂交品系传代过程中逐渐融合并趋于稳定的规律是什么？杂交基因组产生优势性状的分子机制是什么？这些奥秘至今尚无答案。解析水产动物杂交育种的分子生物学机制，有助于理解杂交育种的生物学规律并指导杂交育种工作，避免盲目选择亲本杂交导致的资源浪费，具有重大的理论和现实生产意义。

（6）动物高产优质性状遗传分子基础

解析动物高产优质性状的遗传分子基础是培育优良动物新品种的重要前提。综合运用遗传学、基因组学、生物信息学、分子生物学、生物化学、细胞生物学、动物育种学等方法，破解动物基因组和基因图谱，筛选动物高产优质性状相关的基因定位和分子标记，挖掘关键功能基因、调控序列和调控

网络，揭示基因、表型与环境的互作规律，为动物高产优质育种提供分子遗传学的选择标记和操纵目标。随着各种动物全基因组测序完成和生物信息学技术的进步，依据分子标记和表型测定建立起来的全基因组选择技术已经在动物育种中广泛应用，大大缩短了育种周期，提高了选择的准确性。随着基因编辑技术的突飞猛进，通过编辑功能基因和调控序列，开展多基因聚合育种，培育高产、优质和抗病动物新品种已成为动物育种的重要方向。解析动物产肉量和品质、产奶量和乳品质、产绒毛量和品质、产蛋量，以及生长、发育、繁殖、抗病、耐寒和耐低氧等重要经济性状的分子遗传基础，确定关键功能基因，从而提高高产优质性状选择的准确性，培育具有高产优质性状的动物新品种，对推动畜牧业高质量发展具有重要意义。

（7）土壤微生物组及其生态功能

土壤微生物组（soil microbiome）是土壤中细菌、古菌、真菌、病毒、原生生物、微型动物及其复杂的土壤环境的总称，在土壤生态系统能量流动、物质循环和信息交换等过程中发挥了重要的作用，是维持生态系统功能的核心组分。同时，土壤微生物组与土壤健康、作物生产、生态系统功能密切相关，是工农业生产、医药卫生和环境保护等领域的核心资源。

土壤微生物组研究的主要内容是特定土壤中微生物群落的协同演化规律及其生态功能，包括土壤微生物多样性形成与维持机制（如生物多样性的起源、演化、共存等）、土壤元素循环的微生物驱动机制（如重要元素循环过程及驱动机制）、微生物组的资源与环境功能（如功能性微生物资源、土壤微生物组介导的地上－地下偶联、多层级食物网的结构与功能等）和土壤微生物组的新技术及其应用（如单细胞分析技术、系统与定量生物学技术等）。近年来，随着高通量测序和培养组学等技术的发展，土壤微生物组功能的研究已经达到了前所未有的新阶段，其研究领域已扩展到污染修复、病害防控、

人类健康等多个领域，研究手段也逐渐从定性描述性研究向定量系统性研究发展。但当前的研究手段远不能满足人们对土壤微生物组功能的认识，开发新的研究方法，发展新的研究理念将会为土壤微生物组及其生态功能的研究、土壤微生物组功能的精细调控、土壤微生物资源的开发提供新的战略机遇。

（8）作物产量和品质协同提升技术

农产品的消费需求结构已经发生了显著变化，已不是满足吃饱的问题，而是要吃得好、讲品质、讲安全、讲健康。作物栽培必须坚持理论与实践相结合的研究方法，在主攻作物品质改善的同时，稳定或提高作物产量。作物品质和产量既有一致性，又有矛盾性，是一个十分复杂的科学问题。既要丰产、更要改善品质，就要深入搞清楚两者的协同规律与机理，在作物绿色优质丰产协同规律与广适性调控栽培技术上取得突破。① 根据市场需求的品质标准，深入研究气候、土壤、水质和营养元素等对作物品质的影响及其机理，揭示作物品质形成生理生态规律。② 研究优质和高产形成影响因素的同一性和矛盾性，为作物优质高产栽培提供协调途径。③ 从优化群体生育动态、防止后期早衰、非叶器官光合耐逆高效机制、生态因素（光、温、水、肥）调控机理等角度，揭示作物高产与提质协同的生育特性，探明其形成规律；在品种选用、生育诊断、适宜播栽期、合理密植、肥水高效耦合与精准诊断调控等栽培措施上加强攻关，进一步创新并挖掘作物高产潜力，并建立协同提质的实用栽培技术。④ 根据当地生态条件，研创作物优质高产协同的栽培技术体系，制定作物生产技术标准。

（9）园艺作物响应逆境障碍分子机制研究

园艺作物（包括蔬菜、果树、花卉、西甜瓜和食用菌等）生产为保障以鲜嫩多汁为主的多样化园艺产品周年供应、满足人民对美好生活的需求、促进农民脱贫致富与农业增效、实现资源高效利用、平衡农产品进出口贸易等做出了重大贡献。随着气候变化与设施园艺的快速发展，园艺作物遭受温度

（低温、高温等）、光照（强光、弱光等）、水分（干旱、水涝等）、土壤（高盐、碱、酸、营养等）、气体（低氧等）逆境胁迫的现象日益普遍，严重影响了园艺作物的产量与品质。园艺作物如何感知逆境信号？逆境信号如何在作物体内转导？作物响应逆境的原初反应？植物内源激素及外源植物生长调节剂在作物抗性中的分子机制？作物对逆境的防御与适应等抗性的分子机制？钙、水杨酸、寡糖等功能性调控物质在逆境抗性调控中的作用机制？作物逆境抗性的协同作用网络？等等，这些逆境抗性分子机制至今仍不清晰。解析园艺作物响应逆境障碍分子机制，有助于了解园艺作物乃至大部分农作物对逆境胁迫的应答及调控，对于通过栽培调控与品种选育两个方面提高作物对逆境的抗性，提高园艺作物的产量与质量具有重要意义。

（10）非传统食物（饲料）蛋白质生产的理论与技术

我国饲料资源严重缺乏，畜禽养殖所需的优质蛋白质饲料约有 86% 依赖于进口，不利于畜牧业的健康和可持续发展。我国非传统蛋白资源非常丰富，包括农产品加工副产物、糟粕类、植物及其加工副产物等。受季节、地理分布、抗营养因子等影响，非传统蛋白资源在饲料工业的应用较少。综合应用抗营养因子消减与钝化技术、微生物发酵、新型饲用酶工程理论与技术，系统评估非传统饲料资源营养价值，提高其在畜禽体内的消化吸收和利用，可一定程度上减少传统蛋白质饲料在畜禽养殖中的用量。此外，昆虫粉、单细胞培养物、微藻等蛋白含量高，营养价值丰富。运用合成生物学、分子酶学理论与现代生物学技术，优化昆虫或微生物培养体系，提高底物利用率从而实现蛋白质高效生产，有望成为重要的新型饲料蛋白源。因此，通过新理论与技术的应用，鼓励非常规蛋白资源在饲料行业的运用，有助于减少我国对国外优质饲料蛋白源的过度依赖，缓解我国饲料蛋白资源严重匮乏的现状，实现畜禽养殖业转型升级与可持续发展。

1.2　Top 3 工程研究前沿重点解读

1.2.1　重要人兽共患病跨种间传播机制

（1）人兽共患病的流行现状与危害

人兽共患病病原体可能是细菌、病毒或寄生虫，也可能涉及非常规病媒。大部分人兽共患病的流行有一个共性，即从野生动物传播到人，或者从野生动物传播到家养动物再到人，并在人群中流行。动物源性人兽共患病最主要的疫源是野生脊椎动物，尤其是鸟类和哺乳类。研究人员对已知的 5 486 种哺乳动物可能携带的病毒种数进行评估，按每个物种可能有 3 种病毒被遗漏来算，推测现存哺乳动物体内潜伏的病毒有近 32 万种之多。它们中的许多种类可能有较强的传染性和致病性，一旦暴发，对人类来说无疑是场灾难。人类的工业化进程、全球经济体系化、环境生态恶化以及全球气候变暖等使得今天的人类比以往更接近野生动物，包括城市中的野生动物和流浪动物，人兽共患病的巨大风险正严重威胁着人类和动物的健康与生存。在此情形下，如何充分认识动物与人类正在受到的疾病威胁，正确处理好人类、动物与自然的关系，避免鼠疫、出血热、新型冠状病毒肺炎（COVID-19）疫情、流感大流行等悲剧的重演，成为人类不得不面对的重大问题。

（2）人兽共患病跨种传播机制的研究现状

随着生物信息学和生物技术的发展以及交叉学科的共融，人们越来越意识到人兽共患病的跨种传播机制研究，应从微观和宏观两个角度开展全面系统的科研工作，特别是加强以大数据为基础的宏观研究，以期认识人兽共患病跨种间传播的规律，揭示防控的关键风险点，开发疫病预防和治疗的疫苗与药物。目前，人兽共患病跨种传播机制的主要研究进展有以下 3 个方向。① 病原生态学与潜在流行风险研究。科研人员利用新一代测序技术和生物信息学分析手段，以新型冠状病毒（SARS-

CoV-2）、流感病毒、乙脑病毒、狂犬病毒等重要病原为研究对象，研究功能基因组的变异和进化特征；根据基因组信息，结合时间、地理和宿主信息，绘制病原在生态圈中产生和流行的动态演化与传播过程，发现重要的流行风险点。例如，研究者通过网络聚类算法将我国的活禽贸易划分出 5 个"贸易圈"。通过禽流感病毒基因序列推断出各省份间病毒传播和进化历史后，发现活禽贸易区域性结构能够很好地解释病毒在全国范围的传播规律。在新型冠状病毒研究中，研究人员第一时间获得了患者 SARS-CoV-2 全长基因组序列，与蝙蝠冠状病毒基因比对，发现 96% 相似性，因而快速锁定了可能的传播宿主源头。② 重要病原的宿主适应性研究，特别是病原与宿主细胞受体的相互作用研究。人兽共患病病原为了完成在宿主体内的有效复制，需要充分调动自身组分，发生适应性变异，启动生命周期。与受体的相互作用，是病原启动在宿主体内繁殖的先决条件，也是阻断病原感染的重要靶点。例如，利用结构生物学和生物化学等学科手段，在新型冠状病毒研究中确定了 SARS-CoV-2 凸起受体结合域（RBD）的晶体结构与血管紧张素转化酶 2（ACE2）受体结合；还分析了靶向 RBD 的两种 SARS-CoV-2 的抗体表位，为揭示病毒跨种传播机制提供关键线索。此外，利用反向遗传学平台，采用分子生物学、细胞生物学等各种手段，研究病原蛋白在不同宿主细胞复制过程中调控、变异、重组、嗜性的作用基础，探讨病原感染的种属特性及复制的共性与差异。在对猪流感病毒的研究中，发现一种 G4 型 H1N1 亚型病毒在进化过程中通过获得人 2009 甲型流感病毒的 vRNP 和 M 基因片段，从而增强了在人细胞上的复制能力和对动物模型雪貂的感染性和传播性，说明该病毒对人的感染嗜性增强，具有引起大流行的风险。③ 宿主限制性因子在病原跨物种传播中的作用研究。人兽共患病病原在宿主体内增殖时，必须依赖宿主因子，同时有效拮抗宿主限制性因子。这些宿主因子共同构成病原感染的限制性因素。这类研究主要包括探索宿主限制性因子的调控机制，比较不同种属的宿主限制性因子对感染、致病影响的差异机制，发现新的宿主细胞因子，追踪宿主限制性因子对病原生命周期各阶段的影响和生物学意义等。例如，人们通过对宿主 ANP32 蛋白的研究，发现其与流感病毒复制有关，而且禽、猪和人的 ANP32 存在种间差异，是新发现的关键宿主限制性因子。该宿主蛋白也在 HIV-1 病毒复制过程具有重要作用，可通过影响病毒未完全剪切核糖核酸 RNA 的核输出过程调控病毒复制。

（3）未来研究方向与创新点

人兽共患病的发生和流行由多因素决定，与病原特性、宿主分布、自然环境、动物行为、人类社会政治经济发展等密切相关。近 20 年来，人类的工业化进程、全球一体化、环境生态污染和破坏、全球气候变暖等极大地影响了人兽共患病的传播方式、传染强度及广度。因此，如何有效阻断人兽共患病跨种间传播是一项跨学科、跨部门、跨地域的工作，需要建立"全健康（One Health）"的理念和工作方式，需要临床医生、公共卫生学家、生态学家、疾病生态学家、兽医、经济学家等通力合作，需要世界各国和地区开展有效的沟通与协同。未来的研究方向应着眼于大数据分析，从生态与进化生物学角度开展跨种传播机制研究，探明人兽共患病在动物群中的生态和跨种传播风险因子，为建立有效的预警监测网络和预防控制措施提供依据和手段。

在"重要人兽共患病跨种间传播机制"研究中，核心论文发表量排在前三位的国家（见表 1.2.1）分别是美国、英国和澳大利亚。此研究前沿的核心论文篇均被引频次分布在 60.00~133.50，其中意大利和泰国的篇均被引频次均超过了 100。研究机构分布方面（见表 1.2.2），美国疾病控制和预防中心、哥伦比亚大学、美国环保生态健康联盟、昆士兰大学、巴斯德研究所产出的核心论文及被引次数较多。国家间的合作网络方面（见图1.2.1），国家间的研究合作较为普遍，美国、英国、澳大利亚之间合作相对更紧密。机构间的合作网络方面（见图1.2.2），各机构间均存在一定的合作关系。施引核心论文的主要产出国家是美国、英国和中国，美国占比接近30%，英国和中国均超过10%，且平均施引年较晚，表现出较强的研发后劲（见表1.2.3）。施引核心论文的主要产出机构方面（见表1.2.4），美国疾病控制和预防中心、圣保罗大学、中国科学

院的施引核心论文数排在前三位。

1.2.2　农业机器人运动控制与柔性作业

（1）农业机器人运动控制与柔性作业的研究内容

农业的非结构化环境不同于工业机器人：农业作业对象没有相对固定的结构和位置且相互遮挡，颜色纹理复杂；农业对象一般都具有移动性、柔软性和商品性等生物特性，由于具有很多不确定性，往往要求柔性的执行系统；农业场景复杂多变，如粉尘、风雨、光照条件（白天、阴雨天、黑夜）的

表1.2.1　"重要人兽共患病跨种间传播机制"工程研究前沿中核心论文的主要产出国家

序号	国家	核心论文数	论文比例	被引频次	篇均被引频次	平均出版年
1	美国	14	70.00%	961	68.64	2017.9
2	英国	7	35.00%	686	98.00	2016.9
3	澳大利亚	7	35.00%	668	95.43	2017.4
4	法国	5	25.00%	407	81.40	2017.0
5	中国	4	20.00%	240	60.00	2018.0
6	加拿大	3	15.00%	281	93.67	2017.3
7	意大利	2	10.00%	267	133.50	2017.5
8	泰国	2	10.00%	204	102.00	2017.0
9	荷兰	2	10.00%	193	96.50	2015.5
10	德国	2	10.00%	169	84.50	2016.5

表1.2.2　"重要人兽共患病跨种间传播机制"工程研究前沿中核心论文的主要产出机构

序号	机构	核心论文数	论文比例	被引频次	篇均被引频次	平均出版年
1	美国疾病控制和预防中心	4	20.00%	301	75.25	2016.8
2	哥伦比亚大学	2	10.00%	273	136.50	2017.0
3	美国环保生态健康联盟	2	10.00%	244	122.00	2018.5
4	昆士兰大学	2	10.00%	244	122.00	2018.5
5	巴斯德研究所	2	10.00%	213	106.50	2017.5
6	耶鲁大学	2	10.00%	195	97.50	2016.5
7	剑桥大学	2	10.00%	193	96.50	2015.5
8	墨尔本大学	2	10.00%	171	85.50	2018.5
9	爱丁堡大学	2	10.00%	145	72.50	2017.5
10	苏黎世大学	2	10.00%	125	62.50	2018.5

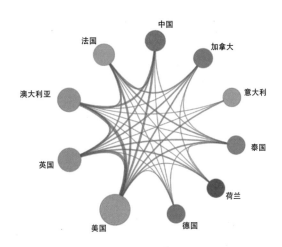

图 1.2.1 "重要人兽共患病跨种间传播机制"工程研究前沿主要国家间的合作网络

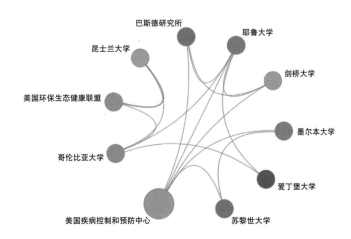

图 1.2.2 "重要人兽共患病跨种间传播机制"工程研究前沿主要机构间的合作网络

表 1.2.3 "重要人兽共患病跨种间传播机制"工程研究前沿中施引核心论文的主要产出国家

序号	国家	施引核心论文数	施引核心论文比例	平均施引年
1	美国	447	29.23%	2019.3
2	英国	195	12.75%	2019.4
3	中国	176	11.51%	2019.3
4	法国	132	8.63%	2019.1
5	巴西	117	7.65%	2019.3
6	澳大利亚	100	6.54%	2019.0
7	意大利	97	6.34%	2019.3
8	德国	79	5.17%	2019.1
9	加拿大	71	4.64%	2019.0
10	西班牙	58	3.79%	2019.6

表 1.2.4　"重要人兽共患病跨种间传播机制"工程研究前沿中施引核心论文的主要产出机构

序号	机构	施引核心论文数	施引核心论文比例	平均施引年
1	美国疾病控制和预防中心	61	16.76%	2019.4
2	圣保罗大学	41	11.26%	2019.4
3	中国科学院	34	9.34%	2019.5
4	巴斯德研究所	34	9.34%	2018.6
5	牛津大学	31	8.52%	2019.4
6	蒙彼利埃大学	31	8.52%	2019.3
7	比萨大学	30	8.24%	2019.2
8	美国环保生态健康联盟	27	7.42%	2019.4
9	格拉斯哥大学	27	7.42%	2019.3
10	剑桥大学	26	7.14%	2018.8

变化等，对农业机器人作业效率影响很大。同时，农业劳力紧缺、劳动力成本不断上升。在我国，近年来农业劳动力特别是青壮年劳动力迅速向其他行业转移，农忙时节出现劳力荒，劳动强度大大增加，生产效率明显降低。因此，当前需要农业机器人可以全部或部分替代人或辅助人高效、便捷、安全、可靠地完成，集感知、传输、控制、作业为一体，将农业的标准化、规范化大大向前推进一步。通过农业机器人运动控制与柔性作业的研究，可以实现更加智能化的农业机器人非结构场景感知、高精度定位识别、智能避障、高质低损作业。其核心的科学问题是：通过图像处理和理解提取等方式，实现非结构化作业环境的场景的感知、场景识别、作业对象的表型特征识别以及作业对象的目标定位；通过多传感器信息融合技术，基于深度学习等算法，构建出运动路径决策、作业姿态决策以及作业次序决策等，不仅可以节省人力成本，而且可以提高品质控制能力，增强自然风险抗击能力，具有重大的工程意义。

（2）农业机器人运动控制与柔性作业的研究现状

20 世纪 80 年代开始出现农业劳动力缺乏和老龄化，至今，根据所处的自然环境和应用场景，农业机器人已发展并细分出大田作业机器人、温室机器人、林业农业机器人、畜牧农业机器人、水产农业机器人几大分支领域，其工作动作原理、结构形式、复杂程度、作业效果和性能都各有特色。目前农业机器人还存在着巨大的技术瓶颈：非结构化环境、农业作业对象的生物特性、农业场景的复杂多变、农业作业效率低以及可靠性与安全性。制约这些问题的基础关键技术有待突破，比如电能等新能源"低碳"的存储应用、半导体和量子计算机运算能力提升、人工智能从弱人工智能（单项功能）向强人工智能（复杂任务）提升、"垂直农耕"等标准化农业模式优化。因此，为了实现农业装备的高度智能化和环境适应性，农业机器人运动控制与柔性作业技术是亟待解决的关键技术之一。

（3）未来研究方向与创新点

今后，为使得农业机器人在规律性和重复的环境中达到最好的工作效率与作业质量，一方面，农机、农艺、耕作模式需要高度融合和高度标准化，减少农场景观多样性；另一方面，为了适应生态多样性，不同类型机器人需要混合使用，可让农业不再受到密集型劳动力的限制，通过农业－森林－牧场的综合方式，将粮食作物、水果和蔬菜以及树木和动物等多种生态模式进行整合。农业机器人运动

控制与柔性作业技术的发展方向是：深化强人工智能决策技术、多机协同技术、人机共融技术、触觉反馈技术、遥控操作技术、沉浸式显示的虚拟和增强现实技术等，可以优化农业机器人运动控制与柔性作业的工作环境，使其可在恶劣条件下操作，增强柔性作业的感知和执行能力，提高运动控制的灵活性和精确度，扩展时间和空间覆盖率，提高作业精度。

"农业机器人运动控制与柔性作业"工程研究前沿领域，核心论文发表量排在前三位的国家分别为中国、美国和新加坡；篇均被引频次排在前三位的国家分别为新加坡、韩国和澳大利亚（见表1.2.5）。在发文量前十的国家中（见图1.2.3），美国与中国、韩国、加拿大、新加坡、西班牙、以色列均有合作，巴西与其他国家没有合作。核心论文发文量排在前三位的机构分别为中国科学院、南洋理工大学和华盛顿州立大学（见表1.2.6）。产出主要机构间的合作网络方面（见图1.2.4），华盛顿州立大学与西北农林科技大学合作较为紧密。施引核心论文发文量排在前三位的国家分别为中国、美国和韩国（见表1.2.7）。施引核心论文的主要产出机构分别为中国科学院、四川大学等（见表1.2.8）。

表1.2.5 "农业机器人运动控制与柔性作业"工程研究前沿中核心论文的主要产出国家

序号	国家	核心论文数	论文比例	被引频次	篇均被引频次	平均出版年
1	中国	109	64.12%	7 662	70.29	2018.6
2	美国	47	27.65%	3 847	81.85	2018.2
3	新加坡	14	8.24%	1 833	130.93	2017.6
4	韩国	11	6.47%	1 317	119.73	2018.3
5	加拿大	9	5.29%	477	53.00	2018.8
6	澳大利亚	8	4.71%	704	88.00	2018.0
7	西班牙	8	4.71%	590	73.75	2018.8
8	以色列	6	3.53%	155	25.83	2017.2
9	巴西	5	2.94%	272	54.40	2017.4
10	德国	4	2.35%	259	64.75	2017.8

表1.2.6 "农业机器人运动控制与柔性作业"工程研究前沿中核心论文的主要产出机构

序号	机构	核心论文数	论文比例	被引频次	篇均被引频次	平均出版年
1	中国科学院	17	10.00%	1 632	96.00	2018.6
2	南洋理工大学	12	7.06%	1 747	145.58	2017.5
3	华盛顿州立大学	9	5.29%	279	31.00	2018.7
4	佛罗里达大学	9	5.29%	222	24.67	2018.2
5	中国农业大学	8	4.71%	194	24.25	2018.5
6	香港理工大学	7	4.12%	767	109.57	2018.0
7	中山大学	7	4.12%	286	40.86	2019.1
8	仲恺农业工程学院	7	4.12%	129	18.43	2019.4
9	西北农林科技大学	7	4.12%	103	14.71	2019.3
10	斯坦福大学	6	3.53%	1569	261.50	2017.3

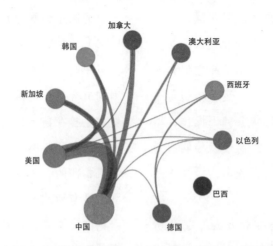

图 1.2.3 "农业机器人运动控制与柔性作业"工程研究前沿主要国家间的合作网络

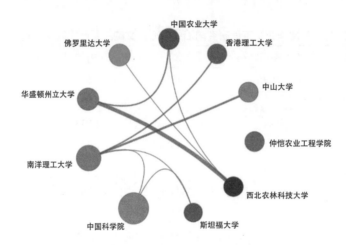

图 1.2.4 "农业机器人运动控制与柔性作业"工程研究前沿主要机构间的合作网络

1.2.3 水产动物杂交育种的分子生物学机制

自 20 世纪 50 年代我国学者攻克"四大家鱼"人工繁殖技术以来，鱼类育种研究迅猛发展。1996 年至 2020 年间，全国水产原种和良种审定委员会共审定通过了 229 个水产新品种，其中采用杂交育种技术获得的水产新品种共 77 个，占所有审定新品种的 33.6%。近年来，水产育种工作者通过摸索不同的杂交组合开展杂交育种，总结了部分遗传规律，为水产育种技术研究与应用提供了理论依据。

杂交育种的目的是获得具有优势性状的杂交子代和品系。对多种杂交组合产生的杂交后代进行生产性状评估，在此基础上，解析杂种优势的产生机制是备受关注的研究领域。前期的研究方法包括开展对杂交子代和亲本的性状测定、核型分析、性腺发育检测等，以期揭示杂交育种的遗传规律。随着高通量测序和生物信息学技术的发展，使得通过比较基因组和多组学关联分析来深入解析杂交基因组产生优势性状的关键分子机制成为可能。开展杂交子代及品系的基因组特征分析，掌握杂交后基因组变异的共性规律，能够优化育种路线，减少随机选择亲本杂交导致的资源浪费。研究表明，同样是两个相同亲本进行杂交，正交和反交产生的子代在性状上往往具有较大差异，其分子机制目前尚不明确。此外，水产物种中，由于种间隔离相对较弱，部分

表 1.2.7 "农业机器人运动控制与柔性作业"工程研究前沿中施引核心论文的主要产出国家

序号	国家	施引核心论文数	施引核心论文比例	平均施引年
1	中国	3 988	57.04%	2019.3
2	美国	1 036	14.82%	2019.2
3	韩国	429	6.14%	2019.3
4	印度	251	3.59%	2019.4
5	加拿大	206	2.95%	2019.3
6	新加坡	199	2.85%	2019.0
7	澳大利亚	194	2.77%	2019.3
8	德国	193	2.76%	2019.2
9	日本	187	2.67%	2019.2
10	英国	173	2.47%	2019.3

表 1.2.8 "农业机器人运动控制与柔性作业"工程研究前沿中施引核心论文的主要产出机构

序号	机构	施引核心论文数	施引核心论文比例	平均施引年
1	中国科学院	636	31.74%	2019.4
2	四川大学	230	11.48%	2019.2
3	华南理工大学	217	10.83%	2019.4
4	深圳大学	130	6.49%	2019.4
5	浙江大学	124	6.19%	2019.3
6	郑州大学	124	6.19%	2019.6
7	清华大学	121	6.04%	2019.2
8	南洋理工大学	108	5.39%	2018.7
9	上海交通大学	107	5.34%	2019.4
10	苏州大学	106	5.29%	2019.4

远缘杂交的子代两性可育,这为形成远缘杂交品系提供了条件,同时也为水产育种提供了新的种质资源,但杂交品系在延续过程中的基因组变化尚未得到评估。从杂交群体的遗传变异出发,系统性揭示杂交基因组特征,并建立杂交基因组变异和优势性状产生的关联,是明确杂交优势产生机制,指导杂交育种技术开展的关键理论基础。

通过检测杂交子代生物学性状和遗传特征,明确了染色体水平的杂交遗传规律和繁殖规律,该规律已经在多种杂交鱼类中得到证实,并指导了一批具有明显杂交优势的杂交群体和品系的研发工作,

为研究水产遗传育种和杂交成种建立了理想的模型。利用高通量测序与生物信息学相结合,通过比较基因组、转录组和多组学联合分析来鉴定性状控制基因和关键性状位点,可精准解析杂交优势产生的分子机制。例如:杂交鲫鲤、杂交鲂鲌的基因组和转录组的研究结果表明,由基因组特定位点引发的特殊基因表达模式是杂交子代性状变化的基础;多个团队通过基因组测序明确了金鱼和鲤鱼的杂交起源,并提供了杂交基因组变异驱动了物种进化的关键证据。在杂交育种过程中,有诸多不可预知的因素,在快速、精准育种需求的大背景下,应加大

系统解析优势性状成因的分子机制研究，构建杂交基因组到优势表型的内在关联，阐明不同杂交组合产生杂种优势的共性规律，从而有效指导杂交育种工作的开展。

基于近缘杂交建立的孟德尔遗传理论开创了遗传学的先河。此外，对多组远缘杂交组合的研究中发现，亲本的染色体数目是杂交子代能否存活和延续的关键因素。最新的研究发现，通过远缘杂交获得的子代，由于双亲基因组的不亲和性使得基因组突变和重组频率急剧升高，为杂交子代的性状优化提供了遗传基础。杂交子代中基因组的变异，影响关键功能基因表达，进而产生了优势表型。然而，目前尚未建立杂交子代中基因组变异和特殊基因表达模式的内在关联。同时，基因表达模式如何影响表型的关键细节还需要进一步阐明。例如，对鱼类杂交事件引发的基因组变化在鲈形目丽科鱼类以及鲤形目鲤科鱼类都开展了研究，为育种和自然驯化过程中的适应性进化提供了证据，但目前还缺乏基因组变异影响基因表达调控和表型的系统证据。因此，利用已研发的多种杂交组合开展杂交优势性状产生的分子机制研究，将拓展已有的认识，从杂交驱动基因组变异的角度全面揭示

杂种优势产生的一般性规律。研究水产动物杂交育种的分子生物学机制，使水产育种技术与统计学以及生物信息学结合形成新兴学科，将更好地服务于水产动物育种工作。

"水产动物杂交育种的分子生物学机制"工程研究前沿领域，核心论文发表量排在前三位的国家分别为加拿大、美国、印度（多个国家并列第三）；篇均被引频次排在前两位的国家依次为加拿大、印度，丹麦和乌拉圭并列第三（见表1.2.9）。核心论文发文量排名中，麦吉尔大学、加拿大高级研究所、蒙特雷湾水族馆研究所、马里兰大学、华盛顿大学产出的核心论文及被引次数较多（见表1.2.10）。国家间的合作网络方面（见图1.2.5），国家间的研究合作并不是十分普遍，美国与加拿大、中国，丹麦与乌拉圭，英国与哥伦比亚之间有合作。产出主要机构间的合作网络方面（见图1.2.6），美国和加拿大的机构有相对密切的联系。施引核心论文的主要产出国家主要是美国、中国和德国，美国占比近25.00%（见表1.2.11）。施引核心论文的主要产出机构方面（见表1.2.12），排在前三位的分别是中国科学院、伍兹霍尔海洋研究所和厦门大学，平均施引年为2018年。

表1.2.9 "水产动物杂交育种的分子生物学机制"工程研究前沿中核心论文的主要产出国家

序号	国家	核心论文数	论文比例	被引频次	篇均被引频次	平均出版年
1	加拿大	2	25.00%	188	94.00	2015.0
2	美国	2	25.00%	90	45.00	2016.0
3	印度	1	12.50%	48	48.00	2015.0
4	丹麦	1	12.50%	47	47.00	2016.0
5	乌拉圭	1	12.50%	47	47.00	2016.0
6	西班牙	1	12.50%	42	42.00	2020.0
7	哥伦比亚	1	12.50%	30	30.00	2017.0
8	英国	1	12.50%	30	30.00	2017.0
9	巴西	1	12.50%	29	29.00	2016.0
10	中国	1	12.50%	23	23.00	2017.0

表 1.2.10 "水产动物杂交育种的分子生物学机制"工程研究前沿中核心论文的主要产出机构

序号	机构	核心论文数	论文比例	被引频次	篇均被引频次	平均出版年
1	麦吉尔大学	1	12.50%	121	121.00	2015.0
2	加拿大高级研究所	1	12.50%	67	67.00	2015.0
3	蒙特雷湾水族馆研究所	1	12.50%	67	67.00	2015.0
4	马里兰大学	1	12.50%	67	67.00	2015.0
5	华盛顿大学	1	12.50%	67	67.00	2015.0
6	古吉拉特中央大学	1	12.50%	48	48.00	2015.0
7	奥胡斯大学	1	12.50%	47	47.00	2016.0
8	乌拉圭共和国大学	1	12.50%	47	47.00	2016.0
9	罗维拉－威尔吉利大学	1	12.50%	42	42.00	2020.0
10	英国海洋生物协会	1	12.50%	30	30.00	2017.0

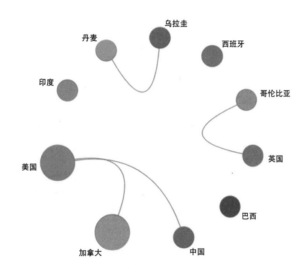

图 1.2.5 "水产动物杂交育种的分子生物学机制"工程研究前沿主要国家间的合作网络

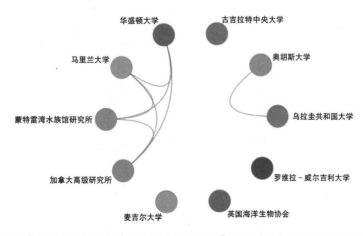

图 1.2.6 "水产动物杂交育种的分子生物学机制"工程研究前沿主要机构间的合作网络

表1.2.11 "水产动物杂交育种的分子生物学机制"工程研究前沿中施引核心论文的主要产出国家

序号	国家	施引核心论文数	施引核心论文比例	平均施引年
1	美国	128	24.66%	2018.3
2	中国	97	18.69%	2018.9
3	德国	42	8.09%	2018.3
4	法国	40	7.71%	2018.6
5	加拿大	39	7.51%	2018.5
6	英国	37	7.13%	2018.3
7	西班牙	36	6.94%	2018.7
8	澳大利亚	32	6.17%	2019.1
9	巴西	25	4.82%	2018.9
10	日本	23	4.43%	2018.7

表1.2.12 "水产动物杂交育种的分子生物学机制"工程研究前沿中施引核心论文的主要产出机构

序号	机构	施引核心论文数	施引核心论文比例	平均施引年
1	中国科学院	26	23.64%	2019.0
2	伍兹霍尔海洋研究所	11	10.00%	2017.5
3	厦门大学	11	10.00%	2018.8
4	同济大学	9	8.18%	2017.8
5	康涅狄格大学	8	7.27%	2019.9
6	加拿大渔业及海洋部	8	7.27%	2018.2
7	奥胡斯大学	8	7.27%	2018.5
8	不列颠哥伦比亚大学	8	7.27%	2018.5
9	西班牙国家研究委员会	7	6.36%	2018.9
10	中国船舶重工集团有限公司	7	6.36%	2018.9

2 工程开发前沿

2.1 Top 10工程开发前沿发展态势

农业领域工程开发前沿主要是实现农业生产精准化、生态化、绿色化和基因化需要的材料、技术、装备：① 与基因相关的技术，如育种群体的基因型和表型关联分析技术、基因编辑和植物抗病、畜禽分子设计育种；② 与生产管理相关的智能设备与技术，如基于农业大数据的作物施肥系统及装置、园艺作物智慧生产技术、基于人工智能的农业水肥管理、智能感知与饲料精准供给；③ 绿色高效农业生产的技术和投入品，如高效动物专用药物制剂、绿色智能肥料创制；④ 对自然生态环境的研究，如严重退化林与草地生态修复技术。通过比较近5年来发布的开发前沿可以发现，利用基因技术和杂交技术育种成为农业科研的主要攻关目标。新型、高效、环保农用品的开发和应用是适应绿色农业发展的需要，例如微生物肥料、动物疫苗、农药替代品等是科研人员热衷的研究对象。随着社会对环境的关注，越来越多的前沿技术被用来治理农业造成的土壤和水体污染以及预防未来的污染。此外，近年来人工智能技术的研发已经渗透到农业的各个方

向，最具代表的是无人农场的研发，因为这是人工智能在农业场景应用的综合体现。

农业领域工程研究前沿的核心专利数区间为39~3 682项，平均为652项；平均被引数区间为39~5 874次，平均为1 292次；核心专利出版年度比较近，以2017年、2018年和2019年为主（见表2.1.1和表2.1.2）。

（1）作物育种群体的基因型和表型关联分析技术

建立基因型与表型的联系是遗传学的一个主要任务。在作物育种中，通过在群体水平进行基因与表型之间的关联分析可以帮助定位基因，并推动发

掘基因的潜在功能。近年来，育种群体的高密度的基因型大数据的积累催生了对于快速和精确定位和表型关联的基因或变异位点的一系列方法，也为复杂性状的关联研究和表型预测提供了支持。利用全基因组关联研究（GWAS）探索复杂性状遗传结构已经在多个物种中得到应用。在实际研究中，GWAS的有效性局限于群体的规模和遗传结构。同时，GWAS对于稀有等位变异的分辨能力有限，而稀有变异在作物实际育种改良过程中却非常重要。在考虑有限的资源和成本的前提下，利用双亲群体控制群体结构可有效地控制遗传背景，可降低对复杂表型关联的遗传区域解析的复杂性。通过构建多

表 2.1.1　农业领域 Top 10 工程开发前沿

序号	工程开发前沿	公开量	引用量	平均被引数	平均公开年
1	作物育种群体的基因型和表型关联分析技术	134	5 874	43.84	2013.5
2	基因编辑和植物抗病	57	57	1.00	2019.3
3	严重退化林与草地生态修复技术	43	39	0.91	2018.7
4	畜禽分子设计育种	729	1 172	1.61	2017.4
5	基于农业大数据的作物施肥系统及装置	39	85	2.18	2018.7
6	高效动物专用药物制剂	770	1 064	1.38	2019.8
7	园艺作物智慧生产技术	72	140	1.94	2017.1
8	绿色智能肥料创制	855	1 219	1.43	2018.1
9	基于人工智能的农业水肥管理	3 682	3 072	0.83	2018.1
10	智能感知与饲料精准供给	138	196	1.42	2018.1

表 2.1.2　农业领域 Top 10 工程开发前沿核心专利逐年公开量

序号	工程研究前沿	2015 年	2016 年	2017 年	2018 年	2019 年	2020 年
1	作物育种群体的基因型和表型关联分析技术	6	5	12	19	10	7
2	基因编辑和植物抗病	1	1	6	3	16	23
3	严重退化林与草地生态修复技术	0	1	7	9	9	16
4	畜禽分子设计育种	67	73	100	107	191	113
5	基于农业大数据的作物施肥系统及装置	1	1	6	10	5	16
6	高效动物专用药物制剂	0	41	0	0	0	729
7	园艺作物智慧生产技术	9	10	7	22	8	9
8	绿色智能肥料创制	63	85	164	177	145	170
9	基于人工智能的农业水肥管理	213	510	693	765	521	674
10	智能感知与饲料精准供给	2	14	31	35	16	22

重双亲杂交群体如巢式关联作图（NAM）群体或多亲本重组自交系（MAGIC）群体等策略，加速研究不同遗传背景下对性状关联基因的克隆。此外，结合不同的测序技术，同时考虑测序成本和群体构建效率的前提下，对表型分类样本进行混池，并结合生物信息学手段的创新，加速了对重要表型关联的基因或变异位点的定位，可有效缩短样本准备周期并降低成本。

（2）基因编辑与植物抗病

由各种病原物引起的植物病害造成大量的作物产量和品质损失，甚至引起绝收，严重威胁着粮食安全和食品安全。虽然已从多层次建立了各种植物病害防控措施，但抗病品种的培育和利用仍是最经济、有效的措施。目前，抗性资源的挖掘和抗病品种的培育速度远远无法满足现实中的植物病害防控的要求，而基因编辑技术的出现则为作物抗病资源挖掘和抗病育种提供了颠覆性新技术和新策略。植物基因编辑技术能够通过精准改写作物自身的抗、感病基因或关键核苷酸，赋予作物具有优良抗病性，从而短平快地实现作物抗病性改良。近年来，随着植物基因组编辑技术的快速发展，越来越多的科研人员将该技术广泛应用于作物抗病育种，通过编辑敲除感病基因或矫正缺陷抗病基因的关键核苷酸等方式成功创制获得了大量的抗病新种质材料。但是由于植物中存在着各种各样的抗病机制，现有的植物基因编辑技术还不能完全满足植物抗病育种的需求，某些重要的抗性基因仍无法有效地实现预期编辑，因此开发、优化和储备各种高效和新型植物基因组编辑技术并将其更好地应用于作物抗病基因资源挖掘、抗病种质培育，是未来植物基因编辑和植物抗病工程研究中的重点方向。

（3）严重退化林与草地生态修复技术

森林和草原是我国主要的生态系统，森林和草地退化是当前世界范围内所面临的主要环境难题，被认为是气候变化的主要原因之一。随着人口急剧增长、社会经济发展加速和森林草原资源的高强度

开发利用等全球性问题的出现，直接或间接导致了森林和草原的退化，森林和草原的退化破坏了自然的平衡，这极大地导致了生物多样性的持续丧失，增加了人们感染人兽共患病的风险，因此，恢复森林和草原的退化变得更加重要。对退化的森林和草地恢复其生态功能、进行生态修复是现阶段亟待解决的问题。

（4）畜禽分子设计育种

分子生物学的进步催生了分子育种技术，该技术通过全基因组范围内的分子标记辅助选择与重要经济性状紧密连锁的分子标记，在全基因组水平上分析目标性状表型的所有遗传变异，深入分析表型、环境和基因表达调控的互作机制，确定与重要经济性状相关的数量性状基因座（QTL）、功能基因和调控序列。在此基础上通过动物生物技术如基因编辑从脱氧核糖核酸（DNA）分子水平上对动物品种进行改良，或在杂交后代中对基因型和表型进行关联分析，利用分子标记精准估计育种值，快速培育或者选育高产、优质、抗病的动物新品种。畜禽分子设计育种主要包括基因组选择育种和转基因育种，前沿技术主要为全基因组分子标记技术和精准基因编辑技术。

畜禽分子设计育种的关键问题是准确评估分子标记与 QTL 间的关联性，在全基因组利用单核苷酸多态性（SNP）芯片大规模发掘 QTL 资源，构建畜禽抗病、高产和优质等重要性状相关基因调控网络，并最终利用各种动物生物技术进行基因设计育种。传统动物育种向分子育种的转变是必然的趋势，分子标记辅助选择可以极大地缩短育种年限，且不受时间和环境限制，转基因技术和基因编辑技术的应用则可以跨越畜禽种间杂交繁殖障碍，两者结合能极大地节省人力、物力、财力，实现传统育种不可能完成的目标，对畜禽新品种的培育有十分重要的价值。

（5）基于农业大数据的作物施肥系统及装置

基于大数据的作物施肥系统是通过对农业生产

中气象环境、土壤水肥参数连续监测，基于植株生长、品质形成规律模型对作物生产过程预测分析，利用控制系统和相关装置实现肥料定时、定点、定量施用，对作物水分及养分进行全方位自动化管理，以提高养分利用效率，提升作物产量与品质，大幅度降低人工成本。该内容为农业现代化的重要方向，主要涉及软件工程、机械工程、水利工程、化学工程、植物营养、土壤学等多学科知识与技术，属于农业生产技术与产品开发的交叉领域前沿热点。基于农业大数据的作物施肥系统及装置的研究前沿主要包括：① 针对不同气候条件、作物体系、品种、土壤特征的作物生长、养分吸收和品质形成的精准水肥模型构建；② 作物地上地下生长、叶片养分浓度与土壤水肥状况精准监测与样品自动采集分析的传感器研发；③ 自动配肥与精准施用的田间施肥大型机械、无人机与水肥一体化设备研制与应用；④ 适用于大田机械施用与水肥一体设备的专用型绿色肥料产品创制；⑤ 智能水肥在线监测和自动调控系统与设备的开发及产业应用。

（6）高效动物专用药物制剂

高效动物专用药物制剂是一种可提高动物用药疗效、减少给药频次、降低毒副作用、拓展给药方式和增强患病动物耐受性的技术形式。高效动物专用药物制剂有五个特点：一是较高的生物利用度；二是可有效地控制药物释放速率；三是具有更好的稳定性；四是更低的药物毒性和耐药性；五是更好的临床优势。其主要依托制药技术、药用辅料、制药装备的支持。制药技术主要为高效动物专用药物制剂提供技术支持，包括包合、固体分散、纳米结晶、缓控释、纳米药物制剂、药物靶向、透皮给药、微晶体、微球、微囊等技术。药用辅料是生产药物制剂和调配处方时使用的赋形剂和附加剂，它不仅赋予药物一定剂型，而且与提高药物的疗效、降低不良反应有很大的关系，其质量可靠性和多样性是保证剂型和制剂先进性的基础。制药装备是药物制剂实现产业化和核心技术工艺实现的必备环节，制

药装备主要包括根据不同药物制剂制备工艺实现的需要，其核心技术主要体现在粉碎、筛选、混合、制粒、均化、混悬、乳化、精制、浓缩、压片、固体分散、提取、干燥、包装等环节所需要的制药设备。高效动物专用药物制剂前沿技术主要包括药物处理技术、药用辅料、制药技术、药物筛选技术、药物递送技术、制药装备技术和药物新剂型在动物专用药物制剂中的应用。

（7）园艺作物智慧生产技术

园艺作物智慧生产技术是智慧农业的重要组成部分，是物联网、大数据、人工智能等新一代信息技术与园艺作物栽培技术相融合的生产技术，旨在实现园艺作物生产中对温、光、水、气、肥等环境要素的精确控制，为园艺作物的生长发育提供最佳条件，具有高度自动化、智能化的特点。目前，园艺作物智慧生产技术主要集中在设施园艺领域。无论是植物工厂还是现代智慧农场，都趋于智能化、现代化发展趋势。

园艺作物智慧生产前沿技术主要包括创建成本低且化石能源消耗为零的智能化温室设计建造、设施环境智能化装备研发、智能化园艺作物机械设备研发、园艺作物生长发育模拟模型建立、以作物最大产量为目标函数的设施环境与营养模拟、高效光源开发与应用、智慧化生产专用品种选育、智慧化生产技术模式与栽培系统开发等。

（8）绿色智能肥料创制

绿色智能肥料是根据作物营养特性和农业生产特点，具有精准匹配土壤 – 作物系统养分需求，有效强化根际生命共同体过程的创新型肥料产品。综合考虑了肥料加工过程低消耗、低排放、资源全量利用，应用过程要实现无有害物质、养分损失少、全元高效利用，产品能够满足土壤 – 作物系统全营养需求和智能精准供应养分。绿色智能肥料是农业绿色发展的关键绿色投入品，属于肥料产品研发与创新的前沿交叉领域热点，涉及化学工程、材料学、环境学、植物营养学、土

壤学等多学科知识与技术。绿色智能肥料创制需要充分理解根层／根际养分调控原理及实现途径，深入挖掘根际生命共同体生态互作级联放大效应；利用合成生物学途径重组土壤有益功能微生物，充分发挥功能微生物提高养分利用效率的潜力或改善养分供应的能力；多学科交叉创新突破，寻找并合成高效调控养分活化或者微生物活性的含碳有机增效材料；工农融合，创新低碳／无碳排放、低养分损耗、高生物有效性和高资源利用效率的生产技术与工艺；深入理解根际生物学过程，通过物质合成和绿色生产技术，创制根际智能响应型（温度、水分、pH、盐分、微生物等）肥料产品。

（9）基于人工智能的农业水肥管理

基于人工智能的农业水肥管理是现代农业实现精准化、合理水肥管理、农业生产低耗高效、农产品优质高产的重要手段。利用智能传感、无线传输、大数据处理与智能控制等物联网和人工智能技术，对温度、光照度、土壤温湿度、空气二氧化碳、基质养分等环境参数进行动态监测，并通过对风机、卷帘、内遮阴、湿帘、水肥灌溉等自动化设备的智能控制，使植物生长环境达到最适宜状态。目前，基于人工智能的农业水肥管理研究前沿主要集中在人工智能系统在作物健康和土壤水肥管理中的应用，依赖人工智能技术的智能灌溉系统开发，作物智能实时监测平台建设，人工智能机器人技术和无人机在田间多源信息采集分析、农业水肥智能决策与控制等方面。

随着人工智能技术的不断进步，在精准农业和大数据的大框架内，人工智能在农业水肥管理中的应用价值将进一步提升和巩固。在未来，人工智能将会是农业水肥管理的主流科技手段和方法，数字技术和人工智能应用继续渗透农业，未来几年人工智能在农业方面的强劲增长速率将持续升高。人工智能解决方案的应用提供了许多机会，这些应用将帮助农民和农业生物企业更好地了解作物生长的自然规律，并使用更少的化学品和杀虫剂，降低对环境的影响。最终实现采用人工智能系统优化农作物生长环境，降低作物疾病发生概率，并能够全天候监测作物和土壤。

（10）智能感知与饲料精准供给

智能感知是指通过物联网、人工智能和大数据等新兴技术，实现对复杂场景中各种因子进行动态感知，通过信息融合技术对收集到的信息进行即时处理加工与分析，达到对环境和对象的属性的综合判断，并用于指导决策的形成。智能感知能实现数据的可视化、管理的精准化与智能化而逐渐被应用于畜牧学等多个学科领域，并成为智慧养殖的重要内容。饲料成本占畜禽养殖成本的60%，因此，提高饲料转化率是提高养殖业经济效益、实现畜牧业绿色发展的重要途径。饲料转化效率受饲养环境、营养源及组成、肠道健康等多种因素影响。基于智能感知系统理论，围绕集约化畜禽养殖生产和管理环节构建可适用于畜禽养殖复杂环境中温度、湿度、有害气体浓度、动物生理指标的智能化感知模块，结合饲料原料营养价值动态预测模型，实现畜禽营养供给的精准化和畜禽养殖的智能生产与科学管理。

2.2 Top 3 工程开发前沿重点解读

2.2.1 作物育种群体的基因型和表型关联分析技术

作物遗传育种中对基因型与表型进行关联分析是一项重要任务。对作物群体的重要农艺性状进行表型鉴定，并通过与基因型之间的关联分析可以定位功能基因，推动对基因功能的遗传解析。近年来，组学大数据的积累为建立基因型和表型的关联提供了丰富的数据，但也为建立有效和快捷的分析技术带来了挑战。同时，作物群体的复杂性状遗传结构、群体的规模、稀有变异等因素，也限制了传统全基因组关联分析技术对数据的解析能力。在综合考虑样本数量、数据成本、数据质量等因素的前提下，

通过构建育种群体控制遗传背景，建立混池测序技术，建立不依赖与序列比对的全基因组关联技术等分析技术的创新，加速了对重要基因或变异位点的定位，并有效降低了成本，缩短了研究周期。

在基因型鉴定方面，利用 SNP 芯片、简化基因组测序和高通量测序等技术对育种群体进行高精度的基因型鉴定的技术已经非常成熟。由于和性状关联的关键变异不仅限于 SNP，基于 SNP 基因型和表型关联研究存在探索空间的局限性。近年来，结合第二代高通量测序技术和第三代长序列测序技术，通过对拷贝数变异和结构变异等复杂变异进行精准鉴定并对关联性状进行分析，可在一定程度上弥补 SNP 信息的不足。对于基因组未组装序列或特殊不易组装的位点（如抗病基因），利用基于定长核苷酸串（k-mer）的策略和性状进行关联研究，可以提供较强的统计学支持。此类方法不依赖于基因组组装和比对过程，为一些特殊基因的功能探索提供新的研究路径。

在表型数据积累方面，表型组学的快速发展将为大规模、自动化、低成本采集作物的多维度的表型数据带来曙光。未来，通过建设高通量、规模化表型鉴定平台，可加速产生和积累高质量的表型数据。通过对高维表型数据进行降维处理，并与基因进行逐个关联，建立基因组与表型组关联分析（GPWAS），可为作物育种研究提供全新的"基因组学－表型组关联分析"视角，助力作物功能基因的快速挖掘。

在统计建模方面，通过构建最佳线性无偏预测（BLUP）、套索回归（LASSO regression）等线性模型对表型进行预测已经不能满足高通量测序数据带来的大规模、多维度数据增长的分析需求。特别是对于产量这类多基因控制的复杂性状，目前的线性方法抓取位点之间的互作信息的能力有限，导致预测能力普遍不高。未来以育种大数据为支点，通过对育种数据的解析、优良基因及变异位点的挖掘，利用全基因组选择、机器学习等算法建立一系列育种决策模型或可提供更有效的解决方案。

随着各类组学技术的广泛应用，基因和性状的关联研究也可扩展到转录组、表观组、代谢组学、蛋白组等多个维度。其中，基于测序转录组的表达数量性状位点（eQTL）研究可用于分析与基因表达关联的顺式（in cis）或反式（in trans）调控关联的变异位点，有助于理解调控元件影响转录产物积累进而改变农艺性状的过程。通过开展动态性状 QTL 分析揭示基因的动态表达特性也是当前研究的一个新的方向。此外，结合测序亚硫酸盐的甲基化测序，将表观遗传修饰和基因型进行关联（mQTL），可以定位与表观遗传修饰变异相关的位点；另外，通过和表型的关联研究（mGWAS），可以探究表观遗传变异和表型响应的关系。通过整合多组学研究前沿技术进行交叉创新，将成为今后基因－性状关联研究的延伸领域，也为作物育种提供新的视角。

相关核心专利主要产出国家、主要产出机构、主要国家间的合作网络及主要机构间的合作网络分别见表 2.2.1、表 2.2.2、图 2.2.1 和图 2.2.2。核心专利公开量和被引数排在前五位的国家分别是美国、中国、瑞士、荷兰、澳大利亚，其中瑞士与荷兰并列第三。其中，美国在专利公开量及被引数上均位居第一。中国的核心专利被引数偏少。在国家间的合作网络中，各国均与美国有合作，其他国家间存在少量合作。

核心专利主要产出机构排名前十位中，来自美国的公司居多，来自德国和荷兰的公司各有一个。其中，排在前三位的机构分别是杜邦旗下的先锋良种公司、美国孟山都公司、先正达公司，均来自美国，但不同机构之间存在少量合作。

2.2.2 基因编辑与植物抗病

植物基因编辑技术能够通过精准改写作物自身

表 2.2.1 "作物育种群体的基因型与表型关联分析技术"工程开发前沿中核心专利的主要产出国家

序号	国家	公开量	公开量比例	被引数	被引数比例	平均被引数
1	美国	87	64.93%	5 515	93.89%	63.39
2	中国	20	14.93%	30	0.51%	1.50
3	瑞士	9	6.72%	246	4.19%	27.33
4	荷兰	9	6.72%	70	1.19%	7.78
5	澳大利亚	7	5.22%	54	0.92%	7.71
6	法国	4	2.99%	63	1.07%	15.75
7	以色列	4	2.99%	13	0.22%	3.25
8	巴西	3	2.24%	159	2.71%	53.00
9	英国	3	2.24%	45	0.77%	15.00
10	德国	2	1.49%	70	1.19%	35.00

表 2.2.2 "作物育种群体的基因型与表型关联分析技术"工程开发前沿中核心专利的主要产出机构

序号	机构	国家	公开量	公开量比例	被引数	被引数比例	平均被引数
1	先锋良种公司	美国	25	18.66%	101	1.72%	4.04
2	美国孟山都公司	美国	15	11.19%	434	7.39%	28.93
3	先正达公司	美国	12	8.96%	528	8.99%	44.00
4	美国维尔纽姆公司	美国	9	6.72%	839	14.28%	93.22
5	塞米尼斯蔬菜种子有限公司	美国	8	5.97%	29	0.49%	3.63
6	戴文公司	美国	7	5.22%	786	13.38%	112.29
7	德国巴斯夫集团	德国	7	5.22%	590	10.04%	84.29
8	荷兰皇家帝斯曼集团	荷兰	4	2.99%	429	7.3%	107.25
9	美国 Ceres 生物技术公司	美国	4	2.99%	30	0.51%	7.50
10	北大未名生物工程集团有限公司	中国	4	2.99%	9	0.15%	2.25

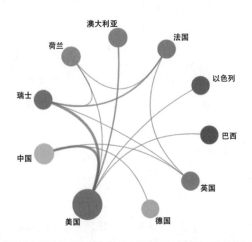

图 2.2.1 "作物育种群体的基因型与表型关联分析技术"工程开发前沿主要国家间的合作网络

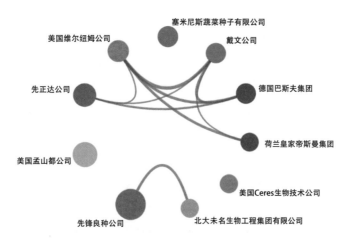

图 2.2.2　"作物育种群体的基因型与表型关联分析技术"工程开发前沿主要机构间的合作网络

的特定基因或关键核苷酸，包括靶基因敲除、特定单核苷酸替换、DNA 片段替换等，赋予作物具有优良性状或者全新的性状，从而短平快地实现作物的遗传改良，是农业领域作物新种质开发和品种改良的颠覆性新技术。目前，植物基因编辑技术主要是利用来源于细菌免疫系统的 CRISPR/Cas 系统来完成的基因组靶位点编辑与修饰，并进一步在 CRISPR/Cas 系统上结合核苷酸脱氨酶和逆转录酶等功能酶而发展起来的实现腺嘌呤（A）与胸腺嘧啶（T）间以及鸟嘌呤（G）与胞嘧啶（C）间互换的碱基编辑技术和实现任意碱基间互换与特定核苷酸插入、删除的引导编辑技术等。由各种病原物引起的植物病害严重危害着作物的正常生长活动，并导致巨大的产量和品质损失，甚至引起绝收。在各种植物病害防控措施中，抗病种质资源的挖掘和利用是最经济有效的措施，基因编辑技术的出现为现代作物抗病资源挖掘和抗病育种提供了强有力的新思路和新策略。

在植物与病原物互作的过程中，寄主植物的抗病基因功能的发挥对有效抵御病原物侵染和降低病害损失具有至关重要的作用。此外，寄主植物中也存在大量的感病基因，而这些基因负调控植物对病原物的防御反应，加重病害的危害程度。因此，目前基因编辑技术在植物抗病育种中的应用主要分为

以下几个方面。首先，通过植物基因组编辑技术对作物内源感病基因进行高效定点敲除，从而提高植物的抗病性，比如通过敲除感病基因 *TaMLO* 从而赋予小麦对白粉病的抗性，编辑 *OsSWEET* 基因启动子赋予水稻对白叶枯病产生广谱抗性，同时编辑 *Pi21*、*Bsr-d1* 和 *Xa5* 基因赋予水稻对多种病害（稻瘟病和白叶枯病）同时产生抗性是等。其次，碱基编辑技术可对作物缺陷型抗病基因的重要核苷酸进行精准改造和基因修复，恢复其抗病性，比如利用单碱基编辑器对水稻抗稻瘟病基因 *pi-d2* 靶碱基 G 向 A 的精准替换，成功实现了缺陷型抗病基因的快速修复。对于病毒病害，还可以通过设计构建相应的编辑载体，直接靶向切割和破坏病毒基因组，从而赋予植物抗病毒能力，目前已分别利用 CRISPR/Cas9 和 CRISPR/Cas13a 系统成功创制获得了抗 DNA 和 RNA 病毒的植物材料。未来，还可利用基因编辑技术将异源抗病基因直接定点插入到感病品种的基因组中，从而赋予其产生抗病性，此外，新型的引导编辑技术由于其能实现任意核苷酸间的互换和特定核苷酸的删除与插入的优势，也将会在植物抗病育种中具有不可估量的作用。最后，除了直接利用已知的抗、感病基因资源，还可以借助基因编辑技术人工创制新的抗病种质资源，例如通过建立饱和敲除或碱基编辑突变体库可快速基因

人工进化和筛选鉴定出新的抗、感病基因及相应种质资源，突破自然变异和诱变技术的局限性，大大缩短了育种周期。

除了将现有植物基因编辑技术不断地应用于植物抗病性改良中，针对植物基因组编辑技本身的技术发展也是一个重要的研究方向。由于植物中存在着各种各样的抗病机制和 CRISPR 系统在发挥作用是需要满足特定的要求 [比如合适的识别 PAM (protospacer adjacent motif, 前间区序列邻近基序)、碱基编辑窗口和编辑类型等]，现有的植物基因编辑技术还不能完全满足植物抗病育种的需求，某些重要的抗性基因无法有效地实现预期编辑，因此，需进一步开发新的基因编辑技术和提高现有技术的编辑效率与应用范围。而这些瓶颈一旦突破，将实现作物基因组的全方位精准编辑和抗病性的改造利用，将大大推进作物抗病育种的进程。

相比于传统杂交抗病育种的周期长、工作量大、综合性状不确定等缺陷，基因编辑技术在植物抗病育种中的应用则有效避免了这些问题，同时使得人工创制新的抗病种质资源成为现实，推动作物抗病育种进入快速、高效和精准的新时代。随着植物抗、感病基因不断被挖掘，抗病信号通路不断被解析和高效新型植物基因编辑技术不断被开发与优化，利用基因编辑技术直接对作物品种中的相关基因进行修饰从而实现对植物抗病性的快速、精准调控，将加速抗病育种进程和缩短现有优良品种的使用年限，为实现国家农业绿色植保和农业可持续发展提供重要支撑，保障粮食生产安全，将成为现代作物抗病育种工程中的一个前沿热点。

相关核心专利的主要产出国家、主要产出机构、主要国家间的合作网络及主要机构间的合作网络分别见表 2.2.3、表 2.2.4、图 2.2.3 和图 2.2.4。核心专利公开量最多的国家是中国，为 48 项，占比为 84.21%；排名第二的是荷兰，为 5 项；瑞士和美国各有 2 项专利，并列第三。中国核心专利的被引数比例为 64.91%，远超第二名的瑞士和美国，但平

均被引数只有 0.77，大幅落后于瑞士、美国和日本。本方向国家间的合作较少，仅有先正达公司在美国与瑞士不同分公司之间的合作。

核心专利产出最多的机构是中国农科院作物科学研究所，共有 13 项；中国科学院遗传与发育生物研究所和南京农业大学以 4 项专列并列第二；荷兰安莎公司和华中农业大学并列第三，各有 3 项专利。被引数比例最高的 3 个机构是中国农业科学院作物科学研究所、先正达公司和中国农业大学，平均被引数最高的机构是先正达公司，为 6.5。不同机构之间合作较少，仅有中国科学院遗传与发育生物研究所和中国农业科学院作物科学研究所有合作。

2.2.3 严重退化林与草地生态修复技术

森林和草原是重要的陆地生态系统，能够提供多种生态系统服务。例如，它们可以保护土壤不受侵蚀，调节水资源状况，捕获和储存碳，生产氧气，提供淡水和栖息地，有助于减少火灾风险（特别是在热带地区），以及生产木材和非木材森林产品等等。然而，随着社会经济的快速发展，森林和草地资源被高强度开发利用，森林和草地退化已成为世界范围内面临的主要环境难题。森林和草地退化不仅造成了生物多样性的丧失，也对在地方一级完全或部分依赖森林产品和服务的数百万人以及在区域或全球一级受益于森林服务的数十亿人产生不利影响。在造成温室气体排放方面，森林草地退化仅次于燃烧化石燃料，已成为全球气候变化的关键影响因素。因此，森林和草地的健康发展对我国乃至全球生态系统的稳定发展都至关重要，采取紧急行动进行生态修复，遏制森林和草地的退化，恢复生态系统功能已成为现阶段全球亟待解决的问题。

森林和草地退化是一个严重的环境、社会和经济问题。由于森林退化的原因、形式和强度不同，不同的利益相关者对森林退化也存在不同的看法，森林和草地退化很难量化。生态修复是指借助人工

表 2.2.3 "基因编辑和植物抗病"工程开发前沿中核心专利的主要产出国家

序号	国家	公开量	公开量比例	被引数	被引数比例	平均被引数
1	中国	48	84.21%	37	64.91%	0.77
2	荷兰	5	8.77%	0	0.00%	0.00
3	瑞士	2	3.51%	13	22.81%	6.50
4	美国	2	3.51%	13	22.81%	6.50
5	日本	1	1.75%	7	12.28%	7.00
6	德国	1	1.75%	0	0.00%	0.00

表 2.2.4 "基因编辑和植物抗病"工程开发前沿中核心专利的主要产出机构

序号	机构	国家	公开量	公开量比例	被引数	被引数比例	平均被引数
1	中国农业科学院作物科学研究所	中国	13	22.81%	17	29.82%	1.31
2	中国科学院遗传与发育生物研究所	中国	4	7.02%	5	8.77%	1.25
3	南京农业大学	中国	4	7.02%	2	3.51%	0.50
4	荷兰安莎公司	荷兰	3	5.26%	0	0.00%	0.00
5	华中农业大学	中国	3	5.26%	0	0.00%	0.00
6	先正达公司	瑞士	2	3.51%	13	22.81%	6.50
7	中国农业大学	中国	2	3.51%	12	21.05%	6.00
8	西南大学	中国	2	3.51%	1	1.75%	0.50
9	宜春学院	中国	2	3.51%	1	1.75%	0.50
10	中国科学院华南植物园	中国	2	3.51%	0	0.00%	0.00

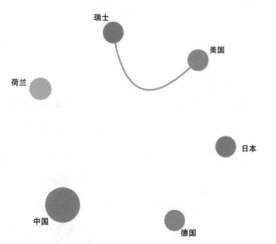

图 2.2.3 "基因编辑和植物抗病"工程研究前沿主要国家间的合作网络

力量,对受损或退化的生态系统进行修理、整治,使其结构和生态服务功能等回复到较好状态的过程。生态修复是恢复生态学中出现的新词,是生态恢复重建中的一项重点内容,不同于生态重建、生态恢复。生态修复比生态保护更具积极含义,又比生态重建更具广泛的适用性,它既具有恢复的目的

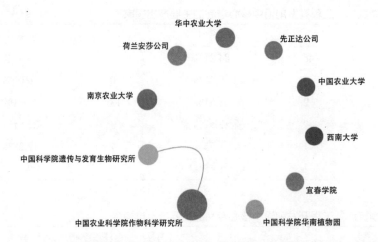

图 2.2.4 "基因编辑和植物抗病"工程开发前沿的主要机构间的合作网络

性，又具有修复的行动意愿。修复对象既包括自然生态系统，也包括人工生态系统，涉及国土空间各生态要素。生态修复与环境保护、资源节约已成为生态文明建设的三块基石。

为详细制定政策和执行森林经营规划来修复退化森林和草地，需要有关森林和草地退化程度的准确信息。因此，对退化森林和草地进行生态修复的主要步骤是：① 定义森林和草地退化的概念、内涵；② 分别建立森林和草地的退化评价系统；③ 应用评价系统对森林和草地进行退化测算评价，分析森林和草地的退化现状和发展趋势；④ 针对退化森林和草地的评价结果，进行生态系统修复规划，设计具体修复措施，提出针对退化森林和草地的生态修复标准；⑤ 根据规划要求、设计方案和修复标准，实施退化森林和草地的遥感动态监测及修复措施，按照系统论的观念进行综合治理；⑥ 通过地面调查及遥感监测技术对实施修复方案的地区进行效果评价。

对退化森林和草地进行评价主要依托于国家森林资源连续清查和草地清查数据的支持。对退化森林和草地计算的总体思路是：① 确定参照对

象、退化指标和阈值三个要素；② 结合清查数据和三要素，以气候带/省作为总体，判定各样地是否为退化森林和草地；③ 统计推断出各总体[气候带/省（市、自治区）]的退化林森林和草地的类型和面积。生态修复应主要考虑如何将森林和草地作为整体进行修复措施确定，以及如何对其退化状态进行动态监测。退化森林和草地的生态修复总体思路是：① 进行生态红线划定；② 区域发展格局（功能区划）；③ 区域土地利用方向和布局的调整。

对退化森林和草地进行生态修复的主要前沿技术有退化森林和草地的面积计算、生态修复工程和生物技术以及遥感技术。① 退化森林和草地的面积计算主要包括退化森林和草地三要素的确定、判别退化森林和草地、测算退化面积；② 生态修复工程和生物技术包括生物修复、物理修复、化学修复以及工程技术；③ 遥感技术包括信息的获取技术、传输技术、存储和处理技术。

相关核心专利的主要产出国家、主要产出机构和主要国家间的合作网络分别见表2.2.5、表2.2.6、图2.2.5。核心专利公开量排在前两位的国家是中国与俄罗斯，新西兰、葡萄牙与韩国并列

第三。被引数排在前两位国家的是中国和澳大利亚。其中，中国在专利公开量及被引数上均位居第一，公开量比例达90.13%。被引数比例高达97.05%。国家间的合作较少，仅美国与葡萄牙和巴西间有少量的合作。

核心专利主要产出机构公开量排名前三位的是南京林业大学、华东师范大学、中国林业科学研究院森林生态环境与保护研究所；被引数排名前三位分别是南京林业大学、华东师范大学和中国矿业大学（北京），均来自中国。前十名的不同机构之间无合作关系。

表 2.2.5 "严重退化林与草地生态修复技术"工程开发前沿中核心专利的主要产出国家

序号	国家	公开量	公开量比例	被引数	被引数比例	平均被引数
1	中国	274	90.13%	329	97.05%	1.20
2	俄罗斯	6	1.97%	2	0.59%	0.33
3	新西兰	3	0.99%	0	0.00%	0.00
4	葡萄牙	3	0.99%	0	0.00%	0.00
5	韩国	3	0.99%	0	0.00%	0.00
6	美国	2	0.66%	0	0.00%	0.00
7	澳大利亚	2	0.66%	5	1.47%	2.50
8	乌克兰	2	0.66%	0	0.00%	0.00
9	印度尼西亚	2	0.66%	0	0.00%	0.00
10	巴西	1	0.33%	0	0.00%	0.00

表 2.2.6 "严重退化林与草地生态修复技术"工程开发前沿中核心专利的主要产出机构

序号	机构	国家	公开量	公开量比例	被引数	被引数比例	平均被引数
1	南京林业大学	中国	12	4.12%	41	12.13%	3.42
2	华东师范大学	中国	8	2.75%	20	5.92%	2.50
3	中国林业科学研究院森林生态环境与保护研究所	中国	8	2.75%	6	1.78%	0.75
4	北京林业大学	中国	6	2.06%	9	2.66%	1.50
5	中国林业科学研究院热带林业研究所	中国	5	1.72%	1	0.30%	0.20
6	中国科学院成都生物研究所	中国	5	1.72%	2	0.59%	0.40
7	中国矿业大学（北京）	中国	4	1.37%	11	3.25%	2.75
8	河北省林业和草原科学研究院	中国	4	1.37%	4	1.18%	1.00
9	北京航空航天大学	中国	4	1.37%	3	0.89%	0.75
10	中国科学院南海海洋研究所	中国	4	1.37%	2	0.59%	0.50

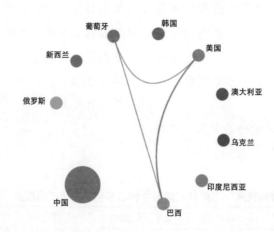

图 2.2.5 "严重退化林与草地生态修复技术"工程开发前沿主要国家间的合作网络

领域课题组成员

课题组组长：

张福锁

专家组成员：

曹光乔	陈源泉	戴景瑞	韩丹丹	韩建永
韩　军	郝智慧	胡雅杰	康绍忠	李德发
李道亮	李　虎	刘少军	李天来	刘晓娜
罗锡文	倪中福	蒲　娟	齐明芳	申建波
沈建忠	王桂荣	王红亮	王军军	吴孔明
吴普特	武振龙	张福锁	张洪程	张守攻
张小兰	张　涌	赵春江	臧　英	周　毅

朱齐超　朱旺升　朱作峰

课题组成员：

初晓一	邰向荣	李红军	李云舟	刘德俊
刘　军	师丽娟	孙会军	汤陈宸	王桂荣
姚银坤	张晋宁	赵　杰	周丽英	

执笔组成员：

符利勇	郭伟龙	韩丹丹	韩建永	黄成东
金诚谦	刘　军	刘少军	罗锡文	吕　阳
倪　斌	钱永强	钱震杰	权富生	孙康泰
孙世坤	王军辉	王军军	武振龙	杨　青
赵春江	张　涌	周焕斌	朱齐超	

八、医药卫生

1 工程研究前沿

1.1 Top 10 工程研究前沿发展态势

医药卫生领域组所研判的 Top 10 工程研究前沿见表 1.1.1，涉及基础医学、临床医学、医学信息学与生物医学工程、中药学等学科方向，包括"新型冠状病毒遗传进化与跨种感染的分子机制研究""衰老的机制与干预""通用 CAR-T 细胞免疫疗法""全脑介观神经联接图谱""肠道微生态与代谢性疾病的研究""人类表型组学研究""基于 mRNA 的治疗应用研究""单细胞多组学整合分析研究""中药药效物质基础及机制研究"以及"精神疾病功能基因组学研究"。各个前沿所涉及的核心论文自 2015 年至 2020 年的逐年发表情况见表 1.1.2。

（1）新型冠状病毒遗传进化与跨种感染的分子机制研究

新型冠状病毒是目前已知的第 7 种对人类致病

的冠状病毒，自然界中还存在数量众多的其他冠状病毒成员，蝙蝠、啮齿类动物等可作为多种冠状病毒的自然宿主，由动物向人类传播的风险长期存在。新型冠状病毒从动物中跨越种属屏障实现在人间传播的分子机制仍不清楚，对于不同动物来源冠状病毒在自然生态系统中的分布、演化和重组变异规律，亟须持续深入研究；新型冠状病毒入侵宿主细胞完成复制、翻译、装配和释放等关键环节尚未完全阐明，迫切需要综合运用结构生物学、生物信息学和分子生物学等技术手段，系统解析新型冠状病毒及其基因组编码蛋白的结构与功能；病毒感染人体后激活机体的免疫系统，导致急性肺损伤和多脏器衰竭的作用机制；以及特异的诊断标志物、重症风险预警标志物、免疫保护标志物的完全鉴定。从而系统研究病毒的增殖、感染和致病的作用机制，揭示其传播、流行和暴发的特点，阐明其在自然界中起源、进化和变异的规律，研发安全有效的疫苗和药物，为有效应对新型冠状病毒肺炎（COVID-19）

表 1.1.1 医药卫生领域 Top 10 工程研究前沿

序号	工程研究前沿	核心论文数	被引次数	篇均被引频次	平均出版年
1	新型冠状病毒遗传进化与跨种感染的分子机制研究	312	82 057	263.00	2020.0
2	衰老的机制与干预	330	28 199	85.45	2016.5
3	通用型 CAR-T 细胞免疫疗法	90	1 119	12.43	2018.5
4	全脑介观神经联接图谱	629	45 172	71.82	2017.5
5	肠道微生态与代谢性疾病的研究	3 645	100 991	27.71	2018.4
6	人类表型组学研究	165	14 241	86.31	2017.5
7	基于 mRNA 的治疗应用研究	1 578	152 442	96.60	2017.7
8	单细胞多组学整合分析研究	7 611	163 271	21.45	2018.7
9	中药药效物质基础及机制研究	890	47 382	53.24	2016.5
10	精神疾病功能基因组学研究	391	32 374	82.80	2016.6

表 1.1.2　医药卫生领域 Top 10 工程研究前沿逐年核心论文数

序号	工程研究前沿	2015 年	2016 年	2017 年	2018 年	2019 年	2020 年
1	新型冠状病毒遗传进化与跨种感染的分子机制研究	0	0	0	0	0	312
2	衰老的机制与干预	97	85	75	36	28	9
3	通用型 CAR-T 细胞免疫疗法	4	3	9	24	26	24
4	全脑介观神经联接图谱	46	106	151	177	124	25
5	肠道微生态与代谢性疾病的研究	244	360	473	610	767	1 191
6	人类表型组学研究	13	24	39	49	33	7
7	基于 mRNA 的治疗应用研究	100	245	354	392	262	225
8	单细胞多组学整合分析研究	179	532	853	1 295	1 756	2 996
9	中药药效物质基础及机制研究	253	210	192	137	74	24
10	精神疾病功能基因组学研究	96	102	87	68	30	8

疫情科学防控提供科技支撑。

（2）衰老的机制与干预

人口老龄化与衰老相关疾病高发已成为中国乃至世界面临的重大社会和科学问题。衰老是一种增龄伴随的机体功能性衰退的过程，解析衰老对器官稳态的影响、构建器官健康状态的指标体系、实现衰老相关疾病的预警和干预是实现健康老龄化的基础。近年来，在全球科学家的共同努力下，衰老研究领域取得了一系列突破性进展，但仍面临诸多挑战——如何建立衰老相关研究新模型和新技术、系统解析衰老的新型分子机制、发展衰老及相关疾病的预警和干预新策略等。未来研究的重点包括：解析系统衰老的调控规律；挖掘器官衰老的分子标志物及潜在靶标；揭示免疫系统在机体衰老中的作用及分子机制；解码衰老的遗传与表观遗传调控机制；挖掘器官衰老的分子标志物及潜在靶标；开发衰老细胞的重编程技术；研发衰老及其相关疾病的新型小分子药物和基因干预手段；发展衰老及其相关疾病的细胞治疗策略；探索并构建主动健康等新型衰老干预模式。未来仍需建立全面且系统的衰老资源库和信息库，鼓励多学科交叉开展多维度、多层次研究，强化新兴技术在衰老研究中的应用，推动衰老及其相关疾病的科学评估、动态监测、早期预警

及干预策略方面的高水平成果转化，加强政策、机构设置、项目资金和人才支持，扩大衰老相关科学传播，从而积极应对老龄化社会带来的社会、经济、医疗等问题。

（3）通用型 CAR-T 细胞免疫疗法

在肿瘤治疗领域，嵌合抗原受体 T 细胞（CAR-T 细胞）免疫疗法是目前热点的细胞免疫疗法，已成为一些难治 / 复发血液肿瘤的重要治疗方法。其通过采集患者的淋巴细胞并经改造，使之能够非主要组织相容性复合体（major histocompatibility complex，MHC）依赖地识别所选定的肿瘤抗原，获得可以高效杀伤肿瘤细胞的 CAR-T 细胞以回输。但传统 CAR-T 细胞也存在局限性，包括：其制备自患者的淋巴细胞，产品质量难以保证；价格昂贵、生产周期长；临床应用中面临抗原逃逸及不良反应等。而通用型 CAR-T 细胞免疫疗法则采用健康捐献者的 T 细胞，敲除人类白细胞抗原基因和 T 细胞免疫受体（T cell receptor，TCR）基因，避免宿主对输注的同种异体 CAR-T 细胞产生免疫排斥及移植物抗宿主病。该疗法也包括安装通用型 CAR 结构，即将传统 CAR 结构拆分为两部分：一部分位于 T 细胞，包括胞内信号通路、跨膜区和特殊的胞外结构；另一部分则是有抗体、能够识别肿瘤

抗原的蛋白，该蛋白又会被位于 T 细胞的胞外结构所识别，在 T 细胞与肿瘤细胞之间起到连接作用，称为靶向模块（targeting module）——靶向不同肿瘤抗原的多种靶向模块通用于 T 细胞上的胞外结构。通用型 CAR-T 细胞疗法打破了传统 CAR-T 细胞的诸多局限性，成为 CAR-T 细胞治疗的前沿。

（4）全脑介观神经联接图谱

大脑是人体最重要的器官。脑科学是研究脑认知、意识和智能的本质与规律的科学。在全脑尺度上绘制神经元之间的联接，即神经联接图谱，揭示大脑各脑区、核团、神经元之间的功能和结构联系，是全面理解脑工作原理的基础。所以，"全脑图谱的制作"已成为脑科学必须攻克的关口。

目前，脑科学研究的一个关键点就是从已知宏观层面对各脑区功能的理解，进一步到介观层面上厘清大脑的网络结构，即介观图谱结构，进而理解大脑网络结构的形成和功能。磁共振成像（MRI）等脑成像技术大大推动了人们在无创条件下对大脑宏观结构和神经元活动的理解。但是由于这些宏观成像技术的低时空分辨率（秒、厘米级），不能满足在解析大脑神经网络结构和工作原理时的需求，需要介观层面细胞级分辨率（微米级）神经网络的图谱和高时间分辨率（毫秒级）的载体神经元集群的电活动图谱。

脑科学作为多学科交叉的重要前沿科学领域，世界多国都有脑研究计划，各国侧重点不同，美国侧重于研发新型脑研究技术；欧盟则主攻以超级计算机技术模拟脑功能；日本也推出"脑与心智计划"，主要是以猕猴为模型研究各种脑功能和脑疾病原理。中国在 2018 年确定了更为全面的中国脑计划内容，其中主体结构就是脑认知功能的神经网络基础。由于中国在全脑显微光学切片断层成像(micro-optical sectioning tomography, MOST) 等成像技术上已达到国际领先水平，能够稳定、规模化地测绘出单神经元分辨率的小鼠全脑神经连接图谱，

这些前沿技术满足了全脑介观神经联接图谱绘制的重大需求，使得中国在介观神经联接图谱处于世界领先，启动了由中国科学家主导的"全脑介观神经联接图谱"大科学计划。该计划将使用小鼠和最接近人类的非人灵长类等动物模型，在单细胞分辨率上绘制具有神经元类型特异性的全脑联接图谱。这一大科学计划面向世界科学前沿，为解析高级认知功能的神经环路原理提供必要的支撑，为重大脑疾病的诊断和治疗提供精确的神经环路靶点，为类脑计算和脑机接口等人工智能相关技术提供创新架构和模拟的基础。

（5）肠道微生态与代谢性疾病的研究

慢性代谢性疾病包括肥胖、2 型糖尿病、动脉粥样硬化、高血压、心脏代谢疾病等，其病因及病理学存在巨大差异。近年来，大量基于肠道微生态的研究表明其致病的风险因素可能起源于肠道，且均与疾病特异性的肠道微生物结构和功能异常直接相关。肠道微生态对维持人体健康有重要意义，其作用包括对宿主的免疫驯化、调节肠道内分泌和神经信号传导、消化食物、影响药物作用、消除毒素等。肠道菌群产生的生物活性代谢物质可经肠肝循环等被宿主吸收并进入血液，从而影响宿主各种生理功能。因此，肠道微生态失衡与肠道疾病（炎症性肠病、结肠癌等）、神经系统疾病（帕金森病、自闭症等）、代谢性疾病（2 型糖尿病、非酒精性脂肪肝等）等众多疾病的病因及病理直接相关。并且，作为潜在的治疗靶点，肠道微生态失衡的针对性干预已成为近年来疾病防治研究的热点和前沿。

肠道微生态对代谢性疾病的病因作用（易感性、发病、发展等），基于因果研究深层理解肠道菌群对宿主代谢的影响，患者病程中肠道菌群–宿主间相互调控的分子机制，以特定菌群、活性微生物衍生物等为目标的疾病诊治靶点，以及疾病特异性、患者特异性的精准干预手段，是肠道微生态与代谢性疾病研究需解决的关键科学问题，也为未来的基

础和转化研究提供了前景。虽然肠道微生态被认为是人体代谢异常的核心驱动因素之一，但遗传、饮食习惯、生活方式、年龄、性别等因素导致肠道微生态的个体间差异巨大。此外，肠道内不同解剖部位菌群的结构和功能也存在差异且同样复杂多变。因此，肠道微生态对宿主的健康／疾病促进作用不存在可供参考"金标准"，其对宿主生理病理功能的调控机制也不一而同。因而，厘清肠道微生态在不同表型代谢性疾病中的变化规律，揭示其共性和疾病特异性的功能性改变对宿主有何生理病理意义，并阐明其作用机制，是以肠道为中心的代谢性疾病研究的重点，其成果也可为微生态干预治疗代谢性疾病开辟药理学靶点。在此基础上，通过益生元、益生菌、靶向抑菌制剂等对不同代谢疾病患者肠道菌群的结构和功能进行精确定向调节的临床研究将推动代谢性疾病的防治工作迈上更高台阶。

目前，中国已广泛开展对于不同代谢性疾病的肠道微生态研究。但绝大多数的横断面研究只揭示了患者肠道微生态的变化，并未深入阐明这些变化的生理病理功能及分子机制，并且肠道微生态失衡与疾病发生发展的因果关系和互作机制也尚不明晰，更无针对性的微生态药物进入临床。

（6）人类表型组学研究

人类的表型变异是由于基因型和环境之间相互作用的复杂网络而产生的。人类表型组是人类表现型（简称表型）的总和，即人体从胚胎发育到出生、成长、衰老乃至死亡过程中，所有生物、物理和化学特征等表型的集合，包括形态特征、功能、行为、分子组成规律等。表型组学研究是开展人体表型精密测量，全景解析人类表型组，系统解构表型之间强关联并构建表型网络，打通宏观与微观表型间的跨尺度关联，明确表型间多维度、跨尺度关联。科学解析生命健康的重要线索，是推动人类真正实现精准健康管理的前提和基础。

人类表型组学研究的关键科学问题包括：① 人类表型组多维度、跨尺度、高分辨率解析

技术的开发，人体多维度表型联合应用技术体系建立以及相关技术的国家标准与国际标准系统的构建；② 跨尺度表型组数据分析的关键技术研发，基于云的一站式多维度表型组学数据传输、存储、计算、分析以及建模系统的构建；③ 针对恶性肿瘤、心脑血管疾病、代谢性疾病等人类重大疾病建立的表型组分析技术，绘制多维度、跨尺度、高分辨率的重大疾病表型组参考图谱，发现新的重大疾病干预标志物，建立重大疾病风险预测模型，揭示重大疾病的发生、发展与转归机制。利用表型组学研究对疾病相关信息进行系统梳理，可对医疗健康大数据起到"点石成金"的作用。近年来，美国、英国、德国等欧美发达国家已加速对人类表型组学研究的科研支持，各国相关科研计划持续增加。中国率先启动人类表型组学研究计划，系统布局人类表型组学研究。目前，中国已建成全世界首个多维度、跨尺度人类表型组精密测量平台，覆盖15个领域、2万个表型检测指标，可一站式集成测量从微观到宏观跨尺度的人类表型。2020年底，在国际人类表型组研究协作组全体理事会议上，与会科学家就人类表型组研究优先发展方向达成了重要共识：近期应优先聚焦"新型冠状病毒肺炎和其他重大疾病的表型组学研究""表型组研究技术体系与科研基础设施构建"以及"表型组学研究中的标准操作程序（SOPs）"三大方向。

（7）基于mRNA的治疗应用研究

信使RNA（mRNA）疗法是通过体外转录技术合成mRNA，借助递送系统运送到特定的组织细胞内，由细胞自身带有的翻译系统翻译出目标蛋白，这些蛋白或是作为抗原激发免疫反应，或是补充细胞内缺少的蛋白行使功能，最终达到治疗的目的。新型冠状病毒疫情暴发后，BioNTech/Pfizer公司和Moderna公司利用mRNA平台开发的新型冠状病毒mRNA疫苗在不到1年的时间获得了美国食品与药品监督管理局（Food and Drug Administration，FDA）紧急授权使用许可，并显示了超过95%的

临床有效性。新型冠状病毒mRNA疫苗的横空出世，得益于美国、德国在基础研究领域对mRNA分子免疫原性及翻译水平调控的研究积累和应用领域对核酸递送系统的不断尝试。mRNA药物具有安全有效、生产快速、研发周期短等优势，可实现高效和剂量依赖性的活性蛋白表达，解决了一些蛋白的不可成药性问题，不仅适用于感染性疾病，在肿瘤免疫治疗、罕见遗传病、衰老等方向有无限的潜力，已然成为生物医药产业最前沿的发展方向。而基于mRNA药物应用，仍然有一些核心科学问题及关键技术难点亟待解决，包括：基于翻译效率、半衰期、免疫原性等关键参数，建立mRNA药物分子结构设计的基本原则；通过优化递送系统及mRNA的组成原件设计实现组织细胞特异性mRNA递送和表达，以满足不同的治疗应用场景；mRNA药物制剂核心原料开发与制剂工艺的研究等。中国在mRNA药物基础研究及应用领域起步较晚，存在的薄弱环节主要表现在：mRNA翻译调控相关基础研究落后；mRNA药物合成工艺缺乏；mRNA递送系统不成熟，脂质纳米粒子递送系统专利壁垒有待突破；mRNA产业链上下游没有基础，核心原材料产能不足。目前，在新型冠状病毒mRNA疫苗研发的推动下，中国在mRNA药物应用领域正在急起直追，努力建立支撑性mRNA药物研究平台，对接mRNA药物生产工艺及制剂国际标准，实现新形势下生物医药领域的技术和产业升级。

（8）单细胞多组学整合分析研究

单细胞多组学整合分析指的是在单个细胞水平上多层面解析影响细胞形态与功能的分子调控机制的一系列新兴组学技术。单细胞多组学起源于2016年开启的人类细胞图谱计划，主要目的是利用高通量单细胞测序技术定义人类生命周期中的所有细胞类型，旨在发现新的细胞种类、识别正常与病变细胞的分子特征。在此基础之上，近年来开发出多种检测单个细胞各种分子与化学修饰水平的技术，其中包括测量单个细胞的基因组、转录组、蛋

白组、表观基因组、代谢组、脂质组、微生物组的实验方法，而相关数据的产生又促成了用于整合分析各种单细胞组学数据的生物信息学工具，这些领域的交替进步不仅使得对单个细胞的各种微量物质进行深度检测成为可能，而且能够从多个维度提炼出单一组学技术尚不能明确的信息。目前，单细胞多组学整合分析取得的突破主要集中在3个方面。首先，对单细胞基因组、转录组、表观基因组的整合分析，进一步推动了在单细胞水平上解析复杂表型的分子机制研究。其次，空间转录组学将生物体内每个细胞对应的空间坐标与基因表达水平结合起来，构建出胚胎与器官的高分辨率、动态三维发育图谱，相关方法还被用来构建肿瘤内部的三维免疫微环境图谱，为肿瘤免疫疗法提供了新的研究思路。再次，单细胞功能基因组学联合CRISPR/Cas9基因编辑技术和单细胞分析技术，在单细胞水平上实现基因功能鉴定和药物靶点筛选。作为新兴研究领域，单细胞多组学的迅猛发展也不断给研究者带来新的挑战，例如，降低实验误差和批间差对单细胞组学数据的影响，以及有效整合多种实验平台获得的数据进行均一化下游分析，都要求持续提高单细胞组学实验技术的精确度和稳定性。同时，针对每个物种、病种的单细胞多组学研究都将产生超大规模的数据库，这就要求对数据存储、分析流程都要制定对应的规范和标准。近年来，中国科学家在单细胞测序领域获得了举世瞩目的成绩，特别是在单细胞转录组和单细胞基因组测序的方法学上做出了多项奠基性工作，然而大多数单细胞组学研究仍然在很大程度上依赖于进口试剂和设备。此外，在生命周期、疾病周期、药物研发等生物医学前沿领域，中国在单细胞多组学分析技术的应用尚处在起步阶段。

（9）中药药效物质基础及机制研究

中药药效物质基础是指中药对某疾病产生治疗作用的药效成分的总和，即中药进入人体后作用于多个靶点并产生整体功效的化学成分或组分(群)，

其可能来源包括药材固有成分、煎煮等制备过程中形成的产物以及药物进入体内后与人体相互作用产生的代谢产物。中药药效物质可以是小分子，也可能是大分子，或两者的组合。中药发挥作用是由各种药效成分（群）与多种疾病相关靶点综合影响而相互作用产生的。因此，阐明中药药效物质基础及其对靶点和机体的调控机制与网络，以及机体对药效物质的代谢调控，成为阐释中药整体功效及其科学本质的关键。

中药具有多成分、多靶点、整合调节的优势和特色，其发挥临床疗效是多种活性成分协同作用的结果。中药药效物质基础及作用机制研究不仅要考虑中药多重功效的特点，还要考虑中药整体观。关键科学问题是探索适合于中药药效物质基础研究的模式，阐明中药药效物质基础及其发挥药效作用的科学本质。具体包括基于中药传统功效的综合药效评价体系的建立，化学成分的系统阐释与精准表征，与中药功效对应的药效成分的种类、结构、含量、比例的确定，以及有效成分与机体相互作用的机制研究。因此，需要建立中药整体效应的生物评价体系、药效物质与机体相互作用的整体研究方法，以及"疾病－基因－靶标－药物"之间的相互关联。

中药药效物质基础及机制研究是中医药现代化的重要组成部分，也是中医药发展的瓶颈。传统的研究方法是先进行系统的化学成分分离，再进行生物活性或药效作用筛选，但中药往往以多种成分协同发挥药效，单一成分或若干成分不能完全代表整个中药的功效。或以活性为导向进行化学成分研究，但其不能反映成分的体内生物转化以及成分之间在吸收、分布等方面的相互作用，也体现不出中药整体药效物质。随着中药整体观的提出和现代生物技术的发展，血清药物化学、谱效关系研究、代谢组学、药动学－药效学模型、分子生物色谱技术、网络药理学、化学生物学等为主导的研究模式不断涌现，被运用于药效物质基础及机制研究，在一定程度上推动了中医药的发展。未来尚需交叉融合多学

科的先进技术和理念，建立中药药效物质基础及机制研究的新范式，全面阐释中药的药效物质及其与生命有机体之间的化学通信、调控网络及其科学本质，为中药现代化及其国际推广、二次开发和临床应用奠定理论基础。

（10）精神疾病功能基因组学研究

精神疾病是人类复杂疾病之一，占疾病所造成全球总负担的 15%。临床上，此类疾病分为器质性和非器质性精神病，表现为认知、情感、意志和行为等精神活动出现不同程度的障碍。现普遍认为遗传和社会环境因素在机体生长发育过程中的相互作用引起精神疾病。功能基因组学是在基因组学的基础上动态研究基因编码的动态规律和状态信息的传递与作用，包括基因突变和修饰的作用、基因转录和翻译、基因表达调控以及蛋白相互作用网络等。

精神疾病的全基因组关联分析研究（genome-wide association study，GWAS）仍然是寻找疾病相关遗传因素的主要方法之一。已报道的与疾病相关的 DNA 变异常是罕见的并位于基因非编码区的突变位点，而且针对单一精神病，如精神分裂症的多项研究的发现并不一致。这表明精神疾病具有很强的异质性，亟需新思路和新办法来发现验证疾病的致病基因，并阐明与疾病相关的突变位点的作用机制。大规模人类样本的研究有助于减少个体异质性的影响，然而目前包含较全临床和基因组信息的高质量样本库非常有限。精神疾病患者是弱势人群，获取他们的组织样本需经过严格的科研伦理审查。模式动物的精神疾病模型是公认的基因功能与作用机制的工具，然而目前合适的精神疾病动物模型还很少。缺乏精神疾病高质量样本库和模式动物模型限制着精神疾病功能基因组方向的深入研究。基于现有的 GWAS 数据，建立数学模型，揭示单一精神疾病的高灵敏性和高特异性的多基因风险或多基因作用网络模块；并通过分析不同精神疾病之间以及精神疾病与躯体疾病之间的共同基因基础和特有的基因作用来揭示不同疾病之间的联系。在精神疾

病中，单一基因变异影响力有限，但其可能作用于疾病发生、发展过程中某一内表型的变化，如脑影像中不同脑区物质密度和小胶质细胞活力等。针对精神疾病脑源性的理论，利用人体尸脑组织样本，构建人脑多种遗传图谱，如基因表达、甲基化等。从这些图谱中，一方面挖掘基因共表达网络模块，从多基因相互作用的角度阐明不同分子网络，如神经发育或免疫应答网络在精神疾病的发生、发展中的作用和机制；另一方面，阐明人脑中不同脑区和细胞在不同发育阶段的基因表达机制以及表观遗传，如甲基化、miRNA 和 LncRNA 等发挥的调控作用。进一步揭示调控分子数量表型的 DNA 变异位点，如表达数量性状位点（eQTL）和甲基化数量性状位点（mQTL）等，通过其与疾病 GWAS 的阳性相关位点的共定位分析，来阐明突变位点在疾病的发生、发展中的作用和机制。

中国已有多所医院和高校、科研院所建立起了精神疾病样本库和数据库，有的样本库不仅包括血液样本，还包括尸脑组织样本，与国际上著名的英国生物样本库开展合作并参加 PsychENCODE 联盟进行数据共享，开展 10 万级以上病例的超大样本研究；在患者来源体外培养的细胞上验证 *DISC1* 等基因对神经元细胞或小胶质细胞生长增殖的影响和作用机制；开发出了新的分析方法，通过整合不同类型遗传组学大数据来发现并验证致病的基因及分子作用网络。

1.2 Top 3 工程研究前沿重点解读

1.2.1 新型冠状病毒遗传进化与跨种感染的分子机制研究

新型冠状病毒（SARS-CoV-2）引发了人类百年难遇的全球疫情，而其遗传进化规律等病原学特征使科学界更新对病毒的认知。新型冠状病毒同其他病毒和生命形式一样，无时无刻不处于遗传进化过程中，其遗传进化与跨种感染、宿主适应性、抗

原性变异、致病性和传播力等都有密切联系。截至目前，新型冠状病毒及其相关冠状病毒已经在蝙蝠、穿山甲、水貂、白尾鹿、猫等至少 10 余种动物中感染或携带，尤其蝙蝠携带基因组与新型冠状病毒同源性达 96% 以上的 RaTG13 病毒和 BANAL-236 病毒，也是目前发现与新型冠状病毒最接近的动物病毒。这些研究在揭示新型冠状病毒跨种感染特征和机制的同时，也为新型冠状病毒自然起源学说提供了证据；同时，跨种感染导致新型冠状病毒在自然界中不同宿主间不断循环，因此也与新型冠状病毒在人群中的疫情最终控制息息相关。冠状病毒本身的遗传进化在其跨种感染过程中发挥了重要作用，作为拥有已知最大的基因组的 RNA 病毒，清晰解析新型冠状病毒跨物种传播、致病力和传播力等相关的病毒遗传进化轨迹点、风险点与宿主适应点，对预测、预警与防控目前的新型冠状病毒肺炎疫情以及下一个可能发生的传染病疫情至关重要。

中国科学家率先开展新型冠状病毒及其相关病毒的遗传进化研究，遗传骨架、刺突蛋白的宿主受体结合位点及剪切位点等方面的新型冠状相关病毒的比较性进化研究，在揭示病毒遗传进化特征的同时，也对新型冠状病毒自然起源有一定的提示作用。同时，新型病毒本身全基因组遗传进化分析，可以揭示病毒的跨物种感染的进化特征、人际传播动态进化、网状传播特征，反映病毒的传播规律，及构建分层谱系划分系统。将病毒的关键进化支系上的关键功能位点与致病性、传播力相关联，可以掌握病毒适应性进化规律。例如，中国科学家根据新型冠状病毒基因组上两个高度连锁的变异位点，率先提出了新型冠状病毒分为 L/S 两个主要的支系，并被后续多项研究验证，例如 A/B 等分型系统。研究也发现病毒在不同宿主感染过程中存在宿主特异的或组织特异的适应性动态单核苷酸变异 iSNV，即基因调频（genetic tuning），有助于揭示新型冠状病毒的适应性进化和与宿主相互作用特征。

新型冠状病毒的跨种感染研究主要从野生动

物、家养动物等自然感染调查和研究、实验室动物感染模型及病毒受体相关的动物宿主易感性预测等角度展开。发现的蝙蝠、穿山甲来源的相关冠状病毒具有与新型冠状病毒类似的主要分子特征，但又具有其各自特点。新型冠状病毒的宿主受体血管紧张素转化酶 2（Angiotensin Converting Enzyme II, ACE2）在新型冠状病毒跨种感染及感染中发挥关键作用。结构生物学揭示了其与新型冠状病毒刺突蛋白的相互作用分子机制。对刺突蛋白结合人、猫、穿山甲、菊头蝠等多物种 ACE2 的分子结构及其亲和力的研究，揭示了刺突蛋白结合相应物种受体的亲和力与宿主易感性呈现高度相关性。此外，新型冠状病毒感染的其他关键宿主因子如 TMPRSS2、TMPRSS4、neuropilin-1、CD147 和 GRP78 及其作用被不断揭示。对于关键宿主因子及其与病毒共进化的研究，及研究新型冠状病毒潜在自然宿主和中间宿主，评估不同物种在新型冠状病毒跨物种传播中的作用具有重要意义。

此外，考虑到可结合人 ACE2 受体的冠状病毒不断被发现、菊头蝠的广泛地理分布以及新型冠状病毒的多物种易感性等因素，野生动物中的冠状病毒突破物种屏障感染人的风险持续存在。同时，德尔塔株等新型冠状病毒变异株不断出现，并拥有新的病毒学特征，跨种传播在变异株的出现中也可能扮演一定角色，这些给疫苗有效性和疫情防控带来了新的挑战。揭示新型冠状病毒遗传进化规律，掌握跨物种感染的关键因素，有利于针对病毒进化变异和跨种感染的干预手段研发和措施的制定。

目前，新型冠状病毒遗传进化与跨种感染的分子机制研究所面对关键科学问题包括：新型冠状病毒的自然宿主及其潜在中间宿主；新型冠状病毒或相关病毒在最初由动物到人的跨种感染过程中的关键因素，生态学机制；跨种感染过程中，新型冠状病毒发生了哪些遗传进化，发挥什么作用；自然界中是否仍然存在其他具有潜在威胁的冠状病毒，如何从遗传进化角度评估其跨种感染的风险；适应性

变异的发生规律及其对复制和传播影响的准确预测；冠状病毒与宿主协同进化规律，新型冠状病毒的基因调频及其跨种感染中的关键宿主因子的确定，跨种感染相关干预手段的研发等。

总体上发展趋势是由新型冠状病毒变异谱系划分与全球演进动态追踪、关键适应性位点鉴定与功能解析、风险评估与预测预警等，转向适应性变异系统鉴定及其传播趋势预测，病毒遗传进化方向与现有干预手段的博弈，冠状病毒与宿主协同进化并发生跨物种传播的机制等。研究热点包括：① 新型冠状病毒的自然溯源及其跨种传播的生态学机制；② 野生动物的新型冠状病毒相关冠状病毒进化及其跨种感染风险评估，新型冠状病毒反向跨种的监测及病毒进化；③ 新型冠状病毒相关冠状病毒或新型冠状病毒变异株的潜在宿主预测，变异后的传播力、致病性、免疫原性预测和验证；④ 新型冠状病毒变异全球演进动态及驱动因素；⑤ 新型冠状病毒适应性变异选择的前瞻性预测，包括免疫逃逸的驱动性和疫苗压力下的进化，以及更高效及广谱的新型冠状病毒疫苗株推荐策略；⑥ 不同物种间、不同组织、不同时空的病毒受体等的宿主因子的差异性对病毒易感性、组织特异性、致病力的影响及干预；⑦ 基于病毒进化规律和关键宿主因素，针对新型冠状病毒变异株及潜在大流行风险病毒的通用防治药物、疫苗和检测方法的研发以及非药物干预措施等。

"新型冠状病毒遗传进化与跨种感染的分子机制研究"研究前沿中，核心论文产出排名靠前的国家中，美国和中国处于明显领先位置，英国和德国分别列第三和第四位；核心论文篇均被引频次分布在 105.35~552.46（见表 1.2.1），充分说明这个研究是属于关注度非常高的前沿方向。在核心论文主要产出国家的合作网络方面，核心论文数量排名前十的国家之间都有合作关系（见图 1.2.1）

"新型冠状病毒遗传进化与跨种感染的分子机制研究"的核心论文发文量排名前十的机构主要来

表 1.2.1 "新型冠状病毒遗传进化与跨种感染的分子机制研究"研究前沿中核心论文的主要产出国家

序号	国家	核心论文数	论文比例	被引频次	篇均被引频次	平均出版年
1	美国	132	42.31%	18 692	141.61	2020.0
2	中国	115	36.86%	51 731	449.83	2020.0
3	英国	42	13.46%	5 558	132.33	2020.0
4	德国	32	10.26%	11 024	344.50	2020.0
5	意大利	31	9.94%	3 266	105.35	2020.0
6	法国	18	5.77%	2 662	147.89	2020.0
7	加拿大	15	4.81%	2 155	143.67	2020.0
8	瑞士	15	4.81%	1 743	116.20	2020.0
9	澳大利亚	13	4.17%	7 182	552.46	2020.0
10	荷兰	11	3.53%	1 542	140.18	2020.0

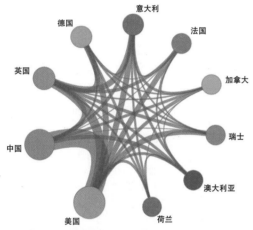

图 1.2.1 "新型冠状病毒遗传进化与跨种感染的分子机制研究"研究前沿主要国家间的合作网络

自中国和美国。其中：来自中国的研究机构有中国科学院、香港大学、复旦大学、中国疾病预防控制中心和中山大学；来自美国的研究机构有哈佛大学、牛津大学、匹兹堡大学和圣路易斯华盛顿大学（见表1.2.2）。在核心论文主要产出机构的合作网络方面，部分机构间有合作关系（见图1.2.2）。

综合以上统计分析结果，对于"新型冠状病毒遗传进化与跨种感染的分子机制研究"研究前沿，中国目前处于与国外同类研究并跑的态势。针对这个前沿领域提出如下建议。

1）开发基于群体遗传和系统发育的新算法，

表 1.2.2 "新型冠状病毒遗传进化与跨种感染的分子机制研究"研究前沿中核心论文的主要产出机构

序号	机构	核心论文数	论文比例	被引频次	篇均被引频次	平均出版年
1	中国科学院	24	7.69%	28 134	1 172.25	2020.0
2	哈佛大学	16	5.13%	2 349	146.81	2020.0
3	香港大学	14	4.49%	6 618	472.71	2020.0
4	复旦大学	12	3.85%	3 039	253.25	2020.0
5	华盛顿大学	11	3.53%	1 997	181.55	2020.0
6	牛津大学	11	3.53%	1 270	115.45	2020.0
7	中国疾病预防控制中心	8	2.56%	16 793	2 099.12	2020.0
8	匹兹堡大学	8	2.56%	1 432	179.00	2020.0
9	圣路易斯华盛顿大学	8	2.56%	1 169	146.12	2020.0
10	中山大学	8	2.56%	971	121.38	2020.0

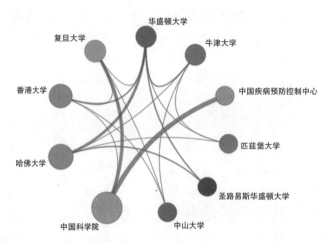

图 1.2.2　"新型冠状病毒遗传进化与跨种感染的分子机制研究"研究前沿主要机构间的合作网络

持续追踪新型冠状病毒基因组变异及全球演进动态，鉴定适应性变异位点，建立适应性变异评价体系，多维度解析变异的生物学效应，系统构建基因组变异知识库，开展病毒、动物及人群基因组演化趋势研究。

2）引领快速获取和共享病毒序列、临床数据和样本，及时发现新的重要变异位点和毒株及其在人群或动物中的流行趋势，并在实验室评估其致病性、传播力和免疫原性；探索不同疫苗策略下病毒进化模式与免疫逃逸之间的关联；针对新型冠状病毒变异株及感染人冠状病毒的通用防治药物、疫苗和检测方法的研发等。

3）在携带新型冠状病毒相关冠状病毒野生动物分布的热点国家和地区开展野生动物病毒监测，开展广泛的国际合作，评估不同动物物种作为新型冠状病毒潜在自然宿主和中间宿主的可能性，进一步寻找新型冠状病毒跨种溢出的野生动物源头；开发新方法评估不同冠状病毒感染人及其他野生动物风险，开展前瞻性疫情预警系统、防控技术、疫苗和药物储备。

4）整合病毒学、流行病学、生态学、进化生物学、生物信息学和免疫学等多学科优势，结合人工智能和大数据分析，推动传染病疫情预测预警的智能化和防控策略的精准化，加强基于宿主关键因素的诊

防治手段的研发，总结抗疫经验和不足，应对未来潜在疫情。

5）制定相关政策，对冠状病毒和流感病毒等具有潜在大流行风险的病原体的防控技术和基础研究予以长期、稳定支持；鼓励前瞻性预警、非药物干预措施以及诊断、药物和疫苗研发领域的产学研结合，加强政策扶持。

1.2.2　衰老的机制与干预

截至 2020 年 11 月 1 日零时，中国 65 岁及以上人口已达 1.9 亿，占总人口的 13.5%，即将进入深度老龄化社会。人口老龄化与衰老相关疾病高发已成为中国乃至世界面临的重大社会和科学问题。衰老是随年龄增加的个体功能性衰退过程，影响多种组织器官，增加癌症及慢性疾病的发生风险。解析衰老影响器官稳态的机制、构建器官健康状态的评估体系、实现衰老相关疾病的预警和干预是促进健康老龄化的重要基础。

传统模式生物的研究为人类在衰老领域的探索提供了诸多重要的线索，但由于不同物种间的衰老规律、疾病易感性和药物敏感性存在差异，衰老的基础与转化医学研究亟须建立并利用灵长类研究体系。目前，人们对增龄过程中器官退行变化以及衰老相关疾病的发生、发展中的多因素时空动态规律

和调控机制尚不清楚，对关键节点、分子靶标及调控机制仍需深入探究。此外，不同环境条件和遗传状态相互作用，组织器官变性损伤中的不同因素以及互作网络的频繁重组等均增加了衰老进程的复杂性和多变性。由此可见，探索衰老及其相关疾病的发生和发展规律不仅需要关注发生功能障碍的主要细胞类型，而且还要关注衰老微环境变化、亚细胞结构改变以及时空调控网络紊乱等问题。同时，衰老的基础研究可为延缓衰老和防治衰老相关疾病提供分子标志物和药物靶标，从而为发展器官乃至机体衰老的精准评估及干预策略奠定重要的理论和技术基础。这些举措将推进器官退行与机体衰老的基础和转化医学研究，有助于实现衰老相关疾病的预防和治疗。

近年来，随着干细胞、基因编辑、包括单细胞测序在内的高通量测序以及人工智能等新技术的发展，衰老研究进入了一个崭新的快速发展时期。衰老细胞可被靶向清除，还可通过重编程技术重启年轻化分子调控网络。例如，衰老细胞的表观遗传时钟可以被重编程，衰老组织微环境也可以被来源于年轻机体的微生物、体液和代谢物所调节。此外，基因干预、细胞干预等方式均有助于实现延缓细胞、器官乃至个体的衰老。

综上，在衰老的机制与干预研究中，阐明细胞衰老及相关疾病的关键因子、调控网络和潜在干预靶标，可为发展延缓器官衰老甚至机体衰老的策略奠定重要的理论和技术基础，推动衰老的基础和转化医学发展，实现衰老相关疾病的有效防治。开展衰老相关的基础和应用研究，对于应对全球当前所面临的健康挑战具有重大意义，也是国际生命医学领域和科技战略布局的重要方向。

目前，衰老的机制与干预研究领域的关键科学问题主要包括以下几个方面。

1）如何建立衰老机制与干预研究的新模型和新技术？在生物医学研究中，动物模型是研究的基础，而小鼠等传统模式动物的衰老过程与人类存在差异，因而将基于传统模式动物获得的研究结论应用于人类衰老的转化医学研究一直面临着巨大的挑战。另外，衰老跨越整个生命阶段，是一个涉及多器官和多层面的、具有高度异质性和复杂性的过程。传统的研究技术难以对其进行深入的机制解析。因此，通过学科交叉开发新的研究方法和技术，对于推动衰老研究至关重要。

2）如何系统解析衰老的细胞分子机制？目前已知衰老与干细胞耗竭、慢性炎症增加、基因组不稳定性增加、端粒缩短、DNA损伤、表观遗传改变、代谢紊乱等密切相关。然而，从系统水平解析衰老调控网络，筛选关键节点的研究还较少。综合运用生物学、医学和计算信息学等交叉技术，揭示机体衰老的新型分子机制，发掘可预警衰老的生物标志物，以及安全、高效的干预靶标，是推动衰老的基础生物学向临床转化的关键所在。

3）能否发展衰老及相关疾病的预警和干预新策略？新型衰老标志物的发现将有利于推动衰老程度的科学评估，以及衰老相关疾病的早期预警及诊断。衰老标志物的开发对衰老干预手段的有效性评价也具有重要意义。另外，发展针对衰老及相关疾病的安全、有效的干预手段，是衰老研究的最终落脚点，将为实现健康老龄化奠定基础。

未来研究的重点包括：① 解析系统衰老的调控规律；② 挖掘脑、心血管等器官衰老的分子标志物及潜在靶标；③ 揭示免疫系统在机体衰老中的作用及机制；④ 解码衰老的遗传与表观遗传调控机制；⑤ 开发衰老细胞的重编程技术；⑥ 研发衰老及其相关疾病的药物和基因干预手段；⑦ 发展衰老及其相关疾病的细胞治疗策略；⑧ 探索并构建主动健康等新型衰老干预模式，包括热量限制、节律调控、有益运动等。

"衰老的机制与干预"研究前沿中，在核心论文产出量方面，美国处于明显领先位置，中国和英国分列第二和第三位（见表1.2.3）；中国核心论文篇均被引频次为80.22，影响力仍具有提升空间。在核心论文主要产出国家的合作网络方面，核心论文数量排名前十的国家之间均有合作关系，尤其是核心论文产出排列在前三的国家——美国、中国和英国在该领域的合作关系密切（见图1.2.3）。

"衰老的机制与干预"的核心论文发文量排名前十的机构主要来自美国、中国和英国。其中：来自美国的机构是梅奥医学中心、巴克衰老研究所、索尔克生物研究所、宾夕法尼亚大学和斯克里普斯研究所；来自中国的机构是中国科学院和首都医科大学；来自英国的机构是纽卡斯尔大学、剑桥大学

和格拉斯哥大学。其中，梅奥医学中心和中国科学院在核心论文的产出上并列第一（见表1.2.4）。该研究前沿的主要机构间的合作网络见图1.2.4。

整体上，在"衰老的机制与干预"的研究前沿中，中国目前处于与国外同类研究并跑、部分研究方向领跑的态势。

综合以上统计分析结果，对于"衰老的机制与干预"研究前沿，提出如下建议。

1）利用中国在非人灵长类医学研究方面的优势，建立灵长类衰老研究平台，建立体系化衰老生物资源库和信息库，助力解析人类衰老相关重大疾病发生、发展机制，以及建立有效临床干预策略，

表1.2.3 "衰老的机制与干预"研究前沿中核心论文的主要产出国家

序号	国家	核心论文数	论文比例	被引频次	篇均被引频次	平均出版年
1	美国	166	50.30%	17 046	102.69	2016.6
2	中国	74	22.42%	5 936	80.22	2016.6
3	英国	52	15.76%	4 396	84.54	2016.8
4	德国	35	10.61%	2 747	78.49	2016.8
5	西班牙	25	7.58%	2 344	93.76	2016.8
6	法国	23	6.97%	2 096	91.13	2016.4
7	意大利	22	6.67%	2 188	99.45	2016.4
8	日本	20	6.06%	1 233	61.65	2016.0
9	加拿大	15	4.55%	1 336	89.07	2017.3
10	荷兰	13	3.94%	1 907	146.69	2016.8

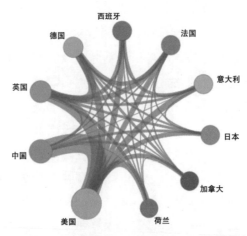

图1.2.3 "衰老的机制与干预"研究前沿主要国家间的合作网络

表 1.2.4 "衰老的机制与干预"研究前沿中核心论文的主要产出机构

序号	机构	核心论文数	论文比例	被引频次	篇均被引频次	平均出版年
1	梅奥医学中心	21	6.36%	4 260	202.86	2017.5
2	中国科学院	21	6.36%	2 027	96.52	2017.2
3	纽卡斯尔大学	12	3.64%	1 362	113.50	2018.0
4	巴克衰老研究所	11	3.33%	2 572	233.82	2016.5
5	索尔克生物研究所	10	3.03%	946	94.60	2018.0
6	宾夕法尼亚大学	10	3.03%	775	77.50	2016.5
7	剑桥大学	9	2.73%	1 026	114.00	2016.1
8	格拉斯哥大学	8	2.42%	744	93.00	2017.1
9	首都医科大学	8	2.42%	443	55.38	2019.0
10	斯克利普斯研究所	7	2.12%	2 176	310.86	2016.4

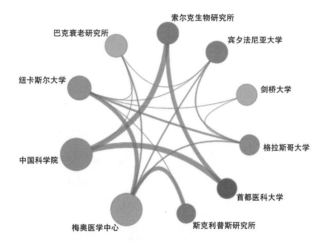

图 1.2.4 "衰老的机制与干预"研究前沿主要机构间的合作网络

为提高老龄人口的健康水平和生活质量、促进社会和经济持续发展提供重要支撑。

2)聚力前沿技术,鼓励医学、药学、生物学、化学和信息学等多学科交叉研究,在研究思路、研究方法等方面有机整合,提升多学科交叉融合解决问题的针对性,多维度、多层次系统开展衰老的机制与干预研究。

3)强化新兴技术领域在衰老研究中的应用,如基因编辑技术、单细胞技术、空间组学技术、超高分辨率成像技术、人工智能等,这些新技术的发展将有助于揭示组织器官衰老及向退行性变化演化的机制,挖掘新型衰老干预靶点并据此研发衰老干

预药物,对于实现"健康老龄化"具有重要的理论和现实意义。

4)凝聚前沿优势力量,设立衰老及相关疾病的国家级基础研究与临床转化协同创新机构,对标美国国家衰老研究所、美国巴克衰老研究所等专业研究机构,加大国家对衰老研究领域的科学投入,吸引企业民间资本,通过相对稳定的项目支持,助力原始研究和颠覆性创新。建立具有相对统一目标或方向的项目群,推动衰老干预策略的建立,促进学科交叉深度融合和创新人才培养。通过优化人才培养与评价机制,设置多层次人才奖项,赋能科研人员特别是青年科研人员,提升衰老领域的基础研

究创新能力。

5）加强自主知识产权的全链条保护。通过基础临床联合推动成果转化，促进产业资源链条在衰老及其相关疾病的科学评估、动态监测、早期预警及干预策略方面高水平成果的有效联动，带动相关领域的可持续发展。

6）着力发展银发经济，积极推动衰老领域研究成果的转化应用，开发适老化科学技术和智能产品，助力科学化康养产业体系建设。

7）加强衰老生物学和老年医学的高质量科学传播，通过多媒体等渠道向公众传播衰老相关的前沿科研进展以及预警衰老相关疾病和干预机体衰老的科普知识，为衰老研究领域吸引和培养后备力量，为广大人民群众设立了解衰老及其相关疾病知识的窗口。

1.2.3 通用型 CAR-T 细胞免疫疗法

在肿瘤治疗领域，免疫治疗已经成为继手术、放疗和传统化疗后的第 4 类肿瘤治疗方法，并借此发展出了细胞免疫疗法。CAR-T 细胞免疫疗法是目前热点的细胞免疫疗法，其通过采集患者的淋巴细胞并经改造，使之能够非 MHC 依赖地识别所选定的肿瘤抗原，获得可以高效杀伤肿瘤细胞的 CAR-T 细胞以回输。

CAR-T 细胞疗法在血液系统肿瘤中有显著疗效，已成为治疗一些难治 / 复发血液肿瘤的重要方法。但传统 CAR-T 细胞的制备必需采集患者自身的淋巴细胞。临床中，接受 CAR-T 细胞疗法的患者已经过了多线化疗，细胞数量及质量因药物影响而下降；患者自身的肿瘤细胞分泌大量调控因子，也会长远损害免疫细胞的抗肿瘤能力；对于老年患者及病毒慢性感染者，其淋巴细胞明显衰老，克隆多态性降低，亦不利于 CAR-T 细胞的扩增及肿瘤杀伤。此外，采集自患者的淋巴细胞中可能存在肿瘤细胞，若将 CAR 结构整合到肿瘤细胞，可能会使靶抗原异常而不能被 CAR-T 细胞识别。生产方

面，个体化的制备流程阻碍了对 CAR-T 细胞质量的统一把控，导致产品的不良反应各不相同，对临床应用的安全性带来挑战；个体化的特点同样不利于产业化进程，使高效率、低成本、自动化生产的目标难以达到。而在传统 CAR-T 细胞的临床应用中，还面临着抗原逃逸的挑战，即经过 CAR-T 细胞的选择后，存活的肿瘤细胞不再表达被靶向的抗原（或该抗原不能再被识别），最终导致复发；虽然针对其他靶点重新制作 CAR-T 细胞或使用双靶点 CAR-T 细胞等方法可以应对抗原逃逸，但成本较高且不灵活。不良反应如细胞因子释放综合征（cytokine release syndrome，CRS）、神经毒性、骨髓抑制等也是 CAR-T 细胞免疫疗法在临床应用中面临的问题，目前还在探索将其及时、有效控制的方法。

因此，通用型 CAR-T 细胞的研发应用成为必然趋势。"通用"体现在制作通用的 T 细胞及安装通用的 CAR 结构：制作通用的 T 细胞即采集健康捐献者的 T 细胞，敲除人类白细胞抗原（human leukocyte antigen，HLA）基因和 TCR 基因，避免宿主对输注的同种异体 CAR-T 细胞产生免疫排斥及移植物抗宿主病；安装通用的 CAR 结构则是将传统 CAR 结构拆分为两部分，一部分位于 T 细胞，包括胞内信号通路、跨膜区和特殊的胞外结构，另一部分则是有抗体、能够识别肿瘤抗原的蛋白，该蛋白又会被位于 T 细胞的胞外结构所识别，在 T 细胞与肿瘤细胞之间起到连接作用，称为靶向模块——靶向不同肿瘤抗原的多种靶向模块通用于 T 细胞上的胞外结构。

通用型 CAR-T 细胞的应用领域与传统 CAR-T 相似，但具有如下优势：CAR-T 细胞制备自健康人的淋巴细胞，活性稳定、质量可控、制备成功率高；产品具有明显同质性，其不良反应更容易把握，在实际应用中更安全；一致的生产流程也易于实现产业化、自动化，也就会降低生产成本及制备周期；靶向模块作为蛋白质，制备快、成本低，可

以在 CAR-T 细胞治疗过程中根据需要灵活替换，靶向不同肿瘤抗原，从而阻止抗原逃逸；靶向模块能在体内迅速降解，当出现严重不良反应时，通过暂停输入靶向模块可以起到停止 CAR-T 细胞激活、减轻不良反应的效果。这些通用型 CAR-T 细胞具备的优势，使其成为研发热点。

目前通用型 CAR-T 所面对的关键科学问题是：① 通用型 CAR-T 细胞作为同种异体细胞，如何使其稳定地避免移植物抗宿主病及排异反应，且当出现该类事件后如何干预；② 仍需对 TCR 及 HLA 相关基因的敲除过程进行优化，做到既能使敲除更彻底，又避免损伤 T 细胞；③ 如何使用基因编辑手段改进通用型 CAR-T 细胞；④ 通用型 CAR-T 细胞与传统 CAR-T 细胞在实际应用中相比较如何，包括疗效、安全性、便利性的比较；⑤ 对淋巴细胞供者的筛选问题，即使用何者的淋巴细胞进行通用型 CAR-T 细胞的制备，以及细胞供者需要完善哪些检查。

总体发展趋势是推动通用型 CAR-T 细胞的临床试验，增加受试者数量。相应热点包括：① 总结临床试验中的不良事件种类及发生率，兼顾短期不良反应和长期、慢性事件，探索最优应对方式；② 改进基因编辑手段，一方面提高 HLA 及 TCR

基因敲除的精准性及有效性，另一方面通过对其他基因的敲减或过表达，或插入外源基因，提升肿瘤杀伤效能；③ 改进通用型 CAR 结构，如调节靶向模块的分子量、在靶向模块中加入共刺激配体等以改善使用时的可控性、安全性、有效性；④ 将临床试验中通用型 CAR-T 细胞疗法的疗效与传统 CAR-T 细胞疗法进行比较；⑤ 探索通用型 CAR-T 细胞在实体肿瘤乃至其他免疫性疾病中的应用。

"通用型 CAR-T 细胞免疫疗法"研究前沿中，在核心论文主要产出国家排名中，美国处于明显领先位置，英国和法国并列第二位；德国和中国分别列第四、第五位。核心论文篇均被引频次分布在 3.22~134.00（见表 1.2.5），篇均被引频次不高，说明这一前沿领域还在初始阶段。中国核心论文篇均被引频次为 21.00，影响力具有提升空间。在核心论文主要产出国家的合作网络方面，核心论文数量排名前十的国家之间部分有合作关系（见图 1.2.5）。

"通用型 CAR-T 细胞免疫疗法"的核心论文发文量排名前十的机构主要来自法国、英国、美国、德国和中国。其中，来自法国的机构是 Cellectis 公司和施维雅公司，来自英国的是伦敦大学学院、伦敦国王学院、国王学院医院 NHS 基金会，来自美国的是安德森癌症中心、CRISPR Therapeut 公司和

表 1.2.5 "通用型 CAR-T 细胞免疫疗法"研究前沿中核心论文的主要产出国家

序号	国家	核心论文数	论文比例	被引频次	篇均被引频次	平均出版年
1	美国	45	50.00%	782	17.38	2018.5
2	英国	17	18.89%	323	19.00	2017.6
3	法国	17	18.89%	214	12.59	2017.9
4	德国	9	10.00%	29	3.22	2019.6
5	中国	7	7.78%	147	21.00	2018.6
6	比利时	4	4.44%	47	11.75	2019.0
7	韩国	2	2.22%	61	30.50	2019.0
8	瑞士	2	2.22%	16	8.00	2019.5
9	加拿大	2	2.22%	9	4.50	2019.5
10	埃及	1	1.11%	134	134.00	2018.0

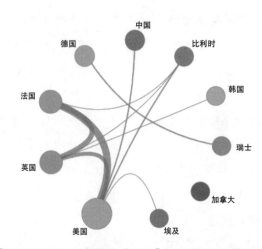

图 1.2.5 "通用型 CAR-T 细胞免疫疗法"研究前沿主要国家间的合作网络

表 1.2.6 "通用型 CAR-T 细胞免疫疗法"研究前沿中核心论文的主要产出机构

序号	机构	核心论文数	论文比例	被引频次	篇均被引频次	平均出版年
1	Cellectis 公司	14	15.56%	170	12.14	2017.9
2	伦敦大学学院	10	11.11%	41	4.10	2017.1
3	伦敦国王学院	5	5.56%	232	46.40	2018.4
4	国王学院医院 NHS 基金会	4	4.44%	105	26.25	2018.0
5	安德森癌症中心	4	4.44%	46	11.50	2018.5
6	施维雅公司	4	4.44%	46	11.50	2018.0
7	GEMoaB GmbH 公司	4	4.44%	12	3.00	2020.0
8	CRISPR Therapeut 公司	4	4.44%	3	0.75	2019.2
9	宾夕法尼亚大学	3	3.33%	544	181.33	2018.3
10	郑州大学附属肿瘤医院	3	3.33%	141	47.00	2018.7

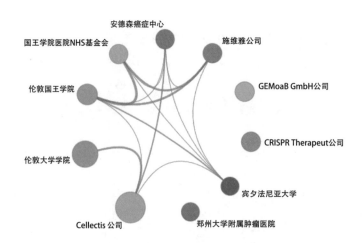

图 1.2.6 "通用型 CAR-T 细胞免疫疗法"核心论文主要机构间的合作网络

宾夕法尼亚大学，来自德国的是 GEMoaB GmbH 公司，来自中国的是郑州大学附属肿瘤医院（见表 1.2.5）。在核心论文产出机构的合作网络方面，部分机构间有合作关系（见图 1.2.6）。

整体上，"通用型 CAR-T 细胞免疫疗法"的研究前沿，中国目前处于与国外同类研究跟跑的态势。综合以上统计分析结果，对于"通用型 CAR-T 细胞免疫疗法"研究前沿，提出如下建议。

1）积极开展临床试验，充分利用临床数据。在详细审查、严格执行入排标准的前提下，鼓励临床试验；通过建立多中心、跨国的大型平台或依附已有平台，保证长期随访，实时、全面收集数据，最终将平台中的研究数据整合，分析通用型 CAR-T 细胞免疫疗法的安全性及有效性，为技术改进提出实际要求。详尽的研究数据也是其推广应用的基础。

2）优先保证安全性。通用型 CAR-T 细胞疗法与传统 CAR-T 细胞疗法相比区别较大，其作为细胞治疗本身也不同于传统化疗药物，具有不确定性；因此仍需要反复验证 CAR-T 细胞免疫疗法的安全性，更好地维护受试者利益。

3）与传统 CAR-T 细胞疗法相互借鉴。对 CAR-T 细胞疗法的长期探索已经积累了相当的成果，应吸取其在研发及应用中的经验，以促进通用型 CAR-T 细胞疗法的发展；后者的灵感也可以供前者学习、借鉴。

4）鼓励多学科合作。免疫学、分子生物学等基础学科要与临床学科密切合作，根据临床实际要求，不断更新基因编辑技术，改进制备工艺。临床各学科间应加强合作，拓展通用型 CAR-T 细胞疗法在实体肿瘤乃至其他免疫性疾病中的应用。

5）推动 CAR-T 细胞疗法的模块化。将通用型 T 细胞与通用型 CAR 相结合，开发多种靶向模块与 T 细胞进行组合，使 CAR-T 细胞治疗更具可控性、灵活性。

6）明确供体筛选原则。在通用型 CAR-T 细胞疗法的应用中，某一供体的细胞将会异体移植至多个患者，而供体的情况会显著影响产品的质量，因此应确定合理的供体筛选原则，建立健全筛选流程。

7）加强国际合作。目前，在通用型 CAR-T 细胞疗法方面，学术合作主要集中于英国、美国及法国之间；各国应加强学术交流，以此促进各国技术的发展。

2 工程开发前沿

2.1 Top 10 工程开发前沿发展态势

医药卫生学领域 Top 10 工程开发前沿涉及基础医学、临床医学、药学、医学信息学与生物医学工程、公共卫生与预防医学等学科方向（见表 2.1.1）。其中，新兴前沿是肿瘤新抗原疫苗、基于 5G 的远程医疗机器人手术和 RNA 干扰药物；作为传统研究深入的是脑机接口技术的临床转化应用、基因工程化异种器官移植技术、多重免疫检查点抑制剂联合用药、工程化类器官、基于人体微生物组技术的临床应用转化、健康医疗大数据与人工智能应用、纳米药物递送系统。

各前沿相关的核心专利 2015—2020 年施引情况见表 2.1.2。

（1）脑机接口技术的临床转化应用

脑机接口指人脑或动物脑与外界设备之间架设的直接通路，能够实现单向/双向信息交换。脑机接口技术被应用于神经系统的监控、调控与功能替代，未来也有实现以意驭物、记忆储存移植的远景想象。脑机接口的关键技术可以分为采集、处理、控制和反馈环节，各环节目前发展快慢有别。其中控制环节较为成熟，其余环节均遇到一些关键技术问题，如脑机接口设备、对脑电信号的认知、神经编码与功能对应关系等。在脑机接口技术发展的大背景下，其在临床转化应用上发展出一些分支领域，

表 2.1.1 医药卫生领域 Top 10 工程开发前沿

序号	工程开发前沿	公开量	引用量	平均被引数	平均公开年
1	脑机接口技术的临床转化应用	1 546	6 898	4.46	2017.2
2	基因工程化异种器官移植技术	314	9 079	28.91	2014.3
3	肿瘤新抗原疫苗	2 311	28 490	12.33	2016.3
4	多重免疫检查点抑制剂联合用药	4 597	51 193	11.14	2017.4
5	工程化类器官	2 518	33 692	13.38	2015.9
6	基于 5G 的远程医疗机器人手术	103	329	3.19	2018.8
7	基于人体微生物组技术的临床应用转化	2 978	34 239	11.50	2015.8
8	健康医疗大数据与人工智能应用	987	3 815	3.87	2018.9
9	纳米药物递送系统	2 285	15 689	6.87	2018.4
10	RNA 干扰药物	1 132	17 177	15.17	2015.7

表 2.1.2 医药卫生领域 Top 10 工程开发前沿的逐年施引专利数

序号	工程开发前沿	2015 年	2016 年	2017 年	2018 年	2019 年	2020 年
1	脑机接口技术的临床转化应用	178	204	201	202	267	308
2	基因工程化异种器官移植技术	25	33	23	32	28	45
3	肿瘤新抗原疫苗	169	218	276	303	396	429
4	多重免疫检查点抑制剂联合用药	251	454	633	761	965	1 076
5	工程化类器官	185	206	288	319	385	421
6	基于 5G 的远程医疗机器人手术	4	8	4	14	24	48
7	基于人体微生物组技术的临床应用转化	236	276	372	389	426	464
8	健康医疗大数据与人工智能应用	36	28	82	139	266	428
9	纳米药物递送系统	197	210	277	317	487	797
10	RNA 干扰药物	123	118	138	138	129	157

包括肢体运动障碍的诊疗、意识与认知障碍的检测与诊疗、精神疾病的诊疗、感觉缺陷的诊疗以及癫痫和神经发育障碍的诊疗。当前，国内外脑机接口产业多以科研院所为主导，主要研究非侵入式脑机接口。而侵入式脑机接口局限于医疗健康领域，投入相对较小。总体而言，尽管涉及脑机接口的公司数量少于其他人工智能产业，其发展趋势仍被各公司看好。脑机接口在应用落地层面仍处于初级阶段，有望在未来逐步开放生态。未来快速扩大规模的同时，也将有专精于细分领域的公司大量涌现。短期内，医疗健康领域仍是脑机接口最大的应用市场，

高级人机交互大规模实现需要长期持续积累。

（2）基因工程化异种器官移植技术

异种器官移植是解决全球供体短缺难题的重要途径之一，经历了多个不同的发展阶段。近年来，随着异种移植物存活时间的不断延长，其临床应用前景逐渐清晰。目前，基因工程化异种器官移植的研发仍需克服供体猪基因编辑位点的选择、病毒清除、繁育饲养等问题，免疫抑制剂研发、用药方案筛选等问题，移植物功能评价、安全性等问题，以及移植患者选择、监督管理、伦理审查等问题。几大热点分支领域包括组织器官工程、人猪嵌合体器

官和人源化猪器官均取得了重要进展，在世界范围内受到广泛关注。在人源化猪器官领域，由于基因编辑技术和免疫抑制剂的革新，相关临床前研究不断取得突破，被资本普遍看好和竞相追逐。基因工程化异种器官移植前沿方向的核心专利公开量呈逐年增加趋势，并发展为世界范围内研究机构的广泛合作。专利产出数量美国居首位，中国紧随其后，分析当前中国面临的巨大契机和挑战，应加速推动异种器官移植从基础研究走向临床应用，最终解决人类重大健康需求。

（3）肿瘤新抗原疫苗

肿瘤新抗原疫苗（neoantigen vaccine）是通过靶向新抗原，诱导机体免疫反应特异性清除肿瘤细胞的一种治疗方式。肿瘤新抗原来自体细胞突变，在肿瘤中十分普遍，且个体间有很强的异质性。由于肿瘤新抗原只表达于肿瘤细胞中且具有免疫原性，因此可成为精准免疫治疗的特异性靶点。随着生物信息学与测序技术的联合，借助新一代测序技术鉴定出的肿瘤新抗原已成功应用到相应的肿瘤免疫疗法中，并且大量临床研究表明，靶向肿瘤新抗原的肿瘤疫苗在肿瘤治疗中有很好的应用前景。肿瘤新抗原疫苗具有如下优势：首先，新抗原完全由肿瘤细胞表达，因此可以诱导真正的肿瘤特异性T细胞免疫反应，从而防止对非恶性组织的"off-target"损伤；其次，新抗原衍生自体细胞突变，规避T细胞中心免疫耐受，从而提高特异性免疫反应的强度。此外，新抗原疫苗诱导的新抗原特异性T细胞反应具有持续存在并提供治疗后免疫记忆的潜力，增加了长期预防肿瘤复发的可能性。在临床试验中，新抗原疫苗显著延长无病生存时间，为恶性肿瘤患者带来新希望。同时，基因突变的异质性及免疫反应的多样性使新抗原呈现个体特异性，新抗原疫苗"个体化"的需求对生物信息学提出新的挑战。肿瘤新抗原的鉴定和新抗原疫苗的开发可为临床免疫治疗提供更多的选择。新抗原疫苗与其他免疫治疗（如CAR-T细胞或

PD1单抗）、化疗或放疗联合治疗可能成为今后治疗恶性肿瘤的有效方式之一。对当代医疗的革新发挥积极促进作用，是解决肿瘤精准治疗难题的重要基础。

（4）多重免疫检查点抑制剂联合用药

针对免疫检查点的治疗已成为继手术、化疗和放疗之后第四大治疗肿瘤的手段。免疫检查点是20世纪90年代重要的科学发现，自第一款靶向免疫检查点CTLA4的抗体药物于2011年获得FDA批准，经历了10年的发展历程，新型免疫检查点不断被发现，已有多款靶向PD1/PD-L1的抗体药物获得FDA批准用于癌症治疗。2018年，James Alison和Tasuku Honjo因对CTLA4和PD1的研究贡献而荣获诺贝尔生理学或医学奖。免疫检查点一般以受体-配体对形式存在。受体表达于免疫细胞，配体可表达于免疫细胞，也可表达于非造血系统细胞。PD1是一个关键性免疫检查点，其配体是PD-L1。表达于肿瘤细胞或者抗原提呈细胞的PD-L1可以与表达于T细胞的PD1结合，触发抑制性信号而使T细胞无法执行杀伤肿瘤细胞的功效，使肿瘤逃避免疫细胞的攻击而持续生长。免疫检查点抑制剂通过干扰免疫检查点与其配体结合，阻断抑制性信号的转导，增强细胞毒性T细胞的杀伤肿瘤细胞功效。尽管免疫检查点抑制剂治疗是行之有效的癌症治疗手段，但患者针对单一免疫检查点抑制剂药物的应答率并不高，大约80%的患者对免疫检查点抑制剂抗体药物治疗无效。事实上，恶性肿瘤能够逃脱宿主免疫系统攻击，还有另外的免疫检查点通路在发挥作用。比如TIM-3、LAG-3、VISTA、TIGIT、B7-H3、IDO1以及SIGLEC15通路等。由于新一代免疫检查点陆续被发现，当针对单一免疫检查点的治疗反应不佳或者出现耐药时，采用多靶向免疫检查点抑制联用或者免疫检查点抑制剂与化疗药物或分子靶向药物联用便成为新的治疗选择。已经发表的临床试验数据显示，将抗PD1抑制剂与抗CTLA4抑制剂联合用于转移性黑色素瘤的治

疗，获得的反应率可从单药应用时的 20%~30% 提高到 60%。然而，多靶点药物联用导致免疫反应相关不良事件的发生率也会随之增加，比如，由抗 PD1/PD-L1 药物治疗导致的不良事件发生率约为 8%，由抗 CTLA4 药物治疗导致的不良事件发生率为 25%，而将抗 PD1 药物与抗 CTLA4 药物联用则不良事件发生率升高至 50%，故药物安全性是一个不容忽视的问题。美国 FDA 批准的免疫检查点抑制剂主要是靶向 CTLA4、PD1 和 PD-L1 三个靶点的 7 款单克隆抗体类药物，适应证已超过 20 余种癌症。针对 CTLA4 和 PD1/PD-L1 双靶点的药物联用方案也获得 FDA 批准用于肿瘤治疗。还有针对 PD1/PD-L1 靶点与针对其他免疫检查点药物联用的治疗方案进入临床试验。中国临床肿瘤学会推荐了 11 种免疫检查点抑制剂（7 种为 FDA 批准药物，4 种为国内药企研发的药物），用于 17 种癌症的治疗。从已经公布的治疗效果看，单一免疫检查点抑制剂总体反应率不超过 20%。有关多靶点免疫检查点抑制剂联用策略在国内外均处于探索阶段，需要积累更多的临床试验或真实数据，更需要探究多靶点联合起效的内在分子机制，从而更好地评估多靶点联合治疗的收益风险比。

（5）工程化类器官

工程化类器官（engineered organoid），是一种结合生物工程技术，如干细胞、生物材料以及器官芯片等，通过模拟在体内执行不同功能的组织原件来标准化和自动化生产、控制和分析人体器官的发育、体内平衡和疾病建模，从而再现发育器官的复杂和动态微环境。类器官对靶器官异质性的模拟是研究的关键技术问题。工程化类器官通过生物工程设计实现对靶器官不同细胞类型、结构组织及其器官特异性生物化学和生理微环境的精准复制，在综合器官水平上模拟生理稳态以及复杂的疾病过程以及多器官相互作用和生理反应的"body-on-chip"系统，从而获得更完整的类似体内靶器官的类器官。随着生物工程先进模型系统的建立，工程化类器官

技术为生命医学研究和临床应用注入了新功能，在各大研究领域具有十分广阔的前景，如在药物研究中，用于毒性检测、药效评价和新药筛选；在临床医学中，用于建立疾病模型来研究遗传病、传染病以及癌症等；在再生医学方面，用于研究组织器官发育、移植和修复。在全球范围内类器官已经显示出其强大的发展潜力，且部分发达国家和地区已经通过相关法规推动类器官等体外模型替代传统动物模型。国外已经形成一定的市场竞争格局，市场有望在未来几年达到数十亿级别。但是，基于新材料、器官芯片等技术的新一代工程化类器官市场仍处于萌芽阶段，但令人兴奋的是，工程化类器官的研发在不断催生新领域的发展。随着类器官与其他高尖端的工程化技术如器官芯片、微移动阵列、scRNA-seq、CRISPR/Cas9、高通量筛选、3D 打印以及智能生物材料的结合，工程化类器官在稳定性、精准性、重现性和可扩展性方面将更加成熟。工程化类器官作为前沿交叉领域，具有多样化的研发方向与临床转化模式，随着相关技术的不断成熟，工程化类器官将在转化医学和临床个性化治疗中大放异彩，在推动整个领域的发展和促进人类重大疾病的攻克方面取得重要进程。

（6）基于 5G 的远程医疗机器人手术

基于 5G 的远程医疗机器人手术，是一类以 5G 通信网络为医学信息传递载体，采用主从方法，将机器人、虚拟现实和人工智能技术拓展用于医疗手术的远程诊断、远程指导、远程操作和效果评估的远程医学新模式，能够快速、高效地辐射优势医疗资源，提升远程救治效率和质量，可用于患者异地诊疗和医学应急救援。为了开展精准、安全的 5G 远程医疗机器人手术，需要突破术区多模信息实时反馈与精准解析、适宜远程操作的人机交互界面、低延时网络安全传输等关键技术问题，解决医学信息数据规范和安全伦理问题。随着 5G 网络基础设施的快速部署，5G 远程医疗机器人手术的临床应用和示范推广呈现加速发展趋势：临床应用范围持

续扩展，临床新术式不断涌现，已涵盖骨科、腔镜外科、神经外科、心血管外科等多个领域；远程手术模式持续革新，从既有的"一对一"主从单点远程控制，发展出了"一对多""多对一"等网络化协同模式，不仅实现了一名临床专家同步开展不同患者（多地）的远程手术，也实现了不同领域临床专家（多地）协作诊疗同一例患者；应用场景也从常规临床远程手术拓展到了公共卫生远程诊疗服务（如新型冠状病毒肺炎患者的机器人辅助远程超声诊疗、远程查房等）和突发性医学应急救援（如自然灾害、空间／战地等远程急救等）。作为 5G 远程医疗机器人手术系统的两大核心功能硬件，医疗机器人产品和 5G 通信网络日趋成熟和多样化发展，为更广泛地开展 5G 远程医疗机器人手术提供了可能。除一些技术初创公司外，史赛克、微创医疗等传统医疗器械公司和华为、三星等通信巨头也开始布局 5G 远程医疗机器人手术产品和应用；与之相关的技术、产品和服务市场呈现加速增长态势。5G 远程医疗机器人手术的软硬件部署成本正在持续降低，为日常开展远程手术和拓展远程手术应用领域提供了可行性条件。医学人工智能技术将进一步融入 5G 远程医疗机器人手术过程，解决远程诊疗大数据的有效信息挖掘和高效数据传输瓶颈。远程医学伦理和监管措施日趋规范，远程医学平台逐步体系化和标准化。基于 5G 的远程医疗机器人手术已成为"手术 4.0"（Surgery 4.0）的重要组成，正在推动智慧手术的持续性跨越发展，市场和应用前景广阔。

（7）基于人体微生物组技术的临床应用转化

人体微生物组（human microbiome，HM）是指寄居于人体的微生物群体及其基因和基因组的总和，其外延则包含微生物群体和个体与其所在环境的相互作用关系，也统称为微生态（microecology）。研究人体微生物组的技术包括高通量核酸测序、代谢组学、培养组学、微生物群体与机体互作和生物信息学分析技术等，关键在于实现跨组学分析及其

在细胞、动物和人体等不同水平上的验证，最终解析人体正常微生物组的结构与功能、与人体互作网络及其机制，揭示微生物组与人体健康和疾病的关系，并实现维护健康、预防慢性疾病、发展临床诊治新策略等的应用转化。人体微生物组与慢性疾病及各器官疾病的发生、发展关系密切。此外，生殖健康、婴幼儿发育、用药效果、饮食营养等也都与人体微生物组存在因果关联，为人体健康理念、现代医学理论与诊疗技术、中医理论与实践带来颠覆性创新的契机。人体微生物组的研究成果和技术已经在疾病预警预测、特定病原体靶向筛查、靶向药物精确研发、营养精准干预、生殖健康、中医药应用等方向展现出广泛的应用前景，为药物研发、疾病治疗和预防策略提供了新的视角，并将原有的营养干预带入精准的个体化阶段。因其在军用和民用领域的广阔前景，这个新兴领域已成为国际竞争的战略高地。美国和欧盟已分别启动了人体微生物组计划近 20 年，取得了丰硕的成果，催生了一大批专利，也孕育了一批代表性企业，开发了基于微生物组的诊断与评估新技术、粪菌移植和活菌药物的治疗新产品、营养精准干预的新手段等；中国在该新兴领域投入也近十余年，但遗憾的是，尚未形成独立的国家微生物组研究计划。在基于微生物组的诊断、治疗、预测、营养干预等领域也涌现出一批研发团队，在如活菌药物等研究领域，处于国际先进行列。这一新兴领域的市场仍处于高速成长阶段。人体微生物组的结构和功能解析是该领域发展的关键难题，采用多组学分析技术，监测微生物组的动态变化及其与健康和疾病的关系；建立人体微生物组实物库和数据库及其挖掘技术将是保障该领域临床转化的物质基础；学科交叉，尤其是人工智能和计算机深度学习技术将推动复杂组学和生物功能数据有机融合，将为微生物组结构和功能及其与人体健康维持和疾病发生、发展关系的揭示和临床转化带来新希望，在未来军用和民用领域都将产生巨大效益。

（8）健康医疗大数据与人工智能应用

健康医疗大数据与人工智能技术的融合，旨在通过利用收集、整理健康医疗大数据（包括：电子病历、医学影像等为主的健康医疗服务数据；基因序列、各组学等生物医学数据；药物临床试验、疫苗电子监管等医药研发与管理数据；公共卫生防控、传染病报告等公共卫生数据；卫生资源与医疗服务调查、计划生育统计等统计数据），结合大数据技术和机器学习、深度学习等人工智能理论技术，在医学研究、临床诊疗、精准医学、新药研究等方向的应用。通过统计分析、自然语言处理、计算机视觉、机器学习、生物信息分析等技术，挖掘生理生化检验、组学数据、图像影像、电子病历等结构多样的医疗大数据中的潜在关联与知识，探究众多知识中的因果关系、逻辑解释、归纳与预测等临床诊断依据，构建分析系统与知识关联模块，渗透到医疗诊断和治疗的每一流程中。结合健康医疗大数据与人工智能技术可实现多个领域的应用，如更加科学化、自动化、合理化的诊疗与健康管理系统，建立以云计算与统计分析为基础的大数据平台，基于人工智能的医疗影像病灶识别和性质判别的辅助诊断系统，药物挖掘与分子设计，多组学多结构化数据的统一分析平台等。根据麦肯锡融中研究咨询报告，在 2020 年中国人工智能分行业市场规模中，与医疗行业结合的市场规模在 2.88 亿美元，约占整体行业市场规模的 8% 以上。其中，人工智能技术在医学影像领域中的应用最为广泛和成熟。全国各大医院也在积极开展 AI 的研究与合作项目，众多三级甲等医院已经启动智能影像识别、智能诊疗助手及智能诊疗方案等人工智能技术试点和临床试验工作。根据弗若斯特沙利文咨询公司数据，2020年中国人工智能医学影像市场为 3 亿元，预计 2030年将达到 923 亿元，年复合增长率将达到 76.7%。随着人工智能技术在健康医疗领域的深入应用和医疗大数据平台的辅助支撑，加上日渐完善的数据应用相关政策法规，中国人工智能健康医疗产业也将迎来黄金机遇。行业相关业务范围将涵盖数据收集、融合、分析、处理到应用环节等全链条体系，预计数据融合相关公司和数据应用相关公司分别将在短期和中长期内实现爆发式增长。大数据与人工智能技术在医疗领域不断的落地实施，将促进中国医疗资源的共享和均质化，提高医护人员的诊疗效率，从而为中国带来显著的社会经济效益，助力实现"共建共享、全民健康"的"健康中国"战略。

（9）纳米药物递送系统

纳米药物递送系统是以纳米科学与技术为基础，构建尺寸范围介于几十到几百纳米的药物递送载体或装置，用于解决包括小分子、核酸类和蛋白类药物在内的传统药物分子在体内稳定性、药代动力学性质与生物安全性等方面的瓶颈问题。与传统给药方式相比，药物递送系统的应用可以有效改善传统药物分子的药代动力学性质，实现活性药物分子的可控释放，并进一步提高药物在病灶部位的特异性富集，降低系统毒性。

该领域在基础研究方面已经取得较大突破，临床转化也越来越明显。在临床转化过程中，与传统小分子药物等相比，由于纳米药物递送系统结构相对复杂，纳米生物效应的评价有待深入。目前，实现临床转化的纳米药物递送系统大多结构相对简单。系统性的规模化制备工艺开发是目前限制其转化应用的主要因素。通过合理的分子设计和构筑方法的优化，实现对纳米药物递送系统的结构、尺寸、表面电荷、靶向性、响应性等参数的精准设计，进而实现对药物递送系统的高效制备和功能调控，是该领域发展的关键技术。此外，系统的纳米生物学基础研究及临床研究评价方法和相关法律法规等，也有待进一步完善和发展。

随着纳米技术的快速发展，纳米药物递送系统已经被应用于多种疾病（如肿瘤、心血管疾病、眼部疾病和神经退行性疾病等）的诊断和治疗。截至目前，已经有数十种纳米药物递送系统获得临床批准，用于多种疾病治疗，在疗效、安全性和代谢动

力学特性等方面表现出巨大潜力和优势。2019年底，突如其来的新型冠状病毒肺炎疫情严重威胁着人们的身体健康和经济发展，而疫苗研发是控制疫情的有效方法。以脂质纳米药物递送系统为基础开发的mRNA新型冠状病毒疫苗获得临床审批，同时mRNA递送技术受到多国学术界和企业界的广泛关注。此外，RNA纳米疫苗在抗肿瘤领域也展现出很好的应用前景，纳米药物递送系统被认为是核酸类药物的"黄金搭档"。因其在医药健康领域广阔的应用前景，中国和欧美发达国家不断加大在该领域的研发投入，纳米药物递送系统的核心专利数量也在逐年增加。目前，中国的相关专利数量排名第一，但专利转化率还远低于美国、德国等国家。排名前十的核心专利主要产出机构中，中国有6个，表明纳米药物递送系统的发展在中国有较好的基础，但也面临着没有形成专业和系统性的专利保护体系等问题。此外，合作国家最多的美国，其专利临床转化率也相对较高。这提示我国相关领域需要进行深入和广泛的国际合作。

随着纳米科技的快速发展，相关生产工艺关键技术的突破，更多的纳米药物递送系统将实现工艺放大和规模化生产，必将推动纳米药物递送系统的临床转化。同时，多学科广泛和深入的交叉融合，进一步推动材料科学、化学化工、生物医学和纳米科学等学科交叉的全面发展，为解决该领域的关键技术问题提供新的解决思路。纳米药物递送系统的技术突破必将为更多疾病的诊断和治疗带来新希望，也将被应用于更多的医药健康领域。

（10）RNA干扰药物

RNA干扰（RNA interference, RNAi）药物是基于RNA干扰这一真核生物细胞中特有的生物学现象而研发创制出的新药物类型。发现和揭示核酸干扰现象的两位美国科学家获得了2006年的诺贝尔生理学或医学奖。典型的RNA干扰现象是基于外源或内源的双链RNA，在细胞质中首先由其中单链与特定的蛋白组RNA诱导沉默复合物（RNA induced silencing complex，RISC）结合，并通过Watson-Crick碱基互补配对机制特异性识别靶向mRNA并加以降解，达到沉默该基因表达的效果。RNA干扰药物具有更为丰富广泛的靶点选择，并具有最为精准的靶向抑制剂的特点，同时表现出超过抗体药物的功效和安全性，又因相对较小的分子量而利于药企批量生产，尤其是其长效作用更显示出有利于病患用药依从性的优势。有研究报告表明，RNA干扰药物的研发创制具有明显的平台化优势，在时效和资源利用方面这类药物的研发创制或有更多的产出。基于这些特点，RNA干扰药物正在成为继单克隆抗体和小分子化药等抑制剂药物类型之后，又一有巨大潜力的新性抑制剂药物。

RNA干扰药物成药的关键技术在于优化药物活性成分（active pharmaceutical ingredient，API）和将API安全高效递送（delivery）到病灶靶细胞中。RNA干扰药物最典型结构为长19～25个核苷酸的双链RNA，称为小干扰核酸（small interfering RNA，siRNA），另外还有微小RNA(miRNA)和短发夹RNA(shRNA)及非对称小干扰核酸（asiRNA）等结构类型，都可统称为RNA干扰触发器（RNAi Trigger）。通过化学修饰，可以增强小干扰核酸在核酸酶环境中的稳定性，优化药物活性，并减少其脱靶效应。通过化学耦合小分子化药，使修饰后的RNA干扰药物具备基因沉默和化药抑制剂双功能。而RNA干扰药物的递送通常有赖于纳米颗粒制剂的保护：如脂质体纳米(lipid nanoparticle，LNP)、多肽纳米（peptide nanoparticle, PNP）或聚合物纳米（polymer polyplex nanoparticle, PPN）等制剂；或是通过与靶向分子耦合来获得组织及细胞靶向：如肝细胞靶向的乙酰半乳糖胺（GalNAc）耦合结构，肿瘤细胞靶向的精甘天冬肽（RGD）耦合结构，以及特定的单抗耦合结构。而目前在多个临床试验中应用的主要是乙酰半乳糖胺耦合药物、脂质体纳米制剂和多肽纳米制剂，前两者的药物类型已经获准进入市场。

目前已经获批进入市场的 RNA 干扰药物基本限制在与肝代谢相关的病症。但大量的临床前和临床试验结果表明，这类药物可以广泛应用于心血管疾病、肿瘤、眼科疾病、中枢神经系统疾病、自身免疫性疾病、病毒感染、纤维化疾病和皮肤疾病等的治疗。还可以通过与其他药物类型（小分子化药、单抗药物和免疫检查点抑制剂）和治疗方案（CAR-T 细胞治疗、抗病毒疫苗和肿瘤疫苗）联用，扩展到更为广泛的应用领域及获得更为有效的治疗效果。

RNAi 药物目前在全球的临床试验数量已经超过 50 项，分布于不同的治疗领域和不同的研发阶段，有 4 个药物品种已经获准新药申请（NDA）成为治疗药物。主要的管线目前还是集中在与肝组织代谢疾病相关的指征，而与肿瘤学相关的临床试验依然处于中早期。RNA 干扰药物的全球市场规模将从 2020 年的 3.62 亿美元增长到 2030 年的 210 亿美元，大型制药公司累计投资额从 2017 年的 86 亿美元提高至 2020 年超过 350 亿美元。中国投资机构在过去两年在 RNA 干扰药物领域的投资超过 20 亿元人民币。在过去的 3 年，全球资本市场回报比标普 500 指数和纳斯达克生物技术指数高出 400%。价值增长的驱动因素主要来自递送系统的概念验证，以及罕见病和常见病适应证的概念验证和获批进入市场。诺华（Novartis）斥资 97 亿美元收购 PCSK9 靶向 RNA 干扰药物的举措，标志着这一类型药物在大病群和常见病治疗领域未来巨大的扩张空间。目前的临床管线基本是以罕见病治疗技术更加成熟，常见病和肿瘤领域的应用正在不断拓展。而就靶向器官而言，肝脏成为技术最成熟并且竞争最激烈的靶器官。

RNA 干扰药物未来在相关技术和临床应用领域的开拓发展可以集中在：① 突破现有递送技术的限制，在更多的组织和器官中选出更为有效和更安全的载体，以实现更宽的安全窗口和更广阔的应用场景；② 在现有递送技术基础上，可在多肽纳米制剂和多肽配体靶向等领域积极拓展；③ 针对慢性病优化靶点选择，尤其是提高特异性和强效靶点，设法靶向肿瘤微环境，通过双靶点和多靶点、偶联药物及组合疗法等策略提高抗肿瘤药物活性；④ 拓展到非肝脏领域和非罕见疾病领域，满足个体化医疗的需求；⑤ 强化知识产权的保护，应该在专利申请质量上有所提高，扩大引用率。同时应该尽可能加快从本国专利申请向 PCT 申请过渡，提高国际知识产权申请的质量以及对自主创新技术平台和产品的保护力度。

2.2　Top 3 工程开发前沿重点解读

2.2.1　脑机接口技术的临床转化应用

脑机接口（brain–computer interface, BCI）是在人或动物脑（或者脑细胞的培养物）与外部设备间创建的直接通路。脑机接口作为一种新型的信息传输渠道能够使信息绕过原有的肌肉及外围神经通路，实现脑与外部设备间的单向 / 双向信息交换。1924 年，人类大脑活动首次被脑电图（EEG）记录到，脑机接口技术立足于脑电图，起源于 20 世纪 70 年代，20 世纪 90 年代中期出现了第一个植入人体的神经假肢装置。现代脑机接口技术涵盖了对神经系统的监测、调控与功能替代，也充满了以意驭物、记忆储存移植的想象空间。

脑机接口技术按照技术流程可以分为采集、处理、控制和反馈环节，各环节拟解决的关键技术问题主要包括：采集环节的高通量、信噪比高、时间空间分辨率高、安全性高的脑机接口设备，包含电极与芯片两部分；处理环节关键在于神经解码，脑电信号个体差异大、脑区差异大、行为差异大，脑电信号处理算法、临床上对脑电数据的认知和数据量均为神经解码发展的关键瓶颈；控制环节是目前整体技术流程中发展较为成熟的一环；反馈环节是实现双向脑机交互的关键，其中神经编码与功能对应关系需要更进一步的验证。

目前脑机接口技术在临床转化应用上的研究热

点分支领域主要包括：

1）运动功能障碍的诊疗：辅助性脑机接口，通过设备获取患者的运动意图，实现对假肢或外骨骼等外部设备的控制；康复性脑机接口，直接作用于大脑进行重复性反馈刺激，可以增强神经元突触之间的联系，促进神经修复。

2）意识与认知障碍的监测与诊疗：通过监测意识障碍患者的脑电图进行意识水平评估和预后判断，对认知障碍早期症状进行诊断并加以相关刺激治疗等是在意识与认知障碍领域的热点研究方向。

3）精神疾病的诊疗：通过提取脑电信号特征，可以实现识别多种情绪，继而辅助抑郁症、焦虑症等精神类疾病发病机制的研究，并进行针对性治疗。基于脑机接口的神经反馈训练也是目前精神疾病康复治疗的一个可行的治疗手段。

4）感觉缺陷的诊疗：通过感觉信息的解码与编码，脑机接口技术可应用于听觉、视觉、触觉等感觉缺陷的神经刺激，帮助患者恢复部分感觉。

5）癫痫的诊疗：在癫痫的诊断中，电生理异常一直是临床诊断的"金标准"，使用电刺激、磁刺激以及闭环调控技术来治疗癫痫的方法也已在临床上成熟应用。

国内外脑机接口产业多以科研院所为主导，且由于技术、伦理、安全性等限制，研究路线多以非侵入式脑机接口为主，侵入式脑机接口局限于医疗健康场景的应用，研究机构数量及研究投入都小于非侵入式。由于研发成本高、缺乏专业人才、盈利模式不明等因素，涉足脑机接口产业的公司明显少于其他人工智能领域。但不论是 Neuralink 的发布会及阿里达摩院的科技趋势预测，还是国内博睿康获红杉资本领投的过亿元 B 轮融资，都显示出国内外资本对于这一领域的关注。在应用落地方面，国内外对于相关产品认证和监管还处于初级阶段，FDA 在过去几年仅通过了 BrainGate、Ceribell 和 NeuroPace 的几款临床应用产品的审核。

未来，脑机接口领域会逐步形成开放生态，以市场需求为导向的应用类脑机接口公司有望通过进一步挖掘需求场景、快速扩大产业规模。同时，专精于植入式芯片、相关应用开发等细分赛道的公司也会大量涌现。与目前国内外研究现状类似的是，未来脑机接口应用于医疗康复将仍是规模最大且短期增长最迅速的市场。至于最具有想象空间的高级人机交互领域由于技术限制和认知科学发展的瓶颈，短期内难以出现成熟的通用化产品或实现大规模商业变现。

对于包含睡眠障碍、帕金森病、阿尔茨海默病、偏瘫、癫痫、抑郁症等疾病在内的医疗健康场景，由于用户的尝试意愿高，包括资本方、医院、公司等多方均认为其将率先迎来增长。经过相关机构测算，目前中国脑机接口设备的市场规模在十亿级，到 2040 年的综合市场规模将超过千亿元人民币，市场增长速度将明显高于全球平均增长水平。

目前，"脑机接口技术的临床转化应用"核心专利的主要产出国家是中国、美国、韩国、日本和印度（见表 2.2.1）；从核心专利产出国家间的合作网络来看，美国和德国、德国和荷兰之间合作密切（见图 2.2.1）。核心专利产出数量排名前列的机构是天津大学、华南理工大学、西安交通大学（见表 2.2.2）；中国医学科学院生物医学工程研究所和清华大学深圳国际研究生院之间存在合作关系（见图 2.2.2）。

2.2.2　基因工程化异种器官移植技术

异种器官移植（organ xenotransplantation）是将动物源性器官以及经体外异种材料培养的人源性器官移植入人体内的过程。随着外科手术的成功，免疫抑制剂的不断发展，移植成功率的提高，器官移植逐渐成为治疗终末期疾病的首选方法，但供体出现严重短缺现象，故异种器官移植成为研究热点。自 1905 年世界第一例异种器官移植手术以来，异种器官移植经历了多个发展阶段：20 世纪 80 年代，

表 2.2.1 "脑机接口技术的临床转化应用"工程开发前沿中核心专利的主要产出国家

序号	国家	公开量	公开量比例	被引数	被引数比例	平均被引数
1	中国	931	60.22%	2 213	32.08%	2.38
2	美国	276	17.85%	3 558	51.58%	12.89
3	韩国	89	5.76%	113	1.64%	1.27
4	日本	68	4.40%	275	3.99%	4.04
5	印度	32	2.07%	4	0.06%	0.13
6	德国	25	1.62%	207	3.00%	8.28
7	加拿大	20	1.29%	270	3.91%	13.50
8	法国	13	0.84%	50	0.72%	3.85
9	荷兰	12	0.78%	86	1.25%	7.17
10	以色列	11	0.71%	31	0.45%	2.82

表 2.2.2 "脑机接口技术的临床转化应用"工程开发前沿中核心专利的主要产出机构

序号	机构	国家	公开量	公开量比例	被引数	被引数比例	平均被引数
1	天津大学	中国	64	4.14%	222	3.22%	3.47
2	华南理工大学	中国	29	1.88%	191	2.77%	6.59
3	西安交通大学	中国	29	1.88%	123	1.78%	4.24
4	高丽大学	韩国	24	1.55%	16	0.23%	0.67
5	国际商业机器公司（IBM）	美国	18	1.16%	59	0.86%	3.28
6	中国医学科学院生物医学工程研究所	中国	14	0.91%	66	0.96%	4.71
7	清华大学深圳国际研究生院	中国	14	0.91%	54	0.78%	3.86
8	深圳先进技术研究院	中国	14	0.91%	32	0.46%	2.29
9	东南大学	中国	14	0.91%	24	0.35%	1.71
10	北京理工大学	中国	13	0.84%	38	0.55%	2.92

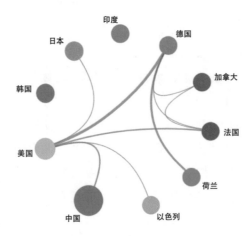

图 2.2.1 "脑机接口技术的临床转化应用"工程开发前沿主要国家间的合作网络

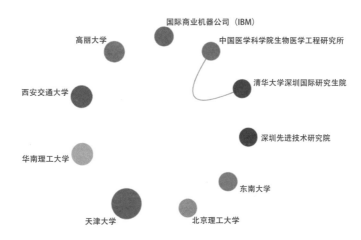

图 2.2.2 "脑机接口技术的临床转化应用"工程开发前沿主要机构间的合作网络

克服超急性排斥反应是首要难题；20 世纪 90 年代，移植器官的迟发型免疫排斥反应受到关注；α -1,3-半乳糖苷转移酶基因敲除猪（GTKO 猪）的问世彻底改变了异种器官移植的历史进程，基因编辑技术和免疫抑制剂的革新使移植器官的存活时间接连突破，临床应用前景变得清晰。

基因工程化异种器官移植研发拟解决的关键技术问题主要包括：供体猪基因编辑位点及组合的筛选问题，多基因编辑猪的稳定培育和繁殖问题，猪内源性逆转录病毒敲除和 SPF 级环境饲养问题，研发抑制异种免疫排斥的新型免疫抑制剂型问题，制定适合临床应用的免疫抑制方案问题，建立移植器官生物安全性、有效性评价标准和移植管理体系问题，确立临床异种器官移植患者适应证问题，对移植患者的追踪、监督和管理规范问题，社会认可度和伦理审查制度问题。

目前国际上研究的热点分支领域包括：

1）组织器官工程：利用细胞培养技术在体外人工控制细胞分化、增殖并生长成需要的组织器官，并使之工程化批量产出，用来修复或替代功能丧失的体内组织器官，满足临床和康复的需要。目前美国无论是在基础研究还是应用研究都处在组织器官工程领域的首位。中国在组织器官工程产业方面还没有形成竞争力，但是鉴于组织器官工程属于新兴产业，近 3~5 年内进展较快，中国与国际的差距不大。

2）人猪嵌合体器官：利用人的皮肤组织诱导生成多能干细胞，将其移植到早期猪胚胎，制作成人猪嵌合胚胎，希望能在猪身上长出人类器官，以供人类器官移植，是异种器官移植研究领域的最新方向。自科学家首次培育出人猪嵌合体胚胎以来，人猪嵌合体研究面临巨大的伦理争议，且距培育可供移植器官的最终目标还有相当遥远的距离。

3）人源化猪器官：由于猪的器官大小、生理结构、代谢特性与人的较为接近，而且猪饲养方便、生长快速，其已经成为异种器官移植的理想供体。通过基因改造，将猪器官"伪装"成人类的器官，人的免疫系统无法对这些人源化的猪器官发动攻击。近年来，人源化猪器官的临床前研究获得巨大突破，如 CRISPR/Cas9 基因编辑技术使猪器官的人源化过程变得高效、简单；新型 T 细胞活化共刺激信号阻断剂抑制异种免疫排斥效果显著；猪器官在非人灵长类动物体内的存活时间不断延长，距离临床应用已经越来越近。

"器官短缺"为世界性难题。美国每年等待器官移植的患者近 11 万，每年接受移植的患者不到 4 万。中国每年需要器官移植的患者超过 30 万，每年接受移植手术的患者仅 1 万余例，因此市场需求巨大。2019 年，美国麻省总医院完成世界首例基因编辑猪-人皮肤移植；2020 年，美国 FDA 批准转基因猪可用于制作食品和医疗产品；2021 年，*Science* 发布全球最前沿 11 个医学问题，异种移植位列其中；2021 年，世界首家猪器官人体移植公司 Miromatrix Medical 在纳斯达克上市。美国预测异种肾移植、心脏移植的临床应用会在未来 2~5 年内开展。中国在该领域处于世界一流水平，如 GTKO 猪、半乳糖 -α-1,3- 半乳糖基转移酶基因敲除猪 (GalT-KO 猪) 的培育均由中国科学家主导完成；全球异种移植临床研究规范国际研讨会两次在中国举行；异种肝移植受体存活纪录多次被中国科学家打破。当前中国面临巨大契机和挑战，应加速推动中国异种器官移植从基础研究走向临床应用。

目前，"基因工程化异种器官移植技术"前沿方向的核心专利有 314 项，产出数量较多的国家是美国、中国、韩国、英国和德国，其中中国作者申请的专利占比达到了 20.70%，在专利数量方面比重较大，是该工程开发前沿的重点研究国家之一（见表 2.2.3）；从核心专利产出国家间的合作网络来看，美国和瑞士、英国、加拿大、德国、中国之间的合作密切（见图 2.2.3）。核心专利产出数量排名前列的机构是丹娜法伯癌症研究院、雅培公司、云南农

表 2.2.3 "基因工程化异种器官移植技术"工程开发前沿中核心专利的主要产出国家

序号	国家	公开量	公开量比例	被引数	被引数比例	平均被引数
1	美国	160	50.96%	7 323	80.66%	45.77
2	中国	65	20.70%	148	1.63%	2.28
3	韩国	21	6.69%	53	0.58%	2.52
4	英国	14	4.46%	793	8.73%	56.64
5	德国	11	3.50%	440	4.85%	40.00
6	瑞士	10	3.18%	274	3.02%	27.40
7	加拿大	8	2.55%	46	0.51%	5.75
8	日本	7	2.23%	24	0.26%	3.43
9	澳大利亚	5	1.59%	93	1.02%	18.60
10	印度	5	1.59%	70	0.77%	14.00

表 2.2.4 "基因工程化异种器官移植技术"工程开发前沿中核心专利的主要产出机构

序号	机构	国家	公开量	公开量比例	被引数	被引数比例	平均被引数
1	丹娜法伯癌症研究院	美国	8	2.55%	35	0.39%	4.38
2	雅培公司	美国	7	2.23%	1 782	19.63%	254.57
3	云南农业大学	中国	7	2.23%	0	0.00%	0.00
4	诺华公司	瑞士	6	1.91%	127	1.40%	21.17
5	印第安纳大学	美国	6	1.91%	109	1.20%	18.17
6	美国杰克森实验室	美国	6	1.91%	6	0.07%	1.00
7	密苏里大学	美国	5	1.59%	9	0.10%	1.80
8	韩国建国大学	韩国	5	1.59%	6	0.07%	1.20
9	美国基因泰克公司	美国	4	1.27%	304	3.35%	76.00
10	瑞士罗氏制药公司	瑞士	4	1.27%	182	2.00%	45.50

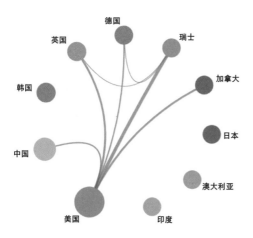

图 2.2.3 "基因工程化异种器官移植技术"工程开发前沿
主要国家间的合作网络

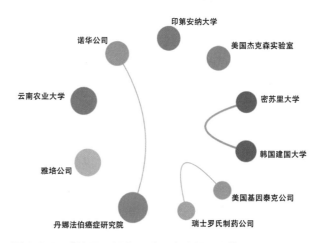

图 2.2.4 "基因工程化异种器官移植技术"工程开发前沿
主要机构间的合作网络

业大学（见表 2.2.4）；韩国建国大学和美国密苏里大学之间，美国丹娜法伯癌症研究院和瑞士诺华公司之间，瑞士罗氏制药公司和美国基因泰克公司之间均存在合作关系（见图 2.2.4）。

2.2.3 肿瘤新抗原疫苗

肿瘤新抗原疫苗是通过靶向新抗原，诱导机体免疫反应特异性清除肿瘤细胞的一种治疗方式。新抗原是指肿瘤细胞通过"非同义突变"产生的异常蛋白质。这些非同义突变事件包括点突变、插入或缺失（插入缺失）、基因融合等。而在病毒驱动的肿瘤中，病毒蛋白可被认为是另一种新抗原。新抗原疫苗主要有 4 种形式：基于免疫细胞（DC、TCR-T 细胞等）的疫苗、多肽疫苗、病毒载体疫苗以及核酸（DNA 或 RNA）疫苗。肿瘤疫苗起源于 20 世纪 90 年代，疫苗靶标集中于肿瘤中异常表达或过表达的自体抗原，即肿瘤相关抗原（tumor-associated antigens, TAAs），典型代表是应用于晚期前列腺癌患者的疫苗——provenge。近年随着测序技术的飞速发展，基因变异位点不断被揭示，肿瘤疫苗重新受到重视，靶向新抗原的肿瘤疫苗在恶性肿瘤患者的治疗中获得重大突破。与靶向 TAAs

的传统肿瘤疫苗不同，肿瘤新抗原疫苗具有如下优势：首先，新抗原完全由肿瘤细胞表达，因此可以诱导真正的肿瘤特异性 T 细胞免疫反应，从而防止对非恶性组织的"off-target"损伤；其次，新抗原衍生自体细胞突变，规避 T 细胞中心免疫耐受，从而提高特异性免疫反应的强度。此外，新抗原疫苗诱导的新抗原特异性 T 细胞反应具有持续存在并提供治疗后免疫记忆的潜力，增加了长期预防肿瘤复发的可能性。在临床试验中，新抗原疫苗显著延长无病生存时间，为恶性肿瘤患者带来新希望。同时，基因突变的异质性及免疫反应的多样性使新抗原呈现个体特异性，新抗原疫苗"个体化"的需求对生物信息学提出新的挑战，对当代医疗的革新发挥积极促进作用，是解决肿瘤精准治疗难题的重要基础。

个体化新抗原疫苗研发应用通常包括以下几个方面：

1）体细胞变异的发现：分离患者肿瘤组织及正常组织，通过高通量测序检测基因变异，分析剔除胚系变异，获取体细胞变异数据。

2）新抗原免疫原性的预测：利用在线生物学网站计算新抗原的 HLA 分子亲和力等，预测可能具有免疫原性的新抗原表位。

3）通过体外免疫学试验（ELISPOT 等）进一步筛选高免疫原性新抗原。

4）制备新抗原疫苗：多肽疫苗、DC 疫苗、核酸疫苗等。

5）疫苗的回输及抗肿瘤疗效监测。

其中拟解决的关键技术问题主要包括：提升体细胞变异和新抗原筛选的准确性，高质量、低成本新抗原疫苗的规模化制备、标准化生产及质控体系，新抗原疫苗生物学效应分析，最佳疫苗递送载体的问题，最佳疫苗形式选择的问题，基于新抗原疫苗的免疫治疗、联合疗法的应用问题。

目前，国际上研究的热点分支领域包括：

1）新抗原靶标的筛选：在综合全基因组（whole genome sequencing, WGS）、全外显子（whole exome sequencing, WES）和全转录组（RNA sequencing, RNA-seq）数据分析体细胞变异的基础上，整合新抗原表位–HLA 分子亲和力、体细胞变异 VAF、基因表达水平、克隆性等多重算法，提升新抗原免疫原性预测的准确性。结合改良的液相串联质谱技术发现可被 HLA 分子提呈的新抗原表位，进一步提高新抗原靶标筛选的准确性和特异性。

2）递送新抗原的疫苗形式：主要包括合成多肽、mRNA、DNA 质粒、病毒载体（腺病毒和牛痘等）、工程减毒细菌载体（沙门氏菌、李斯特菌等）、离体负载新抗原的树突状细胞（DC）。合成多肽的优势在于自动合成、瞬时活性及完全降解。mRNA 的优势在于通过 TLR7、TLR8 和 TLR3 信号转导的固有佐剂功能和高效的呈递系统。DNA 质粒的优势在于 TLR9 驱动的固有佐剂活性、成本效益。病毒载体的优势在于强免疫刺激活性、在传染病领域的载体形式方面拥有丰富的临床经验。工程减毒细菌载体的优势在于强免疫刺激活性、可与质粒 DNA 结合。DC 细胞载体的优势在于可加载各种抗原形式，以及已证明 DC 疫苗的临床疗效。

3）新抗原特异性 TCR-T 细胞：通过从肿瘤浸润淋巴细胞（tumor-infiltrating lymphocyte, TIL）中分离出新抗原特异性 T 细胞，经测序确定 TCR 的 V(D)J 序列，体外构建 TCR 结构并转染至患者 T 细胞建立 TCR-T 细胞。

4）确定新抗原疫苗治疗的最佳临床环境：治疗性疫苗在肿瘤负荷低且免疫抑制机制尚未牢固建立的时候使用最为有效。

5）新抗原疫苗治疗形式：利用联合免疫疗法扩大新抗原疫苗疗效，如增加免疫检查点抑制剂（PD-1/PD-L1、CTLA4、LAG-3、TIM-3、IDO 等）、共刺激分子（OX40、GITR、CD137 等）或 T 细胞活化因子（GM-CSF、IL-2 等）。

肿瘤新抗原疫苗的市场需求巨大，发展趋势表现为：在大数据科学、云计算和高性能计算以及机器学习工具的支撑下，新抗原表位预测算法将获得持续改进；TCR 谱系分析、高通量单细胞测序和循环肿瘤 DNA 检测对肿瘤微环境、免疫微环境的高分辨分析确定最佳疫苗治疗时间；从转录组数据对肿瘤浸润细胞的表型和功能状态进行计算推断联合治疗的选择。因此，无论肿瘤细胞类型如何改变，个体化新抗原疫苗都有可能成为普遍适用的疗法。

"肿瘤新抗原疫苗"的核心专利公开量呈逐年递增趋势，产出数量较多的国家是中国、美国、日本、德国和韩国，其中中国作者申请的专利占比达到了 35.01%，在专利数量方面占比较大，是该工程开发前沿的重点研究国家之一（见表 2.2.5）；从核心专利产出国家间的合作网络来看，美国和瑞士合作密切（见图 2.2.5）。核心专利产出数量排名前列的机构是瑞士罗氏制药公司、美国卫生与公众服务部、美国宾夕法尼亚大学（见表 2.2.6）；美国斯隆－凯特琳癌症中心和美国卫生与公众服务部之间存在合作关系（见图 2.2.6）。

表 2.2.5 "肿瘤新抗原疫苗"工程开发前沿中核心专利的主要产出国家

序号	国家	公开量	公开量比例	被引数	被引数比例	平均被引数
1	中国	809	35.01%	1 414	4.96%	1.75
2	美国	771	33.36%	16 876	59.23%	21.89
3	日本	154	6.66%	1 855	6.51%	12.05
4	德国	133	5.76%	3 600	12.64%	27.07
5	韩国	95	4.11%	264	0.93%	2.78
6	英国	73	3.16%	1 700	5.97%	23.29
7	瑞士	69	2.99%	2 548	8.94%	36.93
8	法国	57	2.47%	1 139	4.00%	19.98
9	加拿大	38	1.64%	501	1.76%	13.18
10	荷兰	27	1.17%	258	0.91%	9.56

表 2.2.6 "肿瘤新抗原疫苗"工程开发前沿中核心专利的主要产出机构

序号	机构	国家	公开量	公开量比例	被引数	被引数比例	平均被引数
1	瑞士罗氏制药公司	瑞士	46	1.99%	3 058	10.73%	66.48
2	美国卫生与公众服务部	美国	30	1.30%	688	2.41%	22.93
3	宾夕法尼亚大学	美国	24	1.04%	821	2.88%	34.21
4	英国葛兰素史克公司	英国	22	0.95%	735	2.58%	33.41
5	美国斯隆-凯特琳癌症中心	美国	21	0.91%	459	1.61%	21.86
6	美国 immatics 生物技术有限公司	美国	20	0.87%	357	1.25%	17.85
7	天津亨佳生物科技发展有限公司	中国	20	0.87%	4	0.01%	0.20
8	德国科威瓦克公司	德国	19	0.82%	1 566	5.50%	82.42
9	日本中外制药株式会社	日本	19	0.82%	228	0.80%	12.00
10	中国医学科学院生物医学工程研究所	中国	19	0.82%	66	0.23%	3.47

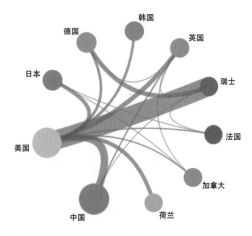

图 2.2.5 "肿瘤新抗原疫苗"工程开发前沿主要国家间的合作网络

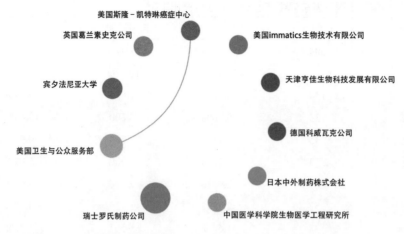

图 2.2.6 "肿瘤新抗原疫苗"工程开发前沿主要机构间的合作网络

领域课题组人员

领域课题组组长：陈赛娟

院士专家组：

顾晓松 黄璐琦 李兆申 李校堃 沈洪兵
田 伟 张志愿 张 学 秦成峰 范晓虎
程 林 赵远锦

工作组：

张文韬 赵西路 奚晓东 严晓昱 陈银银
代雨婷 李剑峰 尹 为

文献情报组：

仇晓春 邓珮雯 吴 慧 樊 嵘 寇建德

刘 洁 陶 磊 江洪波 陈大明 陆 娇
毛开云 袁银池 王 跃 张 洋 杜 建

报告执笔组：

刘 军 陆 剑 史卫峰 王奇慧 刘光慧
宋默识 梁爱斌 李 萍 党秀勇 李兰娟
吕龙贤 田 梅 刘 晗 徐颖洁 刘 峰
庾石山 贺 林 蔡 雷 孙伯民 张陈诚
窦科峰 张 玄 王侃侃 于颖彦 崔文国
田 伟 刘文勇 韩晓光 杨瑞馥 吕 晖
聂广军 张银龙 陆 阳

九、工程管理

1 工程研究前沿

1.1 Top 10 工程研究前沿发展态势

在工程管理领域，本年度 10 个全球工程研究前沿分别是人机协同决策中的人机信任与合作机制研究、基于区块链技术的数据安全管理研究、能源系统低碳转型管理与驱动机制研究、基于智能技术的建筑业可持续发展研究、信息物理融合系统风险与安全管理研究、网络平台治理方法研究、人工智能对产业转型和要素分配的影响研究、重大传染病疫情的建模与预测研究、万物互联下的人车路网云融合交通管理研究、战略性矿产资源全产业链复杂系统管理研究，其核心论文发表情况见表 1.1.1 和表 1.1.2。其中，重大突发公共卫生事件下的医疗物资供应与配置研究、供应链韧性、重大工程社会责任研究为重点解读的前沿，后文会详细对其目前发展态势以及未来趋势进行解读。

（1）人机协同决策中的人机信任与合作机制研究

当今时代，随着信息技术的快速发展，信息技

术已与人类生产、生活深度融合，世界万物呈现互联化，全球数据呈现海量积聚趋势。人机交互逐渐变得无处不在、无时不在，人类与机器正在协同决策！人类智能体现在直觉、推理、经验、学习等方面，机器智能在计算、存储、搜索、优化等方面具有明显优势。虽然，智能机器在某些方面将逐渐拥有类似于人类的智慧和主动认知，以实现快速感知、分析、决策、交流和行为，但是人类智能和机器智能单独都是弱势的，因此将融合人类智能与机器智能逐步形成新的人机混合社会大脑。人类和智能机器关系的转变，将不可避免地催生人类与智能机器共生、博弈和互进的新社会形态。其中，人机协同决策是实现增强人机混合智能的关键技术，旨在人类和机器进行交互、学习、协同决策，发挥人类和机器的各自优势，最终实现人类与机器的混合智能。当前，人机协同的研究方向主要包括：部分可观测信息下的人机系统动态建模、人机交互、数据驱动的人机混合自适应学习、不确定环境下基于博弈论的人机协同决策与优化控制、人机协同决策中的人机信任与合作机制等。研究人机协同决策可

表 1.1.1 工程管理领域 Top 10 工程研究前沿

序号	工程研究前沿	核心论文数	被引频次	篇均被引频次	平均出版年
1	人机协同决策中的人机信任与合作机制研究	39	1 121	28.74	2017.1
2	基于区块链技术的数据安全管理研究	27	1 793	66.41	2018.9
3	能源系统低碳转型管理与驱动机制研究	66	6 203	93.98	2016.7
4	基于智能技术的建筑业可持续发展研究	7	17	2.43	2020.0
5	信息物理融合系统风险与安全管理研究	37	1 597	43.16	2017.4
6	网络平台治理方法研究	24	1 359	56.62	2017.5
7	人工智能对产业转型和要素分配的影响研究	4	627	156.75	2017.5
8	重大传染病疫情的建模与预测研究	11	670	60.91	2017.2
9	万物互联下的人车路网云融合交通管理研究	30	901	30.03	2016.6
10	战略性矿产资源全产业链复杂系统管理研究	15	795	53.00	2016.5

表 1.1.2　工程管理领域 Top 10 工程研究前沿核心论文逐年发表数

序号	工程研究前沿	2015 年	2016 年	2017 年	2018 年	2019 年	2020 年
1	人机协同决策中的人机信任与合作机制研究	8	9	7	5	7	3
2	基于区块链技术的数据安全管理研究	0	0	1	9	11	6
3	能源系统低碳转型管理与驱动机制研究	17	14	16	13	5	1
4	基于智能技术的建筑业可持续发展研究	0	0	0	0	0	7
5	信息物理融合系统风险与安全管理研究	4	3	13	10	6	1
6	网络平台治理方法研究	3	1	5	11	3	1
7	人工智能对产业转型和要素分配的影响研究	0	0	2	2	0	0
8	重大传染病疫情的建模与预测研究	1	4	1	3	1	1
9	万物互联下的人车路网云融合交通管理研究	7	7	9	5	1	1
10	战略性矿产资源全产业链复杂系统管理研究	5	4	3	0	3	0

以融合人类和机器的智慧，为复杂人机工程系统和复杂人机社会系统中的管理与决策场景提供重要技术支撑，具有重要的战略科学意义。

（2）基于区块链技术的数据安全管理研究

随着万物互联技术的普及，数据成为信息与资源的重要载体，与海量数据一同喷涌而来的，还有社会各界对数据安全的担忧。区块链技术与数据具有共生关系。区块链技术是指分布式数据存储、点对点传输、共识机制、加密算法等计算机技术的新型应用模式，是一套以几乎无法伪造或篡改的方式构建而成的数据存储数学架构，可用于存储各类有价值的数据，可以保证数据的安全性和可信度。区块链技术在全球大数据重建中发挥关键作用，在生产环节数字化、经济全息化、大数据安全等方面不可或缺。基于区块链技术的数据安全研究主要集中在共识机制、隐私保护、智能合约、监管等几个主要研究方向，在物联网、医疗、物流等领域得以广泛应用。未来研究主要聚焦于区块链技术的数据安全在身份验证、访问控制、数据保护等领域的横纵向技术深化。着力解决大数据的安全性问题，同时保证数据的隐私性，有利于全面保障数据流通使用中的安全合规。

（3）能源系统低碳转型管理与驱动机制研究

能源系统是社会经济系统的重要子系统，涵盖将自然资源转变为人类社会生产和生活所需特定能量服务形式的整个过程，通常包括勘探、开采、运输、加工、转换、存储、输配、使用和环保等环节。面对全球气候变化挑战和日益趋紧的资源与环境约束，低碳化、清洁化、高效化成为全球能源系统加速发展的必然趋势。其中，低碳化主要是指能源系统中二氧化碳排放量的大幅降低，具体可通过能源结构转变、能效提升和末端治理等途径实现。而这些途径的实施往往涉及能源系统中的多个环节，甚至引发整个能源系统的根本性变革。能源系统低碳转型管理就是以能源系统低碳化为目标，以技术、经济、社会、自然条件等为约束，对能源系统进行规划、设计、实施和优化的一门学科。近年来，能源系统低碳转型路径、低碳技术应用与推广模式、配套基础设施与管网规划等，成为能源系统低碳转型管理领域的重点研究方向，受到国内外学者的广泛关注。同时，学者们也注意到，能源系统的低碳转型与其他社会经济系统及自然系统息息相关，政策引导、公众认知、市场环境、地理资源等多方面因素共同作用于能源系统低碳转型方向与进程。因此，能源系统低碳转型的驱动机制也是近年来国内外相关领域学者重点关注的研究前沿。此外，"大云物智移"等数字化信息技术的迅猛发展为能源系统转型带来新机遇，在能源系统低碳转型过程中耦

合新型信息技术，打造更为稳固可靠的智慧能源系统，正逐渐引起学者们关注。

（4）基于智能技术的建筑业可持续发展研究

可持续发展，是指满足当前需要而又不削弱子孙后代满足其需要之能力的发展。作为关乎国计民生的基础性产业，建筑业为社会提供了大量就业机会，为经济发展做出重大贡献；然而，建设过程中消耗大量能量与自然资源，其代谢物对环境造成潜在危害。因此，促进建筑业可持续发展对于实现人类可持续发展总体目标至关重要。当前研究已经对建筑业可持续发展进行了探讨，例如通过优化设计减少建筑材料消耗、通过采用新产品和新工艺减少建筑废物产生、通过优化管理流程提高生产效率、通过职业教育提升施工人员环保意识等。随着科技的进步，智能技术为建筑业可持续发展提供了新的契机，未来研究趋势包括：基于建筑信息模型（BIM）技术对项目全生命周期的成本、质量、进度、碳排放等多方面进行统筹管理；基于传感器监测、计算机视觉、第五代移动通信技术（5G）、云计算、物联网（IoT）等进行场内及场外管理；通过虚拟现实（VR）、增强现实（AR）、混合现实（MR）等技术提高工作效率和创新能力；通过3D打印节约材料及缩短生产时间；通过无人机、建筑机器人等实现高效、安全施工；通过人因工程关注建筑从业者的心理与身体状况；通过区块链技术保障项目数据的真实性和安全性。

（5）信息物理融合系统风险与安全管理研究

信息物理融合系统 (cyber physical systems, CPS) 是综合计算、网络和物理环境的智能系统，实现大型工程系统的实时感知、动态管控和信息服务。在数字化、网络化、智能化为主要特征的新科技革命下，大数据、人工智能、物联网等相关技术被广泛应用，使得新型基础设施的物理要素和信息要素在交通、能源、教育、医疗、金融等城市功能的场景下实现有效融合。面对故障失效、自然灾害、网络黑客等信息与物理协同攻击的威胁，传统的风险分析、系统优化和管理理论及方法难以有效应对。因此，围绕各种 CPS 系统，许多国家的学者提出了新的系统风险及韧性理论，并探讨了相应的安全管理策略和方法。物理系统与信息系统的高度融合，改变了人类与自然物理世界的交互方式，在复杂的风险环境下对人的管理和控制决策提出新的挑战，有效预防、控制、应对信息物理协同风险和突发事件，成为学术界和工业界共同关注的热点问题。信息物理融合技术的快速发展，给相关领域包括工程管理学科带来了深刻变革。给以智能电网、智能楼宇、智慧医疗、智能交通、智能水网、工业互联网等为代表的新型基础设施进行有效的风险管理，提高系统智能规划和运营水平，保障信息物理融合系统的安全运行，将产生重大的经济效益和社会效益，也将形成多学科交叉的国际研究新前沿和新方向。

（6）网络平台治理方法研究

在线社交网络和移动互联网平台已全面渗透到人们工作和生活的诸多层面。网民群体的网上－网下互动倾向和网络空间的社会化倾向不断加剧。一方面，由于受到网络平台中意见领袖的选择性发布以及受众群体的从众心理等因素的影响，信息呈现出"破碎化传播""片面化呈现"等特征，导致各种虚假或失真的信息通过网络平台快速扩散并持续放大。另一方面，由于网络平台的个性化推荐技术和网络信息的恶意操控，使得"信息茧房""数字回声""赢者通吃""大数据杀熟"等现象普遍发生。这种由网络平台触发的新风险与群体社会活动、区域经济发展等诸多因素关联交织在一起，呈现出耦合性和级联性，局部风险演化成系统性风险的可能性加大，严重破坏了社会的健康发展，极大地影响了社会创新的边际效应。当前，网络平台的边界划定和治理策略尚在不断探索之中，世界各地政府正在积极研究网络平台治理的科学方法，尝试运用人工智能等先进技术赋能网络平台治理体系，其关键科学问题概括起来主要包括：实时感知网络社会演化态势，实现热点事件与异常信息的自动发现；

全面解析网络平台生态体系，实现网络平台全链条和内外影响因素的量化分析；开展人网融合环境下的系统级建模，实现人网融合社会新形态下的系统行为的全景化理解；探索网络平台触发的社会风险的智能化预警，实现平台风险的超前发现与快速处置，为网络平台的健康有序发展提供决策支持。

（7）人工智能对产业转型和要素分配的影响研究

产业转型是指生产活动和生产要素在产业部门之间的再配置过程。要素分配是指劳动、土地、资本、技术、管理、知识和数据等生产要素在国民收入分配中所占的比重。作为推动新一轮技术革命和产业变革的通用技术，人工智能将重塑人们的生产方式和生活方式，从供给侧与需求侧同时影响产业转型和要素分配，进而推动经济效率与公平关系深刻调整。伴随着近几年人工智能在全球范围内的蓬勃兴起，市场规模迅速扩张，关于人工智能对经济管理的影响研究逐渐兴起。但是当前研究仍然缺少全面系统的理论范式和严谨规范的经验实证，难以为宏观产业政策制定与科技工程项目管理提供实践指引。从产业转型视角看，人工智能在供给侧不同产业部门中的研发与应用呈现出什么样的差异化特征，人工智能对研发效率和生产技术与其他通用技术相比又有哪些区别和联系；人工智能在需求侧如何改变消费行为与需求结构，能否显著影响投资结构与出口结构。从要素分配视角看，人工智能与不同类型生产要素存在何种程度的替代互补关系，如何改变不同类型劳动力的供给与需求结构，如何影响生产要素配置效率，是否能够提升数据要素的分配比重。这些问题都将成为人工智能对产业转型与要素分配的影响研究领域的热点。

（8）重大传染病疫情的建模与预测研究

重大传染病疫情是指传染病集中在短时间内发生，波及范围广泛，出现大量感染病例或死亡病例的公共卫生事件，既包括由已知传染病高发病率和流行造成的疫情，如流感、甲型肝炎、鼠疫等，也

包括由新发、突发传染病形成的大规模传播事件，如 SARS、埃博拉、新型冠状病毒肺炎（COVID-19）等。近年来，重大新发、突发传染病疫情频发，并随着现代便利的交通工具极易形成跨国传播，给全球人口健康带来巨大挑战。此外，重大传染病疫情也对环境、政治、经济造成巨大危害，严重影响社会稳定和经济发展。因此，开展重大传染病疫情的建模与预测研究，对提高流行病传播风险评估和预测能力、做好流行病暴发的监测预警、采取科学的疫情防控措施和降低重大传染病疫情的危害具有重要的理论和实践价值。由于存在传播的广泛性、影响的复杂性、危害的多样性等特点，传统的以均匀混合为基本假设的仓室模型（SI、SIR、SEIR 等）在重大传染病疫情建模和预测中存在较大的局限性，而以谷歌趋势为代表的非医学数据疫情预测模型仍存在训练数据脱离医学实际、容易受热点事件影响等特点。在新型冠状病毒肺炎疫情全球化大流行的背景下，基于接触追踪技术等采集高精度人员物理接触数据，融合人口构成、社会行为、环境因素等多元数据建立更加精确的疫情传播模型，成为国内外亟待解决的关键科学问题。在智能传感设备、移动互联网、5G 通信技术等的广泛应用和飞速发展的条件下，将传染病监测数据与非医学数据融合以建立更加灵敏的监测预警模型、贯通线上特征－线下行为的传染病接触传播风险综合预测模型、开发数字孪生的重大传染病疫情仿真推演平台、评估复杂社会条件下防控措施效果等，是未来研究的重点方向。

（9）万物互联下的人车路网云融合交通管理研究

融合交通管理是指在物联网、大数据、云计算等信息技术的支撑下，对"人、车、路、环境"等交通系统要素进行全时空动态信息采集，并基于人工智能技术，使"信息"发挥其在交通管理中的核心作用，对交通系统中的动、静态要素进行主动的管理与服务，使人和物安全、高效、环保地移动。

相较于传统的交通需求管理（如拥堵收费、禁限行）和被动的交通控制（如拥堵诱导）手段，万物互联下的人车路网云融合交通管理将通过搜集出行前、中、后的数字化信息，反馈给交通管理系统，从而达到个体出行服务与交通系统最优的目的。当前，融合交通管理的主要研究方向是：集聚数据与非集聚数据的采集与融合、移动主体与静态设施的协调与融合、实体系统与虚拟系统的孪生与融合、管理控制与个体出行的服务与融合、人类驾驶与自动驾驶车辆的协同与融合。随着汽车产业的自动化、共享化、网联化与电动化，第五代移动通信技术（5G）的推广与普及，人工智能技术的发展完善，交通系统的算据、算法、算力等"三算"要素将进一步充实。交通参与者、运载工具与基础设施的连接程度、智能化水平与交互范围将发生根本性变革，从而使出行更安全、畅通、环保与人性化，并被普遍认为是彻底解决人类交通问题的方法论所在。

（10）战略性矿产资源全产业链复杂系统管理研究

战略性矿产资源在新能源、新材料、信息技术等新兴产业和国防军工行业具有不可替代的作用，是支撑国家经济高质量发展的重要物质保障。战略性矿产资源全产业链是一个复杂系统，包含上游的勘探开发以及采掘和洗选等粗加工、中游的加工和产品制造、下游的行业应用，以及全过程的环境影响和循环利用等多个环节，涉及供应链、产品链、技术链、价值链和资本链等，多种关系链条形成了复合的交互机制，并引发全产业链各环节和多主体之间的复杂交互过程。基于复杂系统和大数据思维，从理论和方法层面提出一套针对战略性矿产资源全产业链复杂系统管理的思维范式、实践范式和研究范式，成为未来研究突破的重点。具体包括：战略性矿产资源全产业链复杂系统的重构建模、矿产资源全产业链中多主体复合动力学机制、矿产资源全产业链复杂系

统韧性、矿产资源全产业链复杂系统风险评估与预警、矿产资源全产业链复杂系统管理优化，以及后疫情时代战略性矿产资源全产业链复杂系统的全球治理等成为多学科交叉的前沿研究热点。

1.2 Top 3 工程研究前沿重点解读

1.2.1 人机协同决策中的人机信任与合作机制研究

人机协同决策旨在针对复杂问题研究人机交互的作用规律以及传导机制和人机智能协同决策方法。其特点体现在从完全信息到不完全信息、从集中式结构到分布式结构、从最优化思维到博弈思想。人机协同决策在国家社会治理、复杂工程与管理、社会生态、国防军事具有显著的交叉和丰富的应用，包括医疗健康、智能制造、企业管理、智能教育、公共安全以及交通汽车等。下面从人机交互、人机协同决策、人机信任机制三个角度进行更加深度的分析。

（1）人机交互

当前人机交互（human–computer interaction, HCI）技术的快速发展对人类生活和社会产生深远影响。人机交互技术结合了人类的灵活性、感知和智能，以及机器的可重复性和精度，为协作框架提供了优势，可以提高效率、灵活度和生产力，同时降低人的压力和工作量，更加符合人体工程学。早期的人机交互技术研究主要集中在远程操作、智能辅助设备上。特定的协作机器人能够与人类共享工作空间，并与之进行物理接触。近年来，人机交互技术研究涉及人类和机器的安全、协作、教学系统、模仿学习系统、视觉引导、语音交互、触觉和物理人机交互、人类–机器人的任务规划与协调、演示学习、多模态通信框架、认知系统、人机交互过程中的生理和心理研究等。

（2）人机协同决策

人机协同决策是通过优化人类与机器之间的关

系，促进人类与机器的相互协同，人类和机器能够发挥各自的智慧，完成人机决策分工与执行，实现人类和机器优势互补、扬长避短，是对人类行为和智能的延伸与拓展。目前，人机协同决策研究主要涉及协同感知、协同认知和协同规划与控制等基础理论研究，其应用场景包括康复医学、人机共驾、企业管理等。人机协同决策能够有效地分配人类与机器的任务，优化人机系统的性能，实现人类与机器的共商和共融。

（3）人机信任机制

人机信任机制研究是为了在人类与机器合作的过程中，让机器能够感知并响应人类的信任，挖掘信任对人类和机器协作的影响。信任本身包括三个方面：性格信任、情境信任、学习信任。性格信任是基于人类的特征，如文化、性别、年龄和个性。情境信任包括人类外部因素（如任务难度）和人类内部因素（如领域知识）。学习信任是基于智能机器经验的积累，并影响人类的初始思维方式。近年来该领域主要利用进化博弈论、统计方法、人工智能方法，研究面向控制的动态人类信任行为模型、信任的进化与更新、动态的人类动态信任行为模型、人类信任行为预测、基于信任的策略、任务协作安全性，还有学者研究影响人机信任的因素，并将信任作为人机协同决策的指标。

"人机协同决策中的人机信任与合作机制研究"工程研究前沿中核心论文数量排名前三的国家分别是美国、德国和中国（见表 1.2.1），核心论文主要产出机构为帕特雷大学、维也纳工业大学和奥胡斯大学等（见表 1.2.2）。从核心论文主要产出国家合作网络（见图 1.2.1）来看，美国、中国、德国之间的合作较多，从核心论文主要产出机构来看，奥胡斯大学、维也纳工业大学、亚历山德拉研究所、哥本哈根信息技术大学和利默里克大学合作较为紧密（见图 1.2.2）。

由表 1.2.3 可以看出，美国的施引核心论文数量排名第一。由表 1.2.4 可以看出，排名靠前的机构是华东理工大学、伦敦大学学院和上海科技大学。

1.2.2 基于区块链技术的数据安全管理研究

区块链技术凭借着去中心化、点对点传输、透明、可追溯、不可篡改、保证数据安全等特点，是信息数据安全管理的天然保护伞，尤其在解决平台与合作之间的"信任"问题上，发挥重要作用，激发了学者们的研究热情。从区块链数据安全领域的高质量核心论文来看，不仅关注于区块链技术的算法及架构开发，而且注重区块链的商业化应用，如

表 1.2.1　"人机协同决策中的人机信任与合作机制研究"工程研究前沿中核心论文的主要产出国家

序号	国家	核心论文数	论文比例	被引频次	篇均被引频次	平均出版年
1	美国	13	33.33%	336	25.85	2016.9
2	德国	7	17.95%	140	20.00	2016.6
3	中国	6	15.38%	176	29.33	2016.8
4	希腊	5	12.82%	265	53.00	2017.4
5	英国	5	12.82%	125	25.00	2018.2
6	丹麦	3	7.69%	92	30.67	2017.0
7	西班牙	3	7.69%	63	21.00	2017.3
8	奥地利	2	5.13%	90	45.00	2016.5
9	爱尔兰	2	5.13%	71	35.50	2016.0
10	荷兰	2	5.13%	42	21.00	2017.0

表 1.2.2 "人机协同决策中的人机信任与合作机制研究"工程研究前沿中核心论文的主要产出机构

序号	机构	核心论文数	论文比例	被引频次	篇均被引频次	平均出版年
1	帕特雷大学	2	5.13%	205	102.50	2016.5
2	维也纳工业大学	2	5.13%	90	45.00	2016.5
3	奥胡斯大学	2	5.13%	72	36.00	2015.5
4	麻省理工学院	2	5.13%	72	36.00	2017.5
5	斯坦福大学	2	5.13%	55	27.50	2017.0
6	重庆大学	2	5.13%	43	21.50	2017.0
7	亚历山德拉研究所	1	2.56%	59	59.00	2015.0
8	哥本哈根信息技术大学	1	2.56%	59	59.00	2015.0
9	利默里克大学	1	2.56%	59	59.00	2015.0
10	科兹明斯基大学	1	2.56%	58	58.00	2019.0

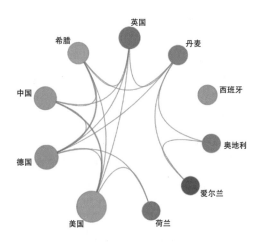

图 1.2.1 "人机协同决策中的人机信任与合作机制研究"
工程研究前沿主要国家间的合作网络

图 1.2.2 "人机协同决策中的人机信任与合作机制研究"
工程研究前沿主要机构间的合作网络

表 1.2.3 "人机协同决策中的人机信任与合作机制研究"工程研究前沿中施引核心论文的主要产出国家

序号	国家	施引核心论文数	施引核心论文比例	平均施引年
1	美国	215	23.37%	2018.9
2	中国	185	20.11%	2018.9
3	英国	121	13.15%	2019.5
4	德国	95	10.33%	2019.0
5	意大利	73	7.93%	2019.6
6	西班牙	52	5.65%	2019.2
7	澳大利亚	42	4.57%	2019.5
8	加拿大	38	4.13%	2019.1
9	瑞典	34	3.70%	2019.1
10	韩国	33	3.59%	2019.3

表 1.2.4 "人机协同决策中的人机信任与合作机制研究"工程研究前沿中施引核心论文的主要产出机构

序号	机构	施引核心论文数	施引核心论文比例	平均施引年
1	华东理工大学	21	12.80%	2017.0
2	伦敦大学学院	20	12.20%	2019.3
3	上海科技大学	18	10.98%	2017.8
4	华盛顿大学	17	10.37%	2018.5
5	帕特雷大学	15	9.15%	2017.8
6	清华大学	14	8.54%	2018.7
7	萨塞克斯大学	13	7.93%	2018.9
8	米兰理工大学	12	7.32%	2019.6
9	西安交通大学	12	7.32%	2018.8
10	中国科学院	11	6.71%	2018.9

在电信领域、医疗保健领域、汽车行业、支付领域等开展技术应用。

"基于区块链技术的数据安全管理研究"工程前沿中，核心论文数量排名前三的国家分别为中国、美国和印度（见表 1.2.5）。在区块链数据安全建设方面，中国展现出较强实力，核心论文数量位居第一，借助区块链技术保护云中托管的医疗数据，并防止系统中恶意使用医疗数据，在保障患者隐私安全和维护医患关系上持续发力；美国紧随其后，主要聚焦在医疗及油气行业的区块链数据安全技术的运用上。另外，巴基斯坦和阿拉伯联合酋长国联合发表的论文呈现出较高的被引频次，重点关注区块链技术为物联网的智能化应用提供解决方案，为区块链数据安全在物联网领域运用奠定学术基础。韩国则着力于区块链技术在电信领域的应用。从平均出版年数据可以看出，中国、美国在区块链数据安全方面的研究起步更早，属于区块链数据安全领域的领跑者。由表 1.2.6 可知，各国均以高校为区块链技术数据安全领域的研发主体，其中中国高校展现出很强的研发活力，长沙理工大学和福建工程学院将区块链技术与身份验证相结合，在访问控制机制设计上提供了新的解决方案，并利用边缘计算提高系统的数据储存能力。值得注意的是，哈利法科技研究大学与巴哈丁扎卡里亚大学的篇均被引频次较高，两所高校在物联网的安全建设方面展开合作技术研究，利用区块链技术为物联网建设保驾护航，获得该领域重要的学术成果，也是区块链技术跨国合作的典范。

从核心论文产出国家合作网络（见图 1.2.3）来看，在区块链技术的数据安全管理方面，国家之间呈现出合作网络不均衡的特点。其中，中国与美国的弧长最长，意味着两国在区块链数据安全方面重视对外合作，但具体的合作领域不同。中国与意大利、新加坡、印度、美国建立了紧密的合作关系，其中，中国、美国、意大利在医疗保健领域的数据安全建设上进行合作；中国、美国重在医疗数据共享、油气行业的区块链技术运用开展合作；中国与意大利在电子病历共享的数据安全方面进行合作；中国与新加坡研究区块链在外包服务中的运用；中国与印度则借用区块链开展身份验证方面的研究。另外，美国与新加坡、韩国的研究重点关注区块链的共识机制对电信行业的影响方面，而中国与新加坡的研究则侧重于构建区块链的云计算外包服务公平支付框架，以实现外包服务的公平支付。各国拓展研

表 1.2.5 "基于区块链技术的数据安全管理研究"工程研究前沿中核心论文的主要产出国家

序号	国家	核心论文数	论文比例	被引频次	篇均被引频次	平均出版年
1	中国	10	37.04%	675	67.50	2018.7
2	美国	5	18.52%	310	62.00	2018.2
3	印度	4	14.81%	128	32.00	2019.8
4	巴基斯坦	3	11.11%	591	197.00	2018.7
5	新加坡	3	11.11%	154	51.33	2017.7
6	阿拉伯联合酋长国	2	7.41%	582	291.00	2019.0
7	英国	2	7.41%	163	81.50	2019.0
8	西班牙	2	7.41%	70	35.00	2019.0
9	韩国	2	7.41%	50	25.00	2019.0
10	意大利	1	3.70%	192	192.00	2018.0

表 1.2.6 "基于区块链技术的数据安全管理研究"工程研究前沿中核心论文的主要产出机构

序号	机构	核心论文数	论文比例	被引频次	篇均被引频次	平均出版年
1	长沙理工大学	3	11.11%	78	26.00	2019.3
2	福建工程学院	3	11.11%	78	26.00	2019.3
3	杰皮信息技术大学	2	7.41%	77	38.50	2020.0
4	尼尔玛大学	2	7.41%	77	38.50	2020.0
5	南洋理工大学	2	7.41%	68	34.00	2017.5
6	南京信息工程大学	2	7.41%	44	22.00	2019.0
7	巴哈丁扎卡里亚大学	1	3.70%	548	548.00	2018.0
8	哈利法科技研究大学	1	3.70%	548	548.00	2018.0
9	香港大学	1	3.70%	192	192.00	2018.0
10	萨勒诺大学	1	3.70%	192	192.00	2018.0

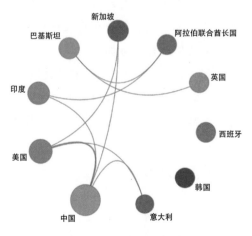

图 1.2.3 "基于区块链技术的数据安全管理研究"工程研究前沿主要国家间的合作网络

究边界，和不同主体合作有助于实现区块链数据安全领域的多元化探索。

根据图 1.2.4 可知，在区块链技术的数据安全管理方面，机构之间合作网络的不均衡性愈发明显。以长沙理工大学、福建工程学院及南京信息工程大学为代表的中国高校引领机构合作势潮。除中国以外的其他国家都以国内大学合作为主，在紧密程度和合作成果方面与中国存在一定差距，但国际合作创新必将成为区块链技术数据安全研究的重要范式。

由表 1.2.7 可以看出，中国的施引核心论文数量排名第一。同时由表 1.2.8 可以看出，排名靠前

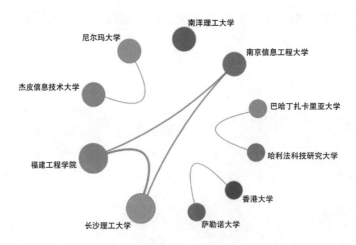

图 1.2.4 "基于区块链技术的数据安全管理研究"工程研究前沿主要机构间的合作网络

表 1.2.7 "基于区块链技术的数据安全管理研究"工程研究前沿中施引核心论文的主要产出国家

序号	国家	施引核心论文数	施引核心论文比例	平均施引年
1	中国	480	28.42%	2019.8
2	印度	233	13.80%	2020.0
3	美国	223	13.20%	2019.7
4	英国	147	8.70%	2019.9
5	阿拉伯联合酋长国	120	7.10%	2020.2
6	澳大利亚	117	6.93%	2019.9
7	韩国	107	6.34%	2019.9
8	巴基斯坦	81	4.80%	2019.9
9	意大利	68	4.03%	2019.9
10	加拿大	57	3.37%	2019.8

的机构是沙特国王大学、尼尔玛大学、西安邮电大学和亚洲大学。

1.2.3 能源系统低碳转型管理与驱动机制研究

20 世纪 80 年代，为应对石油危机，德国应用生态学研究所提出"能源转型（energy transition）"的概念，以指代主导能源由化石能源向可再生能源的转变。随着气候变化问题被纳入国际议程以及相关研究的深入和延拓，"能源系统低碳转型（low-carbon transition of energy system）"的概念逐渐形成，涵盖从能源生产、存储、运输到终端消费等多环节去碳化过程，表现为主导能源种类、技术及体制等多方位系统更替。目前，全球能源领域学者已达成共识，能源系统低碳转型既是应对全球气候变化、实现温室气体减排目标的核心途径，也是维护国家能源安全、达成可持续发展目标的关键着力点。

下面对近年来国内外学者重点关注的能源系统低碳转型路径、低碳技术应用与推广模式、配套基础设施与管网规划，以及能源系统低碳转型的驱动机制研究情况做进一步解析，并对未来发展趋势进行展望。

（1）能源系统低碳转型路径研究

关于能源系统低碳转型路径的研究起初主要围绕"能效提升""结构转变"和"末端治理"这三

表 1.2.8 "基于区块链技术的数据安全管理研究"工程研究前沿中施引核心论文的主要产出机构

序号	机构	施引核心论文数	施引核心论文比例	平均施引年
1	沙特国王大学	47	16.97%	2020.0
2	尼尔玛大学	27	9.75%	2020.1
3	西安邮电大学	26	9.39%	2019.1
4	亚洲大学	25	9.03%	2020.3
5	中国科学院	24	8.66%	2020.0
6	长沙理工大学	23	8.30%	2020.0
7	阿卜杜勒阿齐兹国王大学	23	8.30%	2020.2
8	北京邮电大学	22	7.94%	2020.1
9	济州大学	21	7.58%	2020.4
10	西安电子科技大学	20	7.22%	2019.5

大途径展开,规划相关指标(如能源强度、清洁能源比例、碳强度)在不同层面(如国家、区域、行业)的时序变迁,后逐渐深入到具体技术路线的选择与进退机制,研究方法包括综合评估模型、规划模型、情景分析、系统仿真等。兼顾不同区域与行业异质性(如资源禀赋、能源需求、社会经济因素),设计因地制宜的能源系统低碳转型路径,是近年来的研究热点与难点。

(2)能源系统低碳技术应用与推广模式研究

低碳技术的大规模利用,是实现能源系统低碳转型的核心关键。针对清洁能源技术(如风能、光能、氢能、核能)、碳捕集与封存技术、能效提升技术等,国内外学者就其应用方式、商业模式、扩散规律、阻滞因素、推广政策等展开了系列研究,近几年尤以对氢能的关注热度极高。同时,新能源技术的应用推广也催生出一批新兴技术产业,如新能源汽车、储能系统、智慧电网等,相关技术产业的发展及其与新能源技术间的耦合机制成为近年来的研究前沿和难点。

(3)能源系统转型配套基础设施与管网规划研究

能源系统的有效运行需要以配套基础设施为支撑,如输配电网、油气管道、储能装置、充能站点等。能源系统低碳转型既需要基于现有基础设施和

管网布局进行调整优化(如"电–热–气"网集成、可再生能源电力并网可靠性提升),又需要铺建新设施网络以服务新能源技术应用产业(如电动汽车充电桩、加氢站)。如何构建综合考虑多种现实因素的网络规划模型,准确估计参数取值范围,并设计有效的求解算法,是该研究方向的长期热点与难点。

(4)能源系统低碳转型的驱动机制研究

能源系统低碳转型的实际进程受政策、市场、社会、资源等多方面因素的共同影响,厘清各因素对能源系统低碳转型的驱动机理对推进能源系统低碳转型具有重要意义。近年来,国内外学者一方面基于观测数据,运用实证分析方法评估具体因素对能源系统低碳转型的影响程度;另一方面基于理论研究,运用建模分析方法探究不同因素对能源系统低碳转型的可能作用效果。不同类型驱动因素作用效果的比较,以及多因素间的交互作用影响,是该方向的研究前沿与难点。

(5)未来研究发展趋势

低碳转型是当前全球能源系统发展的大势所趋,能源系统低碳转型管理与驱动机制研究是实现这一系统工程的有力支撑。综合考量技术、经济、社会、自然系统与能源系统的交互影响,兼顾区域

与行业异质性，设计合理的能源系统低碳转型路径与保障机制，将持续是能源工程管理领域有待突破的研究前沿与热点。此外，将能源系统低碳转型与"大云物智移"等信息技术革命相耦合，协同打造更为可靠的智慧能源系统，也将逐步成为该领域学者关注的研究前沿。

"能源系统低碳转型管理与驱动机制研究"工程研究前沿中的核心论文数量排名前两位的国家分别是英国和美国，其次是部分欧洲国家和中国（见表 1.2.9），篇均被引频次排名前三位的国家

分别是葡萄牙、英国和美国。其中美国与中国、荷兰、奥地利、英国、德国之间的合作关系较多（见图 1.2.5）。核心论文数量排名靠前的机构主要集中在欧洲，美国的加利福尼亚大学伯克利分校和中国的清华大学也位列前十（见表 1.2.10），其中荷兰的乌得勒支大学的合作关系最多，德国的波茨坦气候影响研究所次之（见图 1.2.6）。由表 1.2.11 可以看出，中国的施引核心论文数量排名第一。由表 1.2.12 可以看出，施引核心论文排名靠前的机构是清华大学和伦敦帝国理工学院。

表 1.2.9 "能源系统低碳转型管理与驱动机制研究"工程研究前沿中核心论文的主要产出国家

序号	国家	核心论文数	论文比例	被引频次	篇均被引频次	平均出版年
1	英国	21	31.82%	2 496	118.86	2016.4
2	美国	19	28.79%	2 106	110.84	2016.5
3	荷兰	11	16.67%	985	89.55	2017.0
4	奥地利	9	13.64%	757	84.11	2017.2
5	德国	8	12.12%	706	88.25	2016.9
6	中国	8	12.12%	661	82.62	2017.5
7	丹麦	5	7.58%	380	76.00	2016.2
8	西班牙	5	7.58%	373	74.60	2017.4
9	加拿大	4	6.06%	270	67.50	2017.8
10	葡萄牙	3	4.55%	360	120.00	2016.7

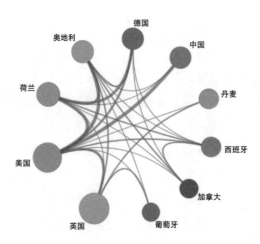

图 1.2.5 "能源系统低碳转型管理与驱动机制研究"工程研究前沿主要国家间的合作网络

表 1.2.10 "能源系统低碳转型管理与驱动机制研究"工程研究前沿中核心论文的主要产出机构

序号	机构	核心论文数	论文比例	被引频次	篇均被引频次	平均出版年
1	乌得勒支大学	5	7.58%	660	132.00	2017.0
2	曼彻斯特大学	5	7.58%	467	93.40	2016.6
3	欧洲委员会	5	7.58%	336	67.20	2017.2
4	国际应用系统分析研究所	5	7.58%	302	60.40	2016.8
5	加利福尼亚大学伯克利分校	4	6.06%	684	171.00	2016.0
6	伦敦大学学院	3	4.55%	957	319.00	2017.3
7	伦敦帝国理工学院	3	4.55%	888	296.00	2017.7
8	清华大学	3	4.55%	379	126.33	2016.0
9	利兹大学	3	4.55%	253	84.33	2016.0
10	波茨坦气候影响研究所	3	4.55%	243	81.00	2016.3

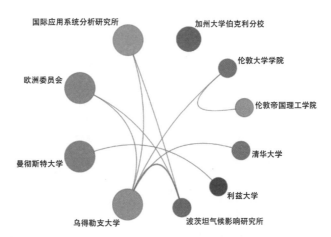

图 1.2.6 "能源系统低碳转型管理与驱动机制研究"工程研究前沿主要机构间的合作网络

表 1.2.11 "能源系统低碳转型管理与驱动机制研究"工程研究前沿中施引核心论文的主要产出国家

序号	国家	施引核心论文数	施引核心论文比例	平均施引年
1	中国	1 194	22.12%	2019.5
2	美国	932	17.26%	2019.0
3	英国	826	15.30%	2019.1
4	德国	612	11.34%	2019.3
5	意大利	295	5.46%	2019.2
6	荷兰	284	5.26%	2019.1
7	澳大利亚	279	5.17%	2019.2
8	加拿大	256	4.74%	2019.3
9	西班牙	256	4.74%	2019.3
10	印度	244	4.52%	2019.4

表 1.2.12　"能源系统低碳转型管理与驱动机制研究"工程研究前沿中施引核心论文的主要产出机构

序号	机构	施引核心论文数	施引核心论文比例	平均施引年
1	清华大学	136	14.02%	2018.7
2	伦敦帝国理工学院	129	13.30%	2019.2
3	苏黎世联邦理工学院	120	12.37%	2019.0
4	中国科学院	103	10.62%	2019.6
5	乌得勒支大学	94	9.69%	2019.0
6	伦敦大学学院	73	7.53%	2018.8
7	丹麦科技大学	70	7.22%	2018.9
8	加利福尼亚大学伯克利分校	63	6.49%	2018.6
9	萨塞克斯大学	62	6.39%	2019.0
10	波茨坦气候影响研究所	60	6.19%	2018.5

2　工程开发前沿

2.1　Top 10 工程开发前沿发展态势

在工程管理领域中，本年度的 10 个全球工程开发前沿分别是基于大数据的疾病诊断与预测系统及技术、城市信息模型 (CIM) 与平台、基于区块链的质量信息追踪方法与系统、数据驱动大型工程建造环境风险技术及方法、能源智能优化管理方法、供应链金融风险管控平台、智能可重构制造技术及系统、面向航天领域的智能规划与调度基础软件开发、区块链智能合约开发、智能仓储管理方法与

装备。其核心专利情况见表 2.1.1 和表 2.1.2。这 10 个工程开发前沿集中包含了能源、运输、医学、航天、建筑等众多学科。其中，基于区块链技术的供应链管理系统与方法、基于高速率移动网络的远程诊疗系统与方法、面向城市安全的综合应急技术为重点解读的前沿，后文会详细对其目前发展态势以及未来趋势进行解读。

（1）基于大数据的疾病诊断与预测系统及技术

基于大数据的疾病诊断与预测系统是指以大数据技术为基础，通过采集千百万患者的医疗数据而建立的用于诊断或预测疾病的系统。将特定患者的

表 2.1.1　工程管理领域 Top 10 工程开发前沿

序号	工程开发前沿	公开量	引用量	平均被引数	平均公开年
1	基于大数据的疾病诊断与预测系统及技术	127	129	1.02	2018.9
2	城市信息模型 (CIM) 与平台	42	245	5.83	2016.9
3	基于区块链的质量信息追踪方法与系统	17	3	0.18	2019.9
4	数据驱动大型工程建造环境风险技术及方法	33	100	3.03	2017.2
5	能源智能优化管理方法	125	890	7.12	2016.7
6	供应链金融风险管控平台	106	496	4.68	2018.8
7	智能可重构制造技术及系统	39	1 803	46.23	2016.5
8	面向航天领域的智能规划与调度基础软件开发	41	262	6.39	2017.2
9	区块链智能合约开发	50	55	1.1	2019.8
10	智能仓储管理方法与装备	75	370	4.93	2016.6

表 2.1.2 工程管理领域 Top 10 工程开发前沿核心专利逐年公开量

序号	工程开发前沿	2015 年	2016 年	2017 年	2018 年	2019 年	2020 年
1	基于大数据的疾病诊断与预测系统及技术	2	5	19	12	35	54
2	城市信息模型 (CIM) 与平台	5	3	4	12	7	4
3	基于区块链的质量信息追踪方法与系统	0	0	0	0	1	16
4	数据驱动大型工程建造环境风险技术及方法	6	3	6	12	6	0
5	能源智能优化管理方法	32	32	25	22	12	2
6	供应链金融风险管控平台	1	4	6	12	36	43
7	智能可重构制造技术及系统	2	3	3	3	5	12
8	面向航天领域的智能规划与调度基础软件开发	9	3	9	8	8	6
9	区块链智能合约开发	0	0	0	3	6	41
10	智能仓储管理方法与装备	14	20	26	10	5	0

个体数据输入到诊断系统中，可准确地诊断患者的疾病，获得更好的治疗方案，提高患者的疾病治愈率。同时，预测系统可识别特定个体或人群的健康风险因子，预测疾病发生的概率，进而对健康风险因子进行干预，达到预防疾病发生的目的。随着医学与大数据发展的相互融合，健康医疗大数据在医药研发、卫生服务、健康管理、疾病诊疗、疾病预防、个体化精准医疗等领域展现出了广阔的应用前景。此外，随着精准医疗的提出及大数据相关的新技术、新理论和新方法的不断产生，基于大数据的疾病诊断与预测系统及技术的研发已成为学界的研究热点。在疾病诊断与预测系统中，大数据处理技术处于核心地位。然而，健康医疗大数据存在着数据量巨大、数据处理技术参差不齐、数据壁垒、隐私保护等问题，使得大数据在医疗中的应用面临诸多挑战。因此，医疗数据的标准化构建、多源异构数据分析技术的研发、数据共享平台的研发等新兴技术，以及在隐私保护、安全性等领域的优化，是未来的重要研究方向。

（2）城市信息模型 (CIM) 与平台

城市信息模型是以建筑信息模型（BIM）、地理信息系统（GIS）、物联网（IoT）等技术为基础，整合城市地上－地下、室内－室外、历史－现状－

未来多维多尺度信息模型数据和城市感知数据，构建起三维数字空间的城市信息有机综合体。CIM 平台是三维地理信息系统（3D GIS）、建筑信息模型（BIM）的融合，既可以存储城市规模的海量信息，又可以作为云平台提供协同工作与数据调阅功能。同时和物联网（IoT）、大数据（big data）、云计算（cloud computing）等技术结合起来，还能提供满足城市发展需求的集成性管理系统。CIM 平台是利用物联网技术将 CIM 模型和城市连接起来形成一个可更新的数据库，同时利用云计算和大数据等形成一个可实现信息共享与传递的工作平台，以支持各项应用。此外 CIM 平台是针对同一个物理空间以及附着在其上的信息形成的由政府组织建设和管理，对居民和企业有选择性地开放，从而解决城市发展进程中的一系列问题的信息平台。CIM 包含城市所有设施物理特性和相关信息，可以存储、提取、更新和修改所有城市相关信息。构建一种面向城市治理的智慧城市平台，充分运用物联网、大数据建模、人工智能、3D GIS 可视化、BIM、CIM 等技术，坚持高起点、全面性、系统性的设计原则，实现立体交通、环境信息、政务服务、经济运行、安全生产、城市基础设施等方面的智慧城市治理，同时建立城市 3D GIS 模型，叠加城市物联感知数据，融合城市预警形成 CIM 预警模型，利用人工智能技术实现城市的智慧治理，设计城市运行管理流程，对城市事件进行智能甄别处理，建立智慧城市平台，实现整个城市的智慧治理。

（3）基于区块链的质量信息追踪方法与系统

作为新一代信息管理技术的重要演进，区块链通过集成密码学、对等式网络、分布式共识等技术，确保链上数据具备不可篡改、透明、可追溯等特征，有望通过信息追踪和价值共创为质量管理提供全新的思路。传统的信息系统是集中式、非对称的架构，其安全性低、透明度差，难以满足质量问责的需求，易引发纠纷。区块链的技术特点使其适用于存证追踪场景，真实可靠地记录产品全生命周期、全要素的质量信息，且信息来源明确、不可抵赖。一旦发生质量问题，可以快速回溯，识别责任相关方。此外，链上信息互联互通、全网一致，打破了"信息孤岛"，解决了信息不对称、沟通效率低等问题，有助于实现工程产品质量的持续改进，推动各参与方之间的质量价值共创。有效集成区块链、物联网、云计算、大数据、人工智能等技术，实现质量信息采集、共享、分析、溯源等各项应用需要进一步研究。此外，质量信息往往来源广泛、形式多样，信息规模随项目推进而累积，在确保"去中心化"及"安全可靠"的前提下，提高区块链系统的"可拓展性"值得进一步关注。

（4）数据驱动大型工程建造环境风险技术及方法

图灵奖获得者 Jim Gray 将数据驱动看作继经验、理论、计算之后数据科学的第四种分析范式，因此，从数据科学的角度来看，数据驱动大型工程建造环境风险技术及方法是指采用科学的方法、过程、算法和系统从结构化和非结构化的工程大数据中提取知识，并将知识用于大型工程建造环境风险的识别、评估、响应和控制。由于信息技术的快速发展，工程建设领域已进入大数据时代，将基于数据驱动的分析范式引入工程建造风险管理等业务范畴，是推动建筑业转型升级的重要引擎之一。相关理论和实践研究已有不少探索，从工程问题来看，大型工程建造环境风险不仅包含施工现场结构、机械、工人等作业环境及既有建（构）筑物、管线、行人等周边环境受建造过程影响产生的进度、成本、质量、安全、环保等狭义风险，也包括建设工程的市场、政策等广义环境风险；从技术手段来看，采用专家系统、机器学习和深度学习等方法，针对报告文本、监测数据、流媒体等不同类型工程环境大数据进行挖掘并提供决策支持是当前主流方向。然而，工程建设环境具有较大的流动性和复杂的内联机制，需要有机结合不同的环境因素，从工程建造各场景、全过程和多参与方出发进行动态分析；另外，不同的环境风险因素其感知手段不同，造成数据形式不一，需要采用多种技术手段进行解译。因此，基于多源异构数据针对工程建造多场景、全过程中的环境风险进行动态识别、分析与预测，为参建各方提供基于数据驱动的风险解决方案，将是未来研究的一大趋势。

（5）能源智能优化管理方法

能源智能优化管理指结合传统建模方法、现代优化算法、预测技术以及智能技术，即时获取大量可靠数据用于智能分析；通过对能源全过程、全方位的管理、优化与控制，实现能源管理的场景化、智能化、自动化。区别于单纯形法、基于梯度的各类迭代算法等传统优化方法，智能优化方法能克服其只能解决结构化问题的局限，适应现代能源系统的显著复杂性和系统性，发挥更高的管理效能。能源智能优化管理对能源在生产与转换、传输与分配、存储与消费等环节的智能监测、控制与预测，达到优化用能结构，节能降耗、提质增效、控制成本等目标。其所涉及的技术方法不仅包括传统优化决策方法（如智能算法、深度学习等），还蕴含新信息通信技术（如物联网、大数据、人工智能等）和能源技术（如储能、需求响应、多能互补等）的交叉融合。根据对国内外专利的梳理，能源智能优化管

理方法可应用于智能电网、能源互联网、用能终端等多复杂场景，助力建设高效智慧能源系统、支撑多能协调优化互补、提升能源互联网能效管理。能源智能优化管理方法仍将以信息化为依托，促进可再生能源的渗透，提高传统能源的利用效率。新一代信息技术具有较好的适应性和灵活性，能有效解决现代能源管理中所含有的非线性、不确定性强、耦合性强、多变量等问题，对于提高能源系统的效率、安全可靠性以及智能化水平将起到重要作用。利用能源智能优化管理方法，优化能源生产、传输、交易和消费环节的资源配置能力、安全保障能力和智能互动能力，实现能源企业智能化、数据化、信息化运营管理与能源行业的智慧化发展是未来的主要发展趋势。

（6）供应链金融风险管控平台

供应链金融风险管控平台是指依托真实交易数据，评估并预判企业信用，监控企业运营，提高风控质量，降低风控成本，为中小微企业提供优质供应链金融服务的数字化信息平台。供应链金融是根据产业特点，围绕供应链上核心企业或核心企业群或核心数据掌控者，基于交易信用数据向供应链上下游相关企业提供的综合金融服务。供应链金融的主要风险包括政策－技术－经济周期风险、供－需系统不确定性风险、核心企业主体风险、业务操作风险和虚假交易、重复融资和自融资风险等。现阶段，金融科技（如人工智能、大数据、云计算、物联网、区块链、5G通信等）驱动的供应链金融风控平台是发展趋势，但是多数基于优质核心企业或政府信用兜底。优质核心企业的稀缺和中小微企业交易信用数据的高度分散形成的数据壁垒成为主要发展障碍。因此，利用金融科技和反垄断政策推动政府部门、金融机构、供应链上下游企业以及商业平台进行整合，实现数据互联、互通、互享、互访成为破除瓶颈的主要思路。而追溯评估中小微企业的信用数据，并将其作为可质押的资产，有助于摆脱核心企业硬性担保要求。未来，供应链金融风险管控平台将基于中央统一信用系统，对接政、企、银，既交叉验证又保证数据安全，自动识别并预警风险，动态监督贷后供应链交易，稳定产业链供应链，支持实体经济提质增效。

（7）智能可重构制造技术及系统

可重构制造系统是能够通过对制造系统结构及其组成单元进行快速重组或更新，及时调整制造系统的功能和生产能力，以迅速响应市场变化及其他需求的一种制造系统。关键使能技术包括成组技术、布局规划与优化技术、在线诊断技术、离散事件仿真技术等。可重构制造系统网络化、数字化、智能化转型升级过程中，探索智能化可重构制造技术，形成智能可重构制造系统。智能可重构制造技术及系统从物理／逻辑、多层次等维度对自身结构进行自适应调控，是极有可能从根本上优化制造系统来应对市场个性化需求不确定波动的重要理论之一。主要研究方向包括但不限于：智能可重构制造使能技术、智能可重构制造系统建模与仿真、智能可重构制造系统重构决策、智能可重构制造系统性能评估、网络化制造系统智能协同重构、数据驱动的智能重构、工业机器人与智能可重构制造系统、多层次耦合智能重构和AGV驱动的智能可重构制造系统。可重构制造技术从设计之初就赋予制造系统高度生产柔性。可重构制造技术智能化研究是实现智能制造多样化、个性化、定制化生产的关键。随着产业分工合作愈加明确，网络协同制造逐渐成为一种新趋势，核心制造企业与其配套供应商形成紧密的制造网络，考虑到需求的不确定性和供应链敏捷变动，核心制造企业与多层级供应商利用新一代信息技术（人工智能、大数据和数字孪生等）进行有效协同重构，以提高制造效率和质量，是智能可重构制造技术及系统未来的重要发展趋势。

（8）面向航天领域的智能规划与调度基础软件开发

面向航天领域的智能规划与调度基础软件指专门求解卫星、空间站、载人飞船、深空探测器等航

天器发射与在轨运行管理过程中出现的规划与调度问题，以智能化手段辅助航天器管控机构制定发射与在轨工作计划、消解计划冲突的计算机仿真软件。随着人类航天事业的快速发展与应用普及，航天领域中的规划与调度需求激增，亟须开发专门的智能规划与调度基础软件，吸纳运筹学、智能优化等相关领域最新研究成果，为卫星、空间站、深空探测器等航天规划与调度系统的设计研发和柔性拓展提供技术支撑。从国内外专利和文章来看，面向航天领域的智能规划与调度基础软件开发迫切需要解决好以下关键技术：面向各类航天器的规划与调度建模、复杂航天约束条件下的高性能规划与调度、不确定太空环境下的实时自主规划与调度、面向大规模组网的航天器集群自主协同与规划调度等。展望未来，在问题层面将由单一航天器规划调度向大规模、网络化、异构航天器集群规划调度发展；在组织层面将由地面管控中心统一规划调度向航天器集群在轨自主协同与规划调度发展；在方法层面将由基于传统运筹学方法的规划调度向运筹学、机器学习、博弈论等多学科融合方法的规划调度发展。

（9）区块链智能合约开发

智能合约是一种以信息化方式传播、验证或执行合同的计算机协议，具有制定的高效性、维护的低成本性和执行的高准确性等特点。区块链技术为智能合约提供了可编程的环境，推动了智能合约的发展和应用。智能合约去中心化、去信任、自主交易、不可篡改等特性允许合约各方在无需任何信任基础或可信第三方的情况下完成交易，同时，作为一种嵌入式程序化合约，智能合约可以内置在任何区块链数据、交易或资产中，有望促成各种可编程的智能资产和系统，深入变革金融、物联网、医疗等诸多传统领域。随着区块链技术的普及和应用不断深入，新兴的智能合约技术在学术界和产业界吸引了广泛的关注。比如利用区块链提供的点对点、去信任交易环境和强大的算力简化金融交易流程，

在此基础上利用金融智能合约实现可编程货币和可编程金融体系；利用区块链和医疗智能合约实现医疗数据共享和药品溯源；实现物联网复杂流程的自动化，促进资源共享，保证安全与效率，节约成本；此外，区块链智能合约也可以用于房产交易、合同支付、政府采购、供应链管理、通信服务、能源交易、知识产权管理、投票管理、智能制造、数字资产交易、电子档案等众多领域。目前智能合约开发平台主要包括：Ethereum、Hyperledger Fabric、NEM、Stellar 和 Waves 等。然而，由于受到区块链系统本身性能限制，尚无法处理传统合同中的复杂逻辑和高吞吐量数据，且缺乏隐私保护，在实现跨链方面仍存在一定难度。因此，未来除了探索智能合约的可能应用场景外，解决智能合约实施过程中面临的隐私问题、性能问题、机制设计与安全问题和形式化验证，也将是学术界和工业界广泛关注的前沿研究热点。

（10）智能仓储管理方法与装备

智能仓储系统是以多种相互关联的智能仓储装备协同工作为基础的技术生态系统，可以实现货物的自动接收、组织、分类、包装和配送，为企业提供高效、低成本的智能化物流服务。物联网与人工智能的快速发展推动了智能仓储管理系统、智能库存控制平台、智能机器人等装备在仓储系统的广泛应用，形成了以智能机器人订单履行系统、人机协同订单拣选系统、智能机器人分拣系统等为代表的智能仓储系统。与传统仓储系统不同，智能仓储系统中的智能装备可产生并接收实时数据，并采用独立控制模式，在物联网环境下实现数据驱动的协同作业。智能仓储管理的现有研究主要聚焦：① 系统绩效评估与结构设计优化，主要采用智能仿真、随机排队模型和期望行走时间模型等方法；② 运行策略优化，包括订单调度、机器人调度、订单指派、路径优化等问题，主要采用混合整数规划与智能优化算法相结合的研究范式。当前，智能仓储管理方法有待研究的关键问题为：数据驱动的智能设

备协同策略、数据驱动的人机协同作业策略、大规模智能机器人路径规划与调度问题、机器人路径拥堵的影响等。智能仓储管理水平的提升，将大幅提升企业供应链智能化水平，为物流系统的智慧化升级和发展提供重要的支撑条件。

2.2 Top 3 工程开发前沿重点解读

2.2.1 基于大数据的疾病诊断与预测系统及技术

伴随着物联网、互联网、人工智能等新兴技术的发展，大数据已经渗透到各行各业中。近年来，大数据在健康管理、个体化精准医疗、医药研发、疾病诊断与预防等方面逐渐显出优势。基于大数据的疾病诊断与预测系统的构建是多学科融合发展的成果，使得疾病诊断不再局限于电子病历信息，而是能深度挖掘与患者相关的生活环境、公共卫生、营养保健、生物组学等多维数据的价值，从而更加准确地诊断疾病并对疾病的发生进行预测。

健康医疗大数据的数据量大、模态多、产生速度快、价值大，但价值密度低等特点制约了大数据在疾病诊断与预测系统中的应用。因此，医疗数据的标准化构建、多源异构的健康医疗数据的分析技术研发、新型大数据采集、传输和交换共享平台研发是未来促进基于大数据的疾病诊断与预测系统及技术发展的主要趋势。从专利分析来看，基于大数据的疾病诊断与预测系统及技术主要包括大数据采集、大数据平台、疾病预警监测。

（1）大数据采集

大数据采集是根据疾病诊断或预测的目标抽象出的在数据分析与应用中所需的表征信息，通过多种方式从特定的数据产生环境中获取原始数据并对数据进行预处理操作的一系列技术，是大数据分析与运用的基础，为后续的数据处理和应用提供了所需的数据集。现有的技术难以对具有数量巨大、生成速度快、多源性、冗余性、隐私性等特点的健康医疗大数据进行有效采集。因此医疗数据的标准

化构建、多源异构数据分析技术的研发等在未来需要重点关注。

（2）大数据平台

大数据平台是指集数据采集、清洗、融合、分析、管理、质量控制等于一体，能支撑各类应用的平台。目前，基于平台化技术的数据处理与综合服务平台已成为医疗领域大数据处理的最佳选择。在大数据处理中尚存在数据采集共享困难、建模分析技术混乱、缺乏有效的推广机制等问题。通过集成数据共享接口、数据交互、云计算等技术而研发的健康管理，基于远程医疗系统的大数据处理等平台，可实现健康医疗数据的集成、处理以及面向疾病诊断或预测的大数据建模分析与应用。

（3）疾病预警监测

疾病预警监测是利用大数据分析技术，将个人电子病历、医院的临床治疗经验以及专家学者们的科研实验成果等诸多医疗数据进行整合分析，并通过贝叶斯神经网络等算法构建风险预测模型，从而建立疾病分析与治疗方案模型，预测疾病发生率，有效推动健康医疗的发展。

从发表专利的数量来看，专利数量排名前两位的国家分别为中国和韩国（见表 2.2.1）。平均被引数排名前两位的国家分别为美国和中国（见表 2.2.1）。从专利产出国家来看，各国之间尚未形成合作关系。专利数量排名前三位的机构分别为康评医疗健康有限公司、阳光保险集团股份有限公司和山东大学（见表 2.2.2）。从专利产出机构的合作网络（见图 2.2.1）来看，区域性合作的规模已初步形成，但尚未形成跨区域合作。中国的康评医疗健康有限公司、阳光保险集团股份有限公司和山东大学在疾病风险预测、数据管理、数据获取等领域有合作。

不同国家在"基于大数据的疾病诊断与预测系统及技术"的核心专利具有不同的研究特点。中国注重疾病预测系统的建立及平台搭建，研发

了多个不同疾病的预测系统和大数据管理及运用系统，如心脏疾病数据队列生成方法和风险预测系统、疾病数据结构化方法及甲状腺癌风险预测系统、疾病数据调度管理方法和骨癌风险预测系统、大数据健康管理平台、基于大数据的学生学习行为分析系统等，这些系统将大数据、人工智能等先进技术巧妙地应用到疾病监测预警及健康管理中。韩国比较关注数据获取技术及平台搭建，如通过足底压力测量提供健康信息的系统、基于开放 API 的大数据医疗保健培训 AI 系统、基于大数据的医疗咨询服务方法、基于医疗服务的酒店操作系统及其方法等。美国研发的可穿戴式个人数字设备的专利引用量远高于其他专利，该专利有利于个体健康数据的获取。而日本则利用电子信息处理装置搭建了一个计算患者最佳用药剂量的平台，可根据患者信息推导患者最佳的用药量。不同机构的研究重点也有所差异。例如，

康评医疗健康有限公司关注各类疾病的风险预测系统的搭建，提出了逐步筛选的泌尿系统重疾指标确定方法及风险预测系统、疾病数据结构化方法及甲状腺癌风险预测系统、疾病数据结构化方法及甲状腺癌风险预测系统、疾病数据调度管理方法和骨癌风险预测系统等，对不同的疾病数据进行管理，并对疾病风险进行预测的系统。美国 AMobilePay 有限公司关注于大数据的采集，研发可穿戴式个人数字设备，可用于个体健康数据的获取。韩国关东大学研发了一种基于各种采集组件的移动医疗应用系统以及基于组件的移动健康应用程序，该系统可通过多个医疗设备、信息采集服务器收集信息，兼容不同的通信协议。

2.2.2 城市信息模型 (CIM) 与平台

城市信息模型 (city information modeling, CIM) 是以城市信息数据为基础，建立起三维城市空间模

表 2.2.1 "基于大数据的疾病诊断与预测系统及技术"工程开发前沿中核心专利的主要产出国家

序号	国家	公开量	公开量比例	被引数	被引数比例	平均被引数
1	中国	73	57.48%	92	71.32%	1.26
2	韩国	51	40.16%	14	10.85%	0.27
3	美国	1	0.79%	22	17.05%	22.00
4	日本	1	0.79%	1	0.78%	1.00

表 2.2.2 "基于大数据的疾病诊断与预测系统及技术"工程开发前沿中核心专利的主要产出机构

序号	机构	公开量	公开量比例	被引数	被引数比例	平均被引数
1	康评医疗健康有限公司	19	14.96%	5	3.88%	0.26
2	阳光保险集团股份有限公司	5	3.94%	0	0.00%	0.00
3	山东大学	5	3.94%	0	0.00%	0.00
4	深圳市前海安测信息技术有限公司	2	1.57%	15	11.63%	7.50
5	北京拓明科技有限公司	2	1.57%	10	7.75%	5.00
6	韩国关东大学	2	1.57%	2	1.55%	1.00
7	成都淞幸科技有限责任公司	2	1.57%	0	0.00%	0.00
8	韩国 Suhwooms 科技有限公司	2	1.57%	0	0.00%	0.00
9	美国 AMobilePay 有限公司	1	0.79%	22	17.05%	22.00
10	美国 World Award 研究院	1	0.79%	22	17.05%	22.00

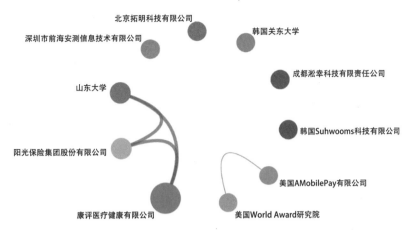

图 2.2.1 "基于大数据的疾病诊断与预测系统及技术"工程开发前沿主要机构间的合作网络

型和城市信息的有机综合体。从范围上讲是大场景的 GIS 数据＋小场景的 BIM 数据＋物联网的有机结合。伴随着全球城镇化的推进以及信息技术的普遍应用，智慧城市在经济社会可持续发展以及微观城市管理方面发挥了更多的积极作用。20 世纪90 年代，中国开始 3D GIS 的研究，第一步只实现数字化，也就是将建筑和场景进行数字表达，展示在屏幕上。到 21 世纪初，数字化逐步转变为信息化，在展现的同时，也加入了属性信息和关联信息。近年来，信息化实现了跨部门、跨学科的融合，真正将信息化技术应用到了生产、生活中。未来，结合IoT、大数据、人工智能、BIM 和 GIS，多种围绕城市信息的采集和使用的相关应用会大范围开展。

城市中存在着信息传递的神经系统，不可见的人流、信息流、资金流等。整个城市的生命体每天都在更新，相比建筑的稳定系统，城市每天都在变化。城市从单体建筑，走向全系统运行管理。所有的智能建造、意识、构建全部整合起来，形成一个新体系。从"以形定流"走向"以流定形"的群落规划设计。将结合城市已有的各种物联感知数据，实现各种的"城市流动"，结合人工智能技术，进行城市的智慧施工与运维。总体上，把 BIM 作为CIM 的细胞，将建筑作为城市细胞，首先建立城市3D GIS 可视化数据模型。进行城市物质子系统建

模，基于城市 3D GIS 可视化模型建立 CIM 的工作底板，结合物联感知数据，实现多种数据的导入，实现城市时空数据的接入与可视化。基于物联网、云计算和移动互联网的新一代信息技术，充分运用信息和通信技术手段感测、分析、整合城市运行应用系统，对城市管理和发展的各种需求做出智能响应，以提升城市基础设施的运作效率和运行管理，让人们的生活变得更加美好。

从专利分析上看，城市信息性模型与平台的工程研发可以从架构角度和应用角度进行分类。从架构角度出发，相关的研发主要有物联网技术的研发、CIM 数据管理的研发、可视化技术的研发。从应用角度出发，相关的研发主要分为智慧城市管理调度管理平台、城市立体交通管理平台、城市环境信息管理平台、城市政务服务管理平台、城市经济运行管理平台、城市安全生产管理平台、城市基础设施管理平台。

（1）物联网

在数据采集过程中，物联网技术发挥了不可或缺的作用。物联网是基于通信网络和互联网技术，通过传感设备和通信模块对物品信息进行识别、定位、收集、处理和传输的扩展应用与网络扩展。基于信息交互，物与人之间相互联系。物联网基于"感知层、网络层、平台层、应用层"的整体网络架构

提取底层数据，最终实现其在城市建设多个领域的广泛应用。其中，感知层是通过传感器监控物体，通过通信模块返回采集到的信息；网络层主要负责数据传输；平台层可以将采集到的数据进行整合使用；应用层通过将互联网技术与各个领域相结合，实现万物互联的最终目标。从感知层的信息收集到应用层各个领域的应用，每一层都是多种技术的结合。可以说，物联网是多项高新技术的综合应用。

（2）CIM 数据管理

在现代城市中，由于城市的基础设施和设备繁多，涉及交通、楼宇、电网、安防、环保、水务等，这些设施、设备所使用的应用系统均是基于单个独立项目建设的，每个基于 CIM 的应用系统都有自己单独的存储和数据库，不同的系统不能共享资源和互相访问，造成数据孤岛和管理复杂的现状。在智慧城市应用集统一管理系统增加新应用的方法及装置，能够快速、方便地对智慧城市应用集统一管理系统进行更新，提高可靠性。再者，致力于实现多个城市应用的联动、关联，解决了烟囱式应用结构造成的数据孤岛、管理孤岛的城市问题，使城市内相应的各个应用在同一个平台进行统一管理。将所有数据统一存储到基于云平台的数据湖泊中，可以方便地将相应应用的数据整合进而进行多维、多层深度分析。基于容器技术构建城市信息模型，并利用相应的容器引擎运行所述城市信息模型，可扩展性和可移植性好，安全可靠。搭建云计算操作平台，可以大规模地协调云，管理计算资源、存储资源、网络资源等基础架构。

（3）可视化技术

城市是个生命体，是具有典型生命特征的复杂巨系统，它承载的城市细胞元素通过时间维度、空间维度、数据类型等多维的信息数据体现。使用 CIM 技术，可以将传统数据与图纸升级为多维模型。使用数字孪生技术，将城市整体进行数字化复制。建筑物物理状态和空间地理信息的虚拟实现，使人们可以直接观察数据。并且在实现建筑和地理信息可视化的同时，通过数字技术实现物联网数据的可视化，使物联网采集到的数据与实体连接起来。通过 BIM+GIS+VR+ 物联网、云计算等全生命期信息数据的融合、流动，构成城市生命体运行的 CIM，并通过多种终端智慧应用，如桌面端、WEB 端、移动端、大屏（环幕、球面、CAVE、沙盘等）、VR 头盔等，从多方面体现 CIM 全要素，如 BIM+GIS 模型、地上－地下、室内－室外、过去－未来、时间－空间模型以及多源数据叠加模型等方式，并通过多种不同终端应用，达到一云多端的智慧应用。

（4）智慧城市管理调度管理平台

智慧城市建设需要建立健全日常接报协同处置快速反应机制，提高日常事件处理及应急处置能力。智慧城市管理调度系统开发贯穿于整个管理调度流程中，提供强大的数据采集接报的能力，对统一接报的信息进行智能数据分析处理，系统具备日常事务管理和应急处置能力，系统功能涵盖日常管理工作及应急处置的业务需求，根据"采集上报—指挥派遣—处置反馈—任务核查—结单归档"的五步闭环协同处理流程，并将事件处理的过程、结果及时地反馈。系统具备数据采集、综合业务管理、日常指挥派遣、协同工作、数据库管理及资源管理等功能。

（5）城市立体交通管理平台

城市立体交通专题系统基于地理空间信息展示城市交通运行态势，对区域交通、市内交通和城际交通的综合运行监测与态势分析，实现城市交通态势一张图，为政府决策、行业监管、企业运营和百姓出行提供信息支撑。城市交通专题系统主要包含道路重点设施及单位展示、道路交通运行情况展示、公共交通运行情况展示、新能源汽车交通管理、综合态势展示分析、公共交通专题展示和跨部门治理展示分析等功能。通过对空中交通、水路交通、地面交通三大交通网络，民航客运、水路客运、公路客运、铁路客运四大城际交通方式的综合运行监测

和协调联动，对政府决策、行业监管、企业运营、百姓出行方面进行综合城市交通治理展示分析。

（6）城市环境信息管理平台

城市环境信息管理平台包含环境信息专题信息接入、环境综合监测展示、环保污染违规监测信息展示分析、重点污染源污染模拟分析预警、城市生态环境综合评价、环境风险管控应急管理、大气环境治理分析以及河长制管理服务等功能。基于地理空间信息系统生成"环保监管一张图"，利用城市环境大数据进行形势综合研判，为环境政策措施制定、环境风险预测预警、重点工作会商评估提供可视化依据，从而展现出城市生态环境综合治理科学化水平、环境保护参与经济发展与宏观调控能力的提升，为科学治霾、监测预警等政府职能提供监管的主动性、准确性、有效性及创新性。

（7）城市政务服务管理平台

城市政务服务专题系统在智慧治理中心统一应用服务的基础之上，汇聚各相关部门政务服务和社会公共服务信息，进行集中展示和分析，推进政府各项改革，转变执政理念，创新治理方式，由电子政务向智慧政务升级，不断提高政府工作的效率和效能。系统包括专题信息接入、政府服务生态发展展示、政务成果管理、社会公共服务展示分析等功能。系统提供政府各项改革、转变执政理念、创新治理方式的综合显示，分析城市电子政务向智慧政务升级成效，不断提高政府工作的效率和效能。以及为不同社会主体提供交流的平台和反馈的渠道，使政策更精准、更具针对性，使老百姓有真正的获得感、归属感和幸福感。

（8）城市经济运行管理平台

通过经济运行专题系统建设可以将重点领域经济运行以及金融、税收、消费等领域的情况进行追踪展示、监测分析，准确把握全市主要行业及重点领域的发展情况和波动趋势，提高相关领域经济形势分析的科学性；促进与经济运行调度监测以及管理部门间的信息共享，提高工作效率和政府领导的科学决策水平。经济运行专题系统由专题信息接入、企业服务展示、经济专题数据管理、数字经济评估结果展示、重点产业发展管理、双创环境评估分析、营商环境评估分析、经济运行统计分析展示、审计大数据分析展示以及跨境贸易电商分析展示等功能组成。

（9）城市安全生产管理平台

深度应用大数据、物联网、云计算等现代科技信息技术，推进城市各行业安全生产数据互联互通，推进安全生产数据多维度分析应用，推进城市安全生产资源数据共享，创新社会安全生产监管手段，增强新形势下安全生产的驾驭能力，打造与经济社会发展水平相适应的平安高地。系统由全市安全生产态势"一张图"展示、安全事故变化态势分析展示、两重点一重大态势分析展示、隐患排查治理态势分析展示、安全生产事故后果模拟分析、危险化学品运输综合治理分析、VR模拟演练展示、事故救援和应急处理展示等功能组成。系统将推进城市各行业安全生产数据互联互通，推进安全生产数据多维度分析应用，推进城市安全生产资源数据共享，创新社会安全生产监管手段，增强新形势下安全生产的驾驭能力，打造与经济社会发展水平相适应的平安高地。

（10）城市基础设施管理平台

城市基础设施信息有着典型的空间分布特征，是城市正常运行的基础，在汇聚全市生命线、市政、环卫、照明等设施信息的基础上，建设城市设施专题系统，不仅可以方便地实现路、灯、桥等市政信息的空间化、可视化管理，而且能对水、电、气等信息进行有效的汇聚展示。从而既可以提高日常管理工作的质量和效率，节约管理成本，又能提升管理的层次，辅助领导更为科学、快捷与准确地进行城市治理与规划决策。应用场景主要有城市供水设施展示分析、城市供气设施展示分析、城市消防设施展示、城市防汛设施管理、城市桥梁实时监测展示、城市部件综合展示、城市建设设施展示、城市市容设施展示、城市设施共治应用及城市园林绿化设施展示等。

从发表专利的数量来看，专利数量排名前二的国家为中国和美国（见表2.2.3），中国主要聚焦于城市安全生产和城市立体交通平台管理，美国则更关注城市经济运行平台管理。从专利产出的国家来看，各国之间还未形成合作关系。专利数量排名前二的机构为国家电网有限公司和中国南方电网有限责任公司（见表2.2.4），体现出中国有关电力行业在城市信息模型与平台中具有较高的研发能力。从专利产出机构合作网络图来看（见图2.2.2），中国的国家电网有限公司、中国南方电网和江苏省电力公司信息通信分公司联系较为紧密。

2.2.3 基于区块链的质量信息追踪方法与系统

区块链技术是分布式数据存储、点对点传输、共识机制、加密算法等计算机技术的新型应用模式，

具备链上防篡改、可验证、可追溯、业务执行自动化等特征。基于以上特征，区块链有望打破多方合作中的"信息孤岛"，创造可靠的"合作"和"信任"机制，为解决现有工程产品质量管理中存在的问题提供了潜力。

从目前工程产品质量管理领域的相关专利分析来看，国家专利数量方面，排名前三的国家分别是中国、韩国和美国（见表2.2.5），其中未出现跨国的合作网络。从机构专利数量排名来看，排名第一的机构是山东爱城市网信息技术有限公司（见表2.2.6），各个机构间未出现跨区域的合作网络。从以上主要国家、机构研究的专利内容分析来看，区块链技术在工程产品质量管理领域的研究与开发主要聚焦于质量信息追踪方法与系统。具体来说主要包括以下两大类。一是基于区块链的质量信息溯源方法及系统。该类研发旨在解决质量信息的溯源难题：涉及工程产品生产全生命周期、全要素的质

表 2.2.3 "城市信息模型(CIM)与平台"工程开发前沿中核心专利的主要产出国家

序号	国家	公开量	公开量比例	被引数	被引数比例	平均被引数
1	中国	37	88.10%	118	48.16%	3.19
2	美国	2	4.76%	111	45.31%	55.50
3	印度	2	4.76%	16	6.53%	8.00
4	韩国	1	2.38%	0	0.00%	0.00

表 2.2.4 "城市信息模型(CIM)与平台"工程开发前沿中核心专利的主要产出机构

序号	机构	公开量	公开量比例	被引数	被引数比例	平均被引数
1	国家电网有限公司	17	40.48%	84	34.29%	4.94
2	中国南方电网有限责任公司	7	16.67%	19	7.76%	2.71
3	上海仪电（集团）有限公司中央研究院	4	9.52%	0	0.00%	0.00
4	印度塔塔咨询服务公司	2	4.76%	16	6.53%	8.00
5	美国 HealthMantic 公司	1	2.38%	94	38.37%	94.00
6	美国英特尔公司	1	2.38%	17	6.94%	17.00
7	冶金自动化研究设计院	1	2.38%	14	5.71%	14.00
8	上海和辉光电有限公司	1	2.38%	10	4.08%	10.00
9	江苏省电力公司信息通信分公司	1	2.38%	9	3.67%	9.00
10	上海交通大学	1	2.38%	8	3.27%	8.00

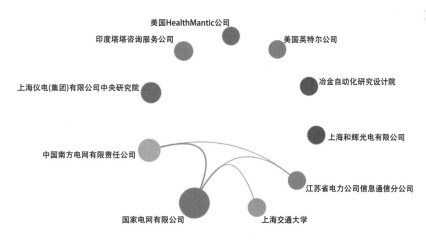

图 2.2.2 "城市信息模型 (CIM) 与平台"工程开发前沿主要机构间的合作网络

表 2.2.5 "基于区块链的质量信息追踪方法与系统"工程开发前沿中核心专利的主要产出国家

序号	国家	公开量	公开量比例	被引数	被引数比例	平均被引数
1	中国	13	76.47%	3	100.00%	0.23
2	韩国	3	17.65%	0	0.00%	0.00
3	美国	1	5.88%	0	0.00%	0.00

表 2.2.6 "基于区块链的质量信息追踪方法与系统"工程开发前沿中核心专利的主要产出机构

序号	机构	公开量	公开量比例	被引数	被引数比例	平均被引数
1	山东爱城市网信息技术有限公司	3	17.65%	1	33.33%	0.33
2	深圳点链科技有限公司	2	11.76%	0	0.00%	0.00
3	中国大唐集团有限公司	1	5.88%	1	33.33%	1.00
4	北京工商大学	1	5.88%	1	33.33%	1.00
5	LG 化学公司	1	5.88%	0	0.00%	0.00
6	广东科创工程技术有限公司	1	5.88%	0	0.00%	0.00
7	四川艾欧特智能科技有限公司	1	5.88%	0	0.00%	0.00
8	中化现代农业有限公司	1	5.88%	0	0.00%	0.00
9	天津科技大学	1	5.88%	0	0.00%	0.00

量信息被离散地存储于产业链参与方，信息的不安全、不互通、不透明使其易于被人为篡改，从而导致工程产品质量出现问题，难以追责、纠纷不断。二是基于区块链的质量价值共创方法及系统。该类研发主要为破除工程产品质量面临的价值共创困境：信息不对称、沟通效率低等问题引发供给侧与需求侧之间的不信任，终端用户参与价值共创的意

愿低下，质量信息在生产 – 消费上下游流动中存在鸿沟并最终成为沉默的信息，难以为实现质量持续改进提供支持。

（1）基于区块链的质量信息溯源方法及系统

基于区块链的质量信息溯源方法及系统主要包括但不限于信息采集模块、上链模块和远程服务器模块。信息采集模块：基于物联网等技术对物理世

界的质量信息进行采集。上链模块：利用分布式共识机制，将质量信息封装到区块，经相关责任方确认后发布到区块链系统，形成一条有关于项目全过程、全要素的质量信息的"证据链"。远程服务器模块：质量各责任方调用区块链系统中的质量信息，实现质量信息的实时查询以及追溯。基于区块链的质量信息溯源方法及系统致力于实现产品全过程、全要素的质量信息可信任、过程流转高透明、质量责任可追溯。一旦发生质量问题，可以快速回溯，识别责任相关方，避免纠纷，进而提升质量管理和服务水平。

（2）基于区块链的质量价值共创方法及系统

如今，各类企业纷纷从大规模批量化生产模式转型，将个性化、定制化生产作为企业未来的发展战略，以充分满足终端用户及消费者的多元化需求。在此过程中，企业核心竞争力的提升依赖于拉动上下游客户参与到研发—设计—生产过程，通过互动与适应实现价值共创，从而生产出高质量、令客户满意的产品。

产品使用信息的获取、畅通无阻的信息流动和相互信任的合作环境是实现质量价值共创的前提，区块链为实现这一前提提供了必要的技术支撑。目前，基于区块链的质量价值共创方法及系统主要围绕产品使用信息获取、上下游互动与价值创造三个环节展开。产品使用信息获取方面，区块链系统通过与产品物联网相集成，使产品使用过程中产生的多元质量信息能够被全方位采集、存储、分类、传输和检索，区块链的身份认证机制保障了用户隐私不被窃取。上下游互动方面，产品信息在多方协同过程中被完整记录，使用户与上游产业链的各生产方与供应方的互动能被全过程追溯，有助于厘清产品增值价值与知识产权归属，保障各方无形财产。价值创造方面，终端用户的介入及使用信息的全方位采集丰富了产品质量大数据，区块链系统通过与人工智能技术的集成使得沉默信息中的价值得以被挖掘并向前端生产反馈，从而为产品的设计与生产决策提供支持，形成价值持续创造的回路。综上所述，区块链打通了产业链上下游，使工程产品质量信息得到严格的保护，并实现高效和低成本的流动，使用户参与的质量价值创造得以贯穿从资源开发、设计到生产和消费价值获取的价值产生全过程。

曾赛星　周建平　程　哲　冯　博　李　果
李晓冬　李玉龙　林　翰　刘炳胜　刘德海
罗小春　吕　欣　马　灵　欧阳敏　裴　军
司书宾　王宗润　吴　杰　肖　辉　杨洪明
杨　阳　於世为　袁竞峰　张跃军　镇　璐
周　鹏　朱文斌

工作组成员：

钟波涛　王红卫　骆汉宾　聂淑琴　常军乾
郑文江　穆智蕊　张丽南　李　勇　董惠文
潘　杏　盛　达　向　然　郭家栋

执笔组成员：

研究前沿：

程　洪　彭知南　黄　瑞　李　果　华连连
周　鹏　吴泽州　房　超　郑晓龙　郭凯明
吕　欣　江泽浩　安海忠　高湘昀　李华姣
方　伟　黄书培　安　峰

开发前沿：

徐顺清　马　灵　钟波涛　吴海涛　王　帆
於世为　牛保庄　董　健　黄思翰　邢立宁
李惠敏　徐贤浩　邹碧攀

总体组成员

顾　问：周　济　陈建峰

项目组长：杨宝峰

项目组成员：

李培根　郭东明　潘云鹤　卢锡城　王静康　刘炯天　翁史烈　倪维斗
彭苏萍　顾大钊　崔俊芝　张建云　顾祥林　郝吉明　曲久辉　张福锁
康绍忠　陈赛娟　丁烈云　何继善　胡文瑞　向　巧　吴　向　延建林
周炜星　张　勇　吉久明　蔡　方　蒋志强　高彦静　郑文江　穆智蕊

综合组执笔：

穆智蕊　郑文江　延建林　周炜星　吉久明　蔡　方　蒋志强

数据支持：

科睿唯安

工作组：

组　长：安耀辉　焦　栋　龙　杰
副组长：吴　向　延建林　丁　宁　张　勇　周炜星　周　源　郑文江
成　员（排名不分先后）：

姬　学　高　祥　王爱红　宗玉生　张　松　王小文　张秉瑜
张文韬　聂淑琴　李艳馥　闻丹岩　穆智蕊　李佳敏　潘腾飞

致谢：

感谢高等教育出版社有限公司、科睿唯安公司、中国工程院院刊（系列）编辑部、中国工程院战略咨询中心、中国工程科技知识中心、中国工程院各学部和学部办公室、哈尔滨医科大学、华东理工大学、华中科技大学、浙江大学、天津大学、上海交通大学、同济大学、清华大学、中国农业大学、上海交通大学医学院附属瑞金医院、《中国工程科学》杂志社的大力支持！